高等职业教育系列教材

U0182537

数 据 清 洗

黄　源　涂旭东　主编
陈　继　吴文灵　参编

机械工业出版社

本书主要介绍数据清洗技术的基本概念与应用。全书共有 8 章，分别讲述了数据清洗基础、数据清洗方法、文件类型、数据采集与抽取、Excel 数据清洗与转换、ETL 数据清洗与转换、Python 数据清洗、R 语言数据清洗。

本书将理论与实践操作相结合，通过大量的案例帮助读者快速了解和应用大数据清洗的相关技术。针对书中重要的、核心的知识点，提供了较多的练习，帮助读者达到熟练应用的目的。

本书可作为高职高专院校大数据技术与应用、软件技术、信息管理、计算机网络等专业的专业课教材，也可作为大数据爱好者的参考书。

本书配有微课视频、教学课件、源代码和数据集、习题答案，其中微课视频可直接扫码观看，其他教学资源可登录 www.cmpedu.com 免费注册、审核通过后下载，或联系编辑索取（微信：15910938545，电话：010-88379739）。

图书在版编目（CIP）数据

数据清洗 / 黄源，涂旭东主编. —北京：机械工业出版社，2020.7
（2024.9 重印）
高等职业教育系列教材
ISBN 978-7-111-65715-6

Ⅰ. ①数…　Ⅱ. ①黄… ②涂…　Ⅲ. ①数据处理-高等职业教育-教材
Ⅳ. ①TP274

中国版本图书馆 CIP 数据核字（2020）第 090138 号

机械工业出版社（北京市百万庄大街 22 号　邮政编码 100037）
策划编辑：王海霞　　责任编辑：王海霞
责任校对：张艳霞　　责任印制：邓　博

北京盛通数码印刷有限公司印刷

2024 年 9 月·第 1 版·第 7 次印刷
184mm×260mm·15.25 印张·376 千字
标准书号：ISBN 978-7-111-65715-6
定价：49.90 元

电话服务　　　　　　　　　　　　　网络服务
客服电话：010-88361066　　　　　机 工 官 网：www.cmpbook.com
　　　　　010-88379833　　　　　机 工 官 博：weibo.com/cmp1952
　　　　　010-68326294　　　　　金 书 网：www.golden-book.com
封底无防伪标均为盗版　　　　　机工教育服务网：www.cmpedu.com

前　言

大数据是现代社会高科技发展的产物，相对于传统的数据分析，大数据是海量数据的集合，它以采集、整理、存储、挖掘、共享、分析、应用、清洗为核心，正广泛地应用在经济、军事、金融、环境保护、通信等各个行业。在信息时代，数据即是资源。数据可靠无误才能准确地反映现实状况，有效地支持组织决策。但是，现实世界中的"脏"数据无处不在，数据不正确或者不一致会严重影响数据分析的结果，从而产生消极作用，因此系统地学习大数据清洗的知识十分有必要。

本书以理论和实践操作相结合的方式深入地讲解了数据清洗技术的基本知识和实现，在内容设计上既有适合课堂教学的理论讲解部分，包括详细的理论与典型的案例；又有大量的实训环节，双管齐下，极大地激发了学生在课堂上的学习积极性与主动创造性，让学生在课堂上跟上老师的思维，从而学到更多有用的知识和技能。

本书共有 8 章，分别讲述了数据清洗基础、数据清洗方法、文件类型、数据采集与抽取、Excel 数据清洗与转换、ETL 数据清洗与转换、Python 数据清洗、R 语言数据清洗。

本书特色如下：

（1）采用"理实一体化"教学方式，既有理论讲解又有让学生独立思考和上机操作的内容。

（2）配有丰富的教学资源，包括重难点微课视频、教学课件、源代码和数据集、习题答案等。

（3）紧跟时代潮流，注重技术更新，涉及当前最新的大数据清洗知识及开源库与开源工具的使用。

（4）作者都具有多年的教学经验，能够把握数据清洗教学中的重难点，激发学生的学习热情。

本书可作为高职高专院校大数据技术与应用、软件技术、信息管理、计算机网络等专业的专业课教材，也可作为大数据爱好者的参考书。

本书建议学时为 60 学时，具体分配如表所示：

章	建议学时
第 1 章　数据清洗基础	4
第 2 章　数据清洗方法	4
第 3 章　文件类型	4
第 4 章　数据采集与抽取	8
第 5 章　Excel 数据清洗与转换	8
第 6 章　ETL 数据清洗与转换	12
第 7 章　Python 数据清洗	16
第 8 章　R 语言数据清洗	4

本书由黄源和涂旭东担任主编，陈继和吴文灵参与编写。其中，黄源编写了第 3 章、第 4 章、第 6 章；涂旭东编写了第 5 章、第 7 章、第 8 章；陈继和黄源共同编写了第 1 章；吴文灵和黄源共同编写了第 2 章。全书由黄源负责统稿工作。

本书是校企合作共同编写的结果，在编写过程中得到了重庆翰海睿智大数据科技股份有限公司的大力支持，在此表示感谢。

在编写过程中，我们参阅了大量的相关资料，在此一并表示感谢。

由于编者水平有限，书中难免出现疏漏，衷心希望广大读者批评指正，来信可发送到作者电子邮箱：2103069667@qq.com。

编　者

目　录

第1章 数据清洗基础

本章学习目标
- 了解数据清洗的定义
- 了解数据清洗的主要应用领域
- 了解数据清洗的原理
- 了解数据标准化的概念
- 了解数据清洗的常用工具
- 掌握数据清洗常用工具的下载及安装

1.1 数据清洗概述

1.1.1 数据清洗的定义

1. 数据清洗介绍

1 数据清洗的定义

数据的不断剧增是大数据时代的显著特征,大数据必须经过清洗、分析、建模、可视化才能体现其潜在的价值。由于在众多数据中总是存在着许多脏数据,即不完整、不规范、不准确的数据,因此数据清洗(Data Cleansing/Data Cleaning/Data Scrubbing)就是指彻底清除脏数据,包括检查数据一致性,处理无效值和缺失值等,从而提高数据质量。例如,在大数据项目的实际开发工作中,数据清洗通常占开发过程总时间的50%~70%。

数据清洗可以有多种表述方式,其定义依赖于具体的应用。因此,数据清洗的定义在不同的应用领域不完全相同。例如,在数据仓库环境下,数据清洗是抽取-转换-加载过程的一个重要部分,要考虑数据仓库的集成性与面向主题的需要(包括数据的清洗及结构转换)。不过,现在业界一般认为,数据清洗的含义是检测和去除数据集中的噪声数据和无关数据,处理遗漏数据,以及去除空白数据域和知识背景下的白噪声。图 1-1 所示为数据清洗在大数据分析应用中的环节。

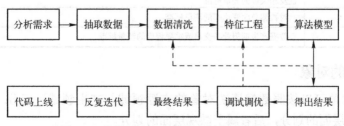

图 1-1 数据清洗在大数据分析应用中的环节

2. 数据清洗的主要应用领域

目前,数据清洗主要应用于三个领域:数据仓库、数据挖掘和数据质量管理。

（1）数据清洗在数据仓库中的应用

在数据仓库领域，数据清洗一般是应用在几个数据库合并时或多个数据源进行集成时。例如，指代同一个实体的记录，在合并后的数据库中就会出现重复的记录。数据清洗就是要把这些重复的记录识别出来并消除它们，也就是所说的合并清洗（Merge/Purge）问题。不过值得注意的是，数据清洗在数据仓库中的应用并不是简单地合并清洗记录，它还涉及数据的分解与重组。

（2）数据清洗在数据挖掘中的应用

在数据挖掘领域，经常会遇到的情况是挖掘出来的特征数据存在各种异常情况，如数据缺失、数据值异常等。对于这些情况，如果不加以处理，就会直接影响到最终挖掘模型的使用效果，甚至使得创建模型任务失败。因此在数据挖掘（早期又称为数据库的知识发现）过程中，数据清洗是第一步，即对数据进行预处理。不过值得注意的是，各种不同的知识发现和数据仓库系统都是针对特定的应用领域进行数据清洗的，因此采用的方法和手段各不相同。

（3）数据清洗在数据质量管理中的应用

数据质量管理贯穿数据生命周期的全过程。在数据生命周期中，数据的获取和使用周期包括系列活动，如评估、分析、调整、丢弃数据等。因此数据质量管理覆盖质量评估、数据去噪、数据监控、数据探查、数据清洗、数据诊断等方面。在此过程中，数据清洗为衡量数据质量的好坏提供了重要的保障。表 1-1 给出了数据质量评价的 12 个维度。

表 1-1　数据质量评价的维度

名称	衡量标准
数据规范	对数据标准、数据模型、业务规则、元数据和参考数据进行有关存在性、完整性、质量及归档的测量标准
数据完整性准则	对数据进行有关存在性、有效性、结构、内容及其他基本数据特征的测量标准
重复性	对存在于系统内或系统间的特定字段、记录或数据集意外重复的测量标准
准确性	对数据内容正确性进行测量的标准
一致性和同步性	对各种不同的数据仓库、应用和系统中所存储或使用的信息等程度的测量，以及使数据等价处理流程的测量标准
及时性和可用性	在预期时段内数据对特定应用的及时程度和可用程度的测量标准
易用性和可维护性	对数据可被访问和使用的程度，以及数据能被更新、维护和管理程度的测量标准
数据覆盖	相对于数据总体或全体相关对象数据的可用性和全面性的测量标准
表达质量	如何进行有效信息表达以及如何从用户中收集信息的测量标准
可理解性、相关性和可信度	数据质量的可理解性和数据质量中执行度的测量标准，以及对业务所需数据的重要性、实用性及相关性的测量标准
数据衰变	对数据负面变化率的测量标准
效用性	数据产生期望业务交易或结果程度的测量标准

1.1.2　数据清洗的对象

数据清洗的对象可以按照数据清洗对象的来源领域与产生领域进行分类。前者属于宏观层面的划分，后者属于微观层面的划分。

1. 数据来源领域

目前在数字化应用较多的领域都涉及数据清洗，如数字化文献服务、搜索引擎、金融、政府事务等，数据清洗的目的是为信息系统提供准确而有效的数据。

2　数据清洗的对象

数字化文献服务领域在进行数字化文献资源加工时，一些识别软件有时会造成字符识别错误，或由于标引人员的疏忽而导致标引词错误等。数据清洗时需要消除这些错误。

搜索引擎为用户在互联网上查找具体的网页提供了方便，它是通过为某一网页的内容进行索引而实现的。而一个网页上到底哪些部分需要索引，则是数据清洗需要关注的问题。例如，网页中的广告部分，通常是不需要索引的。按照网络数据清洗的粒度不同，可以将网络数据清洗分为两类，即 Web 页面级别的数据清洗和基于页面内部元素级别的数据清洗。前者以 Google 公司提出的 PageRank 算法和 IBM 公司 Clever 系统的 HITS 算法为代表；而后者的思路则集中体现在作为 MSN 搜索引擎核心技术之一的 VIPS 算法上。

在金融系统中，也存在很多脏数据，主要表现为：数据格式错误，数据不一致，数据重复、错误，业务逻辑的不合理，违反业务规则等。例如，未经验证的身份证号码、未经验证的日期字段等，还有账户开户日期晚于用户销户日期、交易处理的操作员号不存在、性别超过取值范围等。此外，也有源系统出于性能的考虑而放弃了外键约束，从而导致数据不一致的情况。这些数据也都需要进行清洗。

在政府机构中，如何进行数据治理也是一个亟须解决的问题，特别是在电子政务建设和信息安全保障建设中。通过实施数据清洗，可以为政府数据归集及开发利用以及政府数据资源共享与开放提供强大的支撑。

2. 数据产生领域

在微观方面，数据清洗的对象分为模式层数据清洗与实例层数据清洗。其中，模式层是指存储数据的数据库结构，而实例层是指在数据库中具体存储的数据记录。本书主要讲述实例层的数据清洗。

实例层数据清洗的主要任务是过滤或者修改那些不符合要求的数据，主要包含不完整的数据、错误的数据和重复的数据三大类。

（1）不完整的数据

不完整的数据是指在该数据中的一些应该有的信息缺失，如在数据表中缺失了员工姓名、机构名称、分公司的名称、区域信息、邮编地址等。对于这一类数据的清洗，应当首先将数据过滤出来，按缺失的内容分别写入不同数据库文件并要求客户或厂商重新提交新数据，要求在规定的时间内补全，补全后再写入到数据仓库中。

（2）错误的数据

错误的数据是指在数据库中出现了错误的数据值，错误值包括输入错误和错误数据。输入错误是由原始数据录入人员疏忽而造成的，而错误数据大多是由一些客观原因引起的，例如人员填写的所属单位不同和人员的升迁等。该类数据产生的原因大多是在接收输入后没有进行判断而直接写入后台数据库造成的，比如数值数据输成全角数字字符、字符串数据后有一个回车符、日期格式不正确、日期越界等。

此外，在错误的数据中还包含了异常数据。异常数据是指所有记录中除了一个或几个字段外的绝大部分遵循某种模式，其他不遵循该模式的记录，如年龄字段超过历史最高年龄、考试成绩字段为负数、人的身高为负数等。

（3）重复的数据

重复的数据也叫作"相似重复记录"，指同一个现实实体在数据集合中用多条不完全相同的记录来表示，由于它们在格式、拼写上的差异，导致数据库管理系统不能正确识别。从狭义的角度看，如果两条记录在某些字段的值相等或足够相似，则认为这两条记录互为相似重复。识别相似重复记录是数据清洗活动的核心。图 1-2 所示为在 Excel 中清除重复数据。

图 1-2 在 Excel 中清除重复数据

1.1.3 数据清洗的原理

3 数据清洗的原理

数据清洗的原理为：利用有关技术，如统计方法、数据挖掘方法、模式规则方法等将脏数据转换为满足数据质量要求的数据。数据清洗按照实现方式与范围，可分为手工清洗和自动清洗。

（1）手工清洗

手工清洗是通过人工对录入的数据进行检查。这种方法较为简单，只要投入足够的人力、物力与财力，就能发现所有错误，但效率低下。在大数据量的情况下，手工清洗数据几乎是不可能的。

（2）自动清洗

自动清洗是由计算机进行相应的数据清洗。这种方法能解决某个特定的问题，但不够灵活，特别是在清洗过程需要反复进行（一般来说，数据清洗一遍就达到要求的很少）时，程序复杂，清洗过程变化时工作量大，而且这种方法也没有充分利用目前数据库提供的强大数据处理能力。

此外，随着数据挖掘技术的不断提升，常常使用清洗算法与清洗规则实现自动清洗。清洗算法与清洗规则是根据相关的业务知识，应用相应的技术（如统计学）、数据挖掘的方法，分析出数据源中数据的特点，并且进行相应的数据清洗。常见的清洗方式主要有两种：一种是发掘数据中存在的模式，然后利用这些模式清理数据；另一种是基于数据的清洗模式，即根据预定义的清理规则，查找不匹配的记录，并清洗这些记录。值得注意的是，数据清洗规则已经在工业界被广泛利用，常见的数据清洗规则包含编辑规则、修复规则、Sherlock 规则和探测规则等。

例如，编辑规则在关系表和主数据之间建立匹配关系，若关系表中的属性值和与其匹配到的主数据中的属性值不相等，就可以判断关系表中的数据存在错误。

图 1-3 所示为数据清洗的原理。

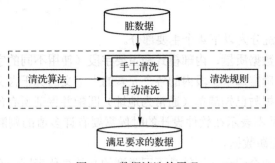

图 1-3　数据清洗的原理

1.1.4　数据清洗的评估

数据清洗的评估实质上是对清洗后的数据的质量进行评估，而数据质量的评估过程是一种通过测量和改善数据综合特征来优化数据价值的过程。数据质量评价指标和方法研究的难点在于数据质量的含义、内容、分类、分级、质量的评价指标等。

在进行数据质量评估时，要根据具体的数据质量评估需求对数据质量评估指标进行相应的取舍。但是，数据质量评估至少应该包含以下两方面的基本评估指标。

（1）数据对用户必须是可信的

数据可信性主要包括精确性、完整性、一致性、有效性和唯一性等指标。

- 精确性：描述数据是否与其对应的客观实体的特征一致。
- 完整性：描述数据是否存在缺失记录或缺失字段。
- 一致性：描述同一实体的同一属性的值在不同的系统是否一致。
- 有效性：描述数据是否满足用户定义的条件或在一定的域值范围内。
- 唯一性：描述数据是否存在重复记录。

（2）数据对用户必须是可用的

数据可用性主要包括时间性和稳定性等指标。

- 时间性：描述数据是当前数据还是历史数据。
- 稳定性：描述数据是否稳定，是否在其有效期内。

1.1.5　数据清洗的框架模型

目前已经研究出很多数据清洗的框架模型，下面介绍 3 个有代表性的框架模型。

（1）Trillium 模型

Trillium 是由 Harte Hanks 公司的 Trillium 软件系统部门创建的企业范围的数据清洗软件。Trillium 将数据清洗的过程分成 5 个步骤，分别由 5 个模块来完成。

① Converson Workbench 提供了一整套数据审计、分析和重组工具。

② Parser 对分析型数据和操作型系统的数据作解析、验证和标准化。

③ Matcher 提供一套标准规则用于记录连接和匹配，使得用户可以方便地调整和定制以满足其特殊的业务要求。

④ Geocoder 验证、纠正和增强物理数据。

⑤ Utilities 提供联机数据浏览、域级频率统计、词的计数和分布等功能。

另外，合并、选择和格式重组工具提供数据重组能力。

（2）Bohn 模型

Bohn 模型将数据清洗分为以下 4 个主要部分。

① 数据检查：确认数据质量、内部模式和主要字段（使用不同的字段）。

② 数据词法分析：确定每个字段内的各个元素的上下文的真正含义。

③ 数据校正：将数据与已知清单（通常为地址）匹配并保证所有的字段被标明为好、坏或可自动校正。但是，这并不表示在软件设计的时候需要有许多值的判断。只要有可能，技术人员就应该与客户一起校正源数据。

④ 记录匹配：决定两个记录（可能是不同类型的）是否代表同一个对象。该过程涉及许多值判断和复杂的软件工具。

（3）AJAX 模型

AJAX 模型由 Helena Galhardas 提出，该模型是逻辑层面的模型，将数据清洗过程分为 5 个操作步骤。

① 源数据的映射（Mapping）。

② 对映射后的记录进行匹配（Matching）。

③ 对记录进行聚集（Clustering）。

④ 对聚集进行合并（Merging）。

⑤ 对合并后的数据进行视图显示（Viewing）。

1.1.6 数据清洗研究与应用展望

（1）中文数据清理工具的研究和开发

目前，数据清理的工具开发主要集中在西文上，中文数据清理与西文数据清理有较大的不同（如很多西文匹配算法并不适用于中文），中文数据清理还没有引起重视。

（2）标准测试集的获取

数据清洗领域缺少大规模的标准测试集，因此无法统一衡量数据清洗算法的优劣。目前的实验测评多是依赖噪声生成工具或由测评人员人工标注脏数据中的错误。噪声生成工具无法完全模拟真实世界中的数据错误，而通过人工标注方式生成的脏数据往往数据量小，无法全面衡量清洗算法的效率，因此如何获取标准测试集是当前亟待解决的问题。

（3）众包技术在数据清洗上的应用

众包技术可以集中众多用户的知识和决策，提高数据清洗的效率，在数据清洗方面有着不可替代的优势。目前已有工作利用众包系统进行数据去重、清洗多版本数据。除上述应用外，当数据清洗所依赖的主数据和知识库存在缺失或错误时，也可以利用众包用户补全、纠正信息，以及清洗关系表。当需要从脏数据中学习出数据清洗规则时，可以利用众包用户标注数据、检测规则的有效性和适用性。让众包用户替代传统清洗算法中的领域专家，需要设计有效的数据分组策略和答案整合策略。但是，由于众包用户的专业程度有限，基于众包的数据清洗算法必须有一定的检错容错机制。

（4）深度学习技术在数据清洗上的应用

深度学习是当下的热门技术，已经在许多领域展现了其不可替代的优势，例如计算机视觉、自然语言处理等。深度学习技术在这些领域的成功促使许多学者探索如何将其应用于计算机其他领域，其中也包括结构化数据清洗。目前，机器学习技术在数据清洗上的应用多是通过数理统计推测真值或者训练分类树以决定某项数据更新是否执行。若要利用深度学习技术完成更加复杂的数据清洗任务，就必须像计算机视觉中的卷积神经网络（CNN）和自然语言处理中的递归神经网络（RNN）一样设计新的适用于数据清洗的深度学习模型。同时，还要解决数据表示的问题，即如何把某一个元组、某一列甚至某一个关系表转换成向量表示。

（5）非结构化数据的清洗

以前数据清理主要集中在结构化的数据上，而现在非结构化数据或半结构化的数据（如 XML 数据）也受到越来越多的重视。特别是由于 XML 自身所具有的特点（通用性、自描述性），在数据清理中应受到重视。

（6）数据清洗工具之间的互操作性

尽管根据用户友好性，很多工具或系统都提供了描述性语言，但基本上都是在某种已有语言（如 SQL、XML）基础上根据自己的需要扩展实现的，不能很好地满足数据清理中大致匹配的需要，也不具有互操作性。

（7）数据清理方案的通用性

目前，在特定领域中的数据清理问题依然是研究和应用重点，但较通用的清洗方案会受到越来越多的关注。若通过迁移学习技术，使获得的清洗规则和策略应用到其他领域的数据集上，那么将大大减少数据清洗的开销。因此，跨领域的数据清洗是日后很有研究价值的一个方向。

（8）私密数据的清洗

许多数据中包含个人的隐私信息，例如金融数据和医学数据，而数据清洗本身是一项需要检查和还原原始数据的任务。当原始数据无法直接访问，而只能得到加密或者转换后的数据时，一项重要的工作就是从这些数据中检测出错误信息，并进行数据纠正。修复后的数据经过解密或者转换后，就是表达真实用户信息的干净数据。

1.1.7　数据清洗的行业发展

在大数据时代，数据正在成为一种生产资料，成为一种稀有资产。大数据产业已经被提升到国家战略的高度，随着创新驱动发展战略的实施，逐步带动产业链上下游，形成万众创新的大数据产业生态环境。数据清洗属于大数据产业链中关键的一环，可以从文本、语音、视频和地理信息等多个领域对数据清洗产业进行细分。

1）文本清洗领域。该领域主要基于自然语言处理技术，通过分词、语料标注、字典构建等技术，从结构化和非结构化数据中提取有效信息，提高数据加工的效率。除去国内传统的搜索引擎公司，例如百度、搜狗、360 等，该领域代表公司有拓尔思、中科点击、任子行、海量等。

2）语音数据加工领域。该领域主要是基于语音信号的特征提取，利用隐马尔可夫模型等算法进行模式匹配，对音频进行加工处理。该领域国内的代表公司有科大讯飞、中科信利、云知声、捷通华声等。

3）视频图像处理领域。该领域主要是基于图像获取、边缘识别、图像分割、特征提取等环节，实现人脸识别、车牌标注、医学分析等实际应用。该领域国内的代表公司有 Face++、五谷图像、亮风台等。

4）地理信息处理领域。该领域主要是基于栅格图像和矢量图像，对地理信息数据进行加工，实现可视化展现、区域识别、地点标注等应用。该领域国内的代表公司有高德、四维图新、天下图等。

此外，为了切实保证数据清洗过程中的数据安全。2015 年 6 月，中央网络安全和信息化领导小组办公室（简称中央网信办）在《关于加强党政部门云计算服务网络安全管理的意见》

中，对云计算的数据归属、管理标准和跨境数据流动给出了明确的权责定义。数据清洗加工的相关企业应该着重在数据访问、脱密、传输、处理和销毁等过程中加强对数据资源的安全保护，确保数据所有者的责任，以及数据在处理前后的完整性、机密性和可用性，防止数据被第三方攫取并通过"暗网"等渠道进行数据跨境交易。

1.2 数据标准化

1.2.1 数据标准化简介

在大数据分析前，为了统一比较的标准，保证结果的可靠性，需要对原始指标数据进行标准化处理。

数据的标准化，是通过一定的数学变换方式，将原始数据按照一定的比例进行转换，使之落入一个小的特定区间内，例如 0~1 或-1~1 的区间内，消除不同变量之间性质、量纲、数量级等特征属性的差异，将其转化为一个无量纲的相对数值。因此标准化数值是使各指标的数值都处于同一个数量级别上，从而便于不同单位或数量级的指标能够进行综合分析和比较。

例如，在比较学生成绩时，一个百分制的变量与一个五分制的变量放在一起是无法比较的。只有通过数据标准化，把它们都标准化到同一个标准才具有可比性。

又比如，在利用大数据预测房价时，由于全国各地的工资收入水平是不同的，因此原始的数据值对房价的影响程度是不一样的，而标准化处理可以使得不同的特征具有相同的尺度。

因此，原始数据经过标准化处理后，能够转化为无量纲化指标测评值，各指标值处于同一数量级别，可进行综合测评分析。图 1-4 所示为将数据进行标准化处理前后的对比。

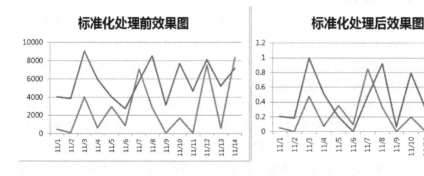

图 1-4　数据标准化处理前后的对比

1.2.2 数据标准化方法

目前有许多种数据标准化方法，常用的有 min-max 标准化（也称最小-最大标准化）、z-score 标准化和小数定标标准化等。下面对数据标准化的常用方法进行介绍。

（1）min-max 标准化

min-max 标准化方法是对原始数据进行线性变换。设 *minA* 和 *maxA* 分别为属性 A 的最小值和最大值，将 A 的原始值 *x* 通过 min-max 标准化方法映射成区间[0，1]中的值，其公式为：

$$新数据=(x-minA)/(maxA-minA)$$

这种方法适用于原始数据的取值范围已经确定的情况。例如在处理自然图像时，人们获得的像素值在[0,255]区间中，常用的处理方法是将这些像素值除以 255，使它们成为[0,1]区间中的值。

（2）z-score 标准化

z-score 标准化基于原始数据的均值（m）和标准差（σ）进行数据的标准化。将属性 A 的原始值 v 使用 z-score 标准化到 v' 的计算公式为：

$$新数据=(v-m)/\sigma$$

z-score 标准化方法适用于属性 A 的最大值和最小值未知的情况，或有超出取值范围的离群数据的情况。

在分类和聚类算法中需要使用距离来度量相似性时，或者使用 PCA（协方差分析）技术进行降维时，z-score 标准化表现更好。z-score 标准化要求原始数据的分布近似为高斯（或叫正态）分布，图 1-5 所示为均值 $\mu=0$、标准差 $\sigma=1$ 的标准高斯分布曲线。

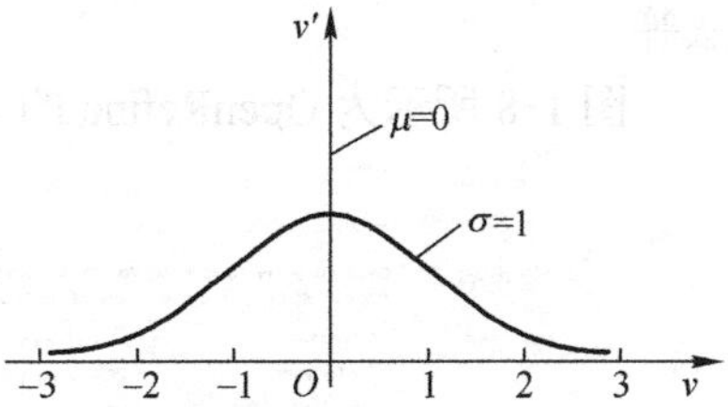

图 1-5　z-score 标准化

（3）小数定标（Decimal Scaling）标准化

小数定标标准化通过移动数据的小数点位置来进行标准化。小数点移动多少位取决于属性 A 的取值中的最大绝对值。将属性 A 的原始值 x 使用小数定标标准化到 y 的计算公式是：

$$y=x/(10*j)$$

其中，j 是满足条件的最小整数。

例如，假定属性 A 的值的范围是[-986,917]，A 的最大绝对值为 986，使用小数定标标准化，使用 1000（即 $j=3$）去除每个值，这样，-986 被规范化为-0.986。

1.2.3　数据标准化的实例

图 1-6 所示为原始数据，图 1-7 所示为经过 z-score 标准化后的数据，标准化后的数据均值为 0，方差为 1。

```
(Z_Score([2, 2, 3, 4, 5, 6, 7, 8]))
(Z_Score([10, 20, 30, 40, 50, 60, 70, 80]))
(Z_Score([20, 20, 30, 40, 50, 60, 70, 80]))
```

图 1-6　原始数据

```
[-1.2395908058120006, -1.2395908058120006, -0.7673657369312419, -0.2951406680504776, 0.177
08440083028666, 0.6493094697110509, 1.121534538591815, 1.5937596074725793]
[-1.5275252316519465, -1.0910894511799618, -0.6546536707079771, -0.21821789023599236, 0.
21821789023599236, 0.6546536707079771, 1.0910894511799618, 1.5275252316519465]
[-1.2395908058120006, -1.2395908058120006, -0.7673657369312418, -0.2951406680504776, 0.177
08440083028656, 0.6493094697110507, 1.121534538591815, 1.593759607472579]
```

图 1-7　标准化后的数据

从图 1-7 可以看出，数据标准化最典型的方法就是数据的归一化处理，即将数据统一映射到[0，1]区间上。

1.3　数据清洗的常用工具

目前市面上使用的数据清洗工具较多，且各有特点，下面分别介绍。

1．OpenRefine

OpenRefine 又叫作 GoogleRefine，是一个新的具有数据画像、清洗、转换等功能的工具，它可以观察和操纵数据。OpenRefine 类似于传统的 Excel 表格处理软件，但是工作方式更像是数据库，以列和字段的方式工作，而不是以单元格的方式工作。因此 OpenRefine 不仅适合对新的行数据进行编码，而且功能极为强大。

OpenRefine 的特点有：在导入数据的时候，可以根据数据类型将数据转换为对应的数值和日期型等。可以根据单元格字符串的相似性进行聚类，并且支持关键词碰撞和近邻匹配算法等。

图 1-8 所示为 OpenRefine 的工作界面，图 1-9 所示为 OpenRefine 读取数据表的界面。

图 1-8　OpenRefine 的工作界面

图 1-9　OpenRefine 读取数据表的界面

2．DataCleaner

DataCleaner 是一个使用简单的数据质量的应用工具，旨在分析、比较、验证和监控数据。它能够将凌乱的半结构化数据集转换为所有可视化软件可以读取的干净可读的数据集。此外，DataCleaner 还提供数据仓库和数据管理服务。

DataCleaner 的特点有：可以访问多种类型的数据存储，如 Oracle、MySQL、CSV 文件等。DataCleaner 还可以作为引擎来清理、转换和统一来自多个数据存储的数据，并将其统一到主数据的单一视图中。

图 1-10 所示为 DataCleaner 的开启界面，图 1-11 所示为 DataCleaner 的工作界面。

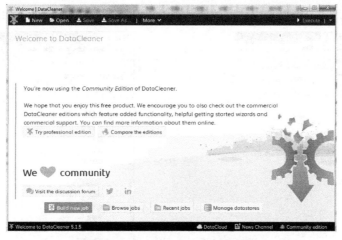

图 1-10　DataCleaner 的开启界面

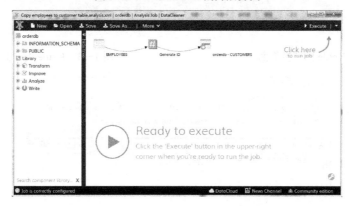

图 1-11　DataCleaner 的工作界面

3．Kettle

Kettle 是一款国外开源的 ETL 工具，用纯 Java 语言编写，可以在 Windows、Linux、UNIX 上运行，数据抽取高效稳定。它支持图形化的 GUI 设计界面，而且可以以工作流的形式流转，在数据抽取、质量检测、数据清洗、数据转换、数据过滤等方面有着比较稳定的表现。此外，Kettle 中有两种脚本文件——转换和作业，转换完成针对数据的基础转换，作业则完成整个工作流的控制。

Kettle 的特点有：开源免费，可维护性好，便于调试，开发简单。

图 1-12 所示为 Kettle 的转换界面，图 1-13 所示为 Kettle 的作业界面。

4．Beeload

Beeload 是由北京灵蜂纵横软件有限公司研发的一款 ETL 工具。集数据抽取、清洗、转换及装载于一体，通过标准化企业各个业务系统产生的数据，向数据仓库提供高质量的数据，从而为企业高层基于数据仓库的正确决策分析提供了有力的保证。

Beeload 的特点有：支持几乎所有主流数据接口，用图形操作界面辅助用户完成数据抽取、转换、加载等规则的设计，并且支持抽取数据的切分和过滤操作。

5．其他工具

此外，在进行数据清洗时，还可以使用 Excel 进行最简单的数据清洗工作。也可以使用编程工具 Python 来实现数据清洗。在本书的后续章节中，将列举一些使用 Python 3 进行一部分数据清洗工作的例子，请读者自行安装该软件。图 1-14 所示为 Python 3 的工作界面。

图 1-12　Kettle 的转换界面　　　　　　　　图 1-13　Kettle 的作业界面

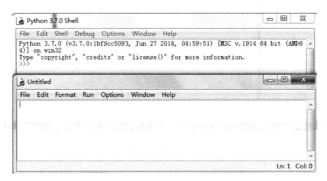

图 1-14　Python 3 的工作界面

1.4　实训 1　安装和运行 Kettle

　　Kettle 是纯 Java 开发、开源的 ETL 工具。Kettle 有图形界面，也有命令脚本，还可以二次开发。Kettle 官方社区网站地址为 http://forums.pentaho.com。此外，由于 Kettle 是基于 Java 开发的，因此需要 Java 环境，也就要先安装 JDK 工具包。JDK 工具包的下载网站地址为 http://www.oracle.com/technetwork/java/javase/downloads/index.html。

　　下载完之后进行安装，安装完毕后要进行环境配置。下面以 Windows 7 操作系统为例介绍具体安装操作。

　　1）配置 PATH 变量。在桌面上右击"计算机"图标，在弹出的快捷菜单中选择"属性"命令，打开"系统"窗口。在"系统"窗口左侧选择"高级系统设置"选项，弹出"系统属性"对话框。在"高级"选项卡中单击"环境变量"按钮，弹出"环境变量"对话框。找到 PATH 变量，单击"编辑"按钮，在弹出的"编辑用户变量"对话框中，在"变量值"文本框中的地址后面加分号和 Java 的 bin 路径，例如 D:\Program Files\Java\jdk1.8.0_181\bin。

　　2）配置 CLASSPATH 变量。在"环境变量"对话框中新建一个 CLASSPATH 变量，变量值为 lib 文件夹下的 dt.jar 和 tools.jar 的路径，例如 D:\Program Files\Java\jdk1.8.0_181\lib\dt.jar，D:\Program Files\Java\jdk1.8.0_181\lib\tools.jar。

3）配置 JDK。在配置完后运行 cmd 命令，输入命令 "java"，配置成功后会出现如图 1-15 所示的界面。

4）下载 Kettle。从官网上下载 Kettle 软件，网址是 http://kettle.pentaho.org。由于 Kettle 是绿色软件，因此下载后可以解压到任意目录。

图 1-15　配置 JDK

5）启动 Kettle。安装完成之后，双击 spoon.bat 批处理程序即可启动 Kettle，如图 1-16 所示。

图 1-16　启动 Kettle

6）Kettle 启动界面如图 1-17 所示。

图 1-17　Kettle 启动界面

1.5　实训 2　安装和运行 OpenRefine

OpenRefine 之前叫作 GoogleRefine，OpenRefine 2.6 版是它改名为 OpenRefine 的第一个发行版本。不过，由于 OpenRefine 2.6 目前还处于 Beta1 版，也是所谓的开发版，不适合在生产环境中使用，因此如果要选择稳定版，建议下载 GoogleRefine 2.5 版。

google-refine-2.5-r2407

图 1-18　OpenRefine 软件

1）首先下载 OpenRefine 软件，如图 1-18 所示。

2）解压缩 OpenRefine 软件并安装到本地计算机中，如图 1-19 所示。

名称	修改日期	类型	大小
DataCleaner-windows	2018/10/19 15:35	文件夹	
google-refine-2.5-r2407	2018/12/1 14:13	文件夹	
openrefine-win-3.0-rc.1	2018/8/16 10:58	文件夹	
SPSS19_cn	2018/8/16 17:29	文件夹	
chromeinstall-8u181	2018/8/16 10:55	应用程序	1,859 KB
DataCleaner-windows	2018/8/16 10:53	好压 ZIP 压缩文件	154,788 KB
google-refine-2.5-r2407	2018/8/16 10:53	好压 ZIP 压缩文件	37,738 KB
openrefine-win-3.0-rc.1	2018/8/16 10:58	好压 ZIP 压缩文件	89,897 KB
pdi-ce-8.2.0.0-342	2019/2/25 18:35	好压 ZIP 压缩文件	1,160,448...
SPSS19_cn	2018/8/16 17:01	好压 ZIP 压缩文件	492,619 KB

图 1-19　解压缩 OpenRefine 软件

3）运行该软件。值得注意的是，OpenRefine 需要在 Java 环境中才能运行，如果计算机上没有安装 Java，则先下载并安装 Java，如图 1-20 所示。

图 1-20　安装 Java

4）安装完成后，再运行 OpenRefine 软件文件夹中的 google-refine 应用程序，如图 1-21 所示。

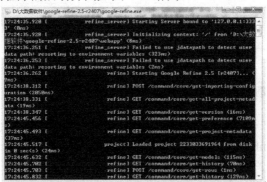

图 1-21　运行 google-refine 应用程序

5）google-refine 应用程序的启动界面如图 1-22 所示。

图 1-22　google-refine 的启动界面

6）OpenRefine 软件是在浏览器中运行的，如图 1-23 所示。

图 1-23　运行的界面

1.6 实训3 安装和运行 Python 3

Python 的开发环境十分简单，用户可以登录其官网 www.python.org 直接下载 Python 的安装程序包，如要将 Python 安装在 Windows 操作系统上，则下载"64 位下载 Windows x86-64 executable installer"版本。目前，Python 有两个主流版本，一个是 Python 2.7，另外一个是 Python 3.7，这两个版本在语法上有些差异，本书主要使用 Python 3.7。

1）登录官网下载安装文件，下载网址为 https://www.python.org/downloads/release/python-374/，下载页面如图 1-24 所示。

图 1-24　Python 3.7 下载页面

2）Python 安装完成后验证 Python 是否安装成功，在"开始"菜单中打开应用程序 Python，可以看到 IDLE，同时也可以看到 Python 的版本号是 3.7，如图 1-25 所示。

图 1-25　查看 Python 版本号

3）在 Windows 的"开始"菜单中可以看到 Python 3.7 的启动命令，启动 Python 3.7 可以看到 Python 的命令行界面，其中">>>"后面就是输入命令的地方。例如输入命令：

    print("Hello World!")

按〈Enter〉键后就会显示输出"Hello World!"的结果，如图 1-26 所示。

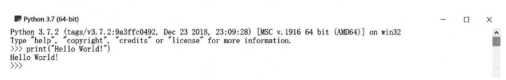

图 1-26　Python 运行结果

1.7　小结

1）数据必须经过清洗、分析、建模、可视化才能体现其潜在的价值，在大数据项目的实际开发工作中，数据清洗通常占开发过程总时间的 50%～70%。

2）目前，数据清洗主要应用于三个领域：数据仓库、数据挖掘和数据质量管理。

3）数据清洗的对象可以按照数据清洗对象的来源领域与产生领域进行分类。前者属于宏观层面的划分，后者属于微观层面的划分。

4）数据清洗的原理为：利用有关技术，如统计方法、数据挖掘方法、模式规则方法等将脏数据转换为满足数据质量要求的数据。数据清洗按照实现方式与范围，可分为手工清洗和自动清洗。

5）在数据分析前，为了统一比较的标准，保证结果的可靠性，需要对原始指标数据进行标准化处理。数据的标准化，是通过一定的数学变换方式，将原始数据按照一定的比例进行转换，使之落入一个小的特定区间内。

6）目前的大数据清洗工具主要有 OpenRefine、DataCleaner 和 Kettle 等。

习题 1

1）请阐述什么是数据清洗。
2）数据清洗有哪些应用领域？
3）数据清洗的原理是什么？
4）什么是数据标准化？
5）数据清洗的工具有哪些？
6）请简述如何安装常见的数据清洗工具。

第2章　数据清洗方法

本章学习目标
- 了解数据质量的定义
- 了解数据预处理的基本概念和方法
- 了解数据清洗的方法
- 了解数据清洗中的统计学知识

2.1　数据质量

2.1.1　数据质量的定义

1. 数据质量介绍

数据无处不在，企业的数据质量与业务绩效之间存在着直接联系。随着企业数据规模的不断扩大，数据数量的不断增加以及数据来源的复杂性的不断变化，企业正在努力处理这些问题。

在大数据时代，数据资产及其价值利用能力逐渐成为构成企业核心竞争力的关键要素。然而，大数据应用必须建立在质量可靠的数据之上才有意义，建立在低质量甚至错误数据之上的应用有可能与其初心背道而驰。因此，数据质量正是企业应用数据的瓶颈，高质量的数据可以决定数据应用的上限，而低质量的数据则必然拉低数据应用的下限。

数据质量一般指数据能够真实、完整反映经营管理实际情况的程度，通常可从以下几个方面衡量和评价数据质量。

（1）准确性

准确性是指数据在系统中的值与真实值相比的符合情况。一般而言，数据应符合业务规则和统计口径。常见数据准确性问题如下。
- 与实际情况不符：数据来源存在错误，难以通过规范进行判断与约束。
- 与业务规范不符：在数据的采集、使用、管理、维护过程中，业务规范缺乏或执行不力，导致数据缺乏准确性。

（2）完整性

完整性是指数据的完备程度。常见数据完整性问题如下。
- 系统已设定字段，但在实际业务操作中并未完整采集该字段数据，导致数据缺失或不完整。
- 系统未设定字段或存在数据需求，但未在系统中设定对应的取数字段。

（3）一致性

一致性是指系统内外部数据源之间的数据一致程度，数据是否遵循了统一的规范，数据集合是否保持了统一的格式。常见数据一致性问题如下。
- 缺乏系统联动：系统间应该相同的数据却不一致。
- 联动出错：在系统中缺乏必要的联动和核对。

（4）可用性

可用性一般用来衡量数据项整合和应用的可用程度。常见数据可用性问题如下。

● **缺乏应用功能**：没有相关的数据处理、加工规则或数据模型的应用功能。

● **缺乏整合共享**：数据分散，不易有效整合和共享。

除此之外，还有其他衡量标准，如有效性可考虑对数据格式、类型、标准的遵从程度，合理性可考虑数据符合逻辑约束的程度。如对某企业数据质量问题进行的调研显示如下：常见数据质量问题中准确性问题占 33%，完整性问题占 28%，可用性问题占 24%，一致性问题占 8%，这在一定程度上代表了国内企业面临的数据问题。

2．企业在数据质量中面临的问题

目前，大多数企业存在的影响数据质量的主要问题如下。

（1）孤立的数据

孤立的数据又称"数据筒仓"，要么属于特定的业务单元，要么包含在特定的软件中。孤立数据的问题是，组织的其他部分无法访问它，因为该软件可能与任何其他内容不兼容，或者业务单元严格控制用户权限。虽然这些数据可能提供有用的，甚至是非常有价值的洞察力，但是它不容易被访问，因而业务不能对它形成一个完整的图景，更不用说从中受益了。

（2）过时的数据

由于不少企业结构庞大而复杂，有多个团队和部门，因此，跨组织收集数据通常是一个缓慢而费力的过程。不过当企业收集完所有数据时，其中一些数据在相关性方面已经落后，因此大大降低了其对组织的价值。

（3）复杂的数据

数据可以来自许多不同的来源和不同的形式。如有的数据来自智能手机、笔记本计算机、企业或个人网站，而有的数据则来自客户服务交互、销售和营销、小型数据库等。这些数据可以是结构化的，也可以是非结构化的，还可以是半结构化的。因此，企业中各种类型的数据也大大影响了其数据质量。

3．常见的数据质量问题

常见的数据质量问题可以根据数据源的多少和所属层次分为四类。

第一类，单数据源定义层：违背字段约束条件（比如日期出现 1 月 0 日）、字段属性依赖冲突（比如两条记录描述同一个人的某一个属性，但数值不一致）、违反唯一性（同一个主键 ID 出现了多次）。

第二类，单数据源实例层：单个属性值含有过多信息、拼写错误、空白值、噪声数据、数据重复、过时数据等。

第三类，多数据源的定义层：同一个实体的不同称呼（比如用笔名还是用真名）、同一种属性的不同定义（比如字段长度定义不一致、字段类型不一致等）。

第四类，多数据源的实例层：数据的维度、粒度不一致（比如有的按 GB 记录存储量，有的按 TB 记录存储量；有的按照年度统计，有的按照月份统计）、数据重复、拼写错误。

除此之外，还有在数据处理过程中产生的"二次数据"，其中也会有噪声、重复或错误的情况。数据的调整和清洗也会涉及格式、测量单位和数据标准化与归一化，以致对实验结果产生比较大的影响。通常这类问题可以归结为不确定性。不确定性有两方面内涵，即各数据点自身存在的不确定性和数据点属性值的不确定性。前者可用概率描述，后者有多重描述方式，如描述属性值的概率密度函数、以方差为代表的统计值等。

4．如何提高数据质量

目前，提高数据质量主要从以下几个方面入手。

（1）定义一套标准化的数据规范

提高数据质量的首要任务是定义一套标准化的数据规范，对具体数据项的定义、口径、格式、取值、单位等进行规范说明，形成对该数据项的具体质量要求。依托这套规范作为衡量和提高数据质量的标尺，可在数据采集、加工和应用的各环节对关键数据项进行预防性或监测性的核检。广义的企业级数据字典可以作为数据标准化规范的载体，对企业运营过程中涉及的数据项名称、业务定义和规则等要素进行收录、规范和编制，对数据项描述信息进行标准化处理，统一定义对安全性和数据质量的要求，进而为业务运营提供可靠的数据服务、提高整体数据质量奠定基础。理想情况下广义的企业级数据字典是完备的，企业各系统全部数据项都被数据字典收录，并且不允许存在同名不同义或同义不同名的情况。与此相对，狭义的数据字典通常是针对单一系统的技术属性标准，为单一系统的开发和应用服务。

（2）加大对数据质量的管理

数据质量管理是指在数据创建、加工、使用和迁移等过程中，通过开展数据质量定义、过程控制、监测、问题分析和整改、评估与考核等一系列管理活动，提高数据质量以满足业务要求。数据质量管理工作遵循业务引领的原则，确定重点质量管控范围，并动态调整阶段性管控重点，持续优化。可按照"谁创建、谁负责；谁加工、谁负责；谁提供、谁负责"的原则界定数据质量管理责任，由数据流转环节的各责任方对管辖范围内的数据质量负责。

（3）加大对开源工具的应用

开放源码工具（简称开源工具）提供数据质量服务，如解除欺骗、标准化、充实和实时清理，以及快速注册和比其他解决方案更低的成本。不过值得注意的是，大多数开源工具在实现任何真正的价值之前仍然需要一定程度的定制，因此，企业需要专门组织对新老员工的不断培训和学习。

企业要提高数据质量，可以从信息因素、管理因素、流程因素和技术因素等来综合考虑，全面实施。图 2-1 所示为影响数据质量的几大因素。

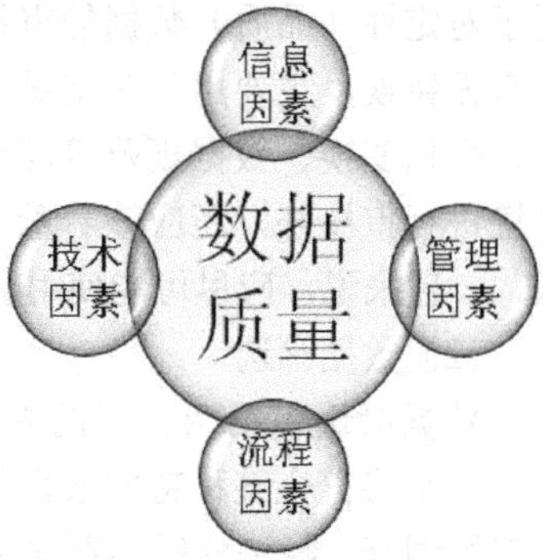

图 2-1 影响数据质量
的几大因素

2.1.2 数据质量中的常见术语

1．测量误差

测量误差是指测量过程中测量结果与实际值之间的差值。测量误差主要分为三大类：系统误差、随机误差和粗大误差。测量误差产生的原因主要归结为四大类：测量装置、环境、测量方法和测试人员。此外，测量误差按其对测量结果影响的性质，可分为系统误差和偶然误差。

2．数据收集错误

数据收集错误是指诸如遗漏数据对象或属性值，或不当地包含了其他数据对象等错误，如：在特定的物种研究中可能混入相似物种的数据，或在工业数据中将电压值收集成了电流值等。值得注意的是，测量误差和数据收集错误可能是系统的，也可能是随机的。

3．遗漏值

在大型的资料采集任务中，即使有非常严格的质量控制，含有缺项、漏项的记录也可能很容易就达到 10%，如在手工输入中遗漏了班级中某个学生的成绩数据等。遗漏值是统计人员和资料获取人员所不愿意见到的，但也是无法避免的。特别是在进行敏感问题的调查时，遗漏值问题就显得更加突出。

4．不一致的值

不一致的值主要是指在人工填写的数据中可能包含不一致的值，如账号和密码因为手误填写错误等。在数据仓库中，无论是什么原因导致的不一致的值都需要检测出来，并且予以纠正或清洗。

2.2 数据预处理

2.2.1 数据预处理简介

数据预处理就是对于数据的预先处理，其目的是为了提高数据挖掘的质量。数据预处理内容主要包含以下几点。

（1）数据审核

在大数据分析中，对于从不同渠道取得的统计数据，在审核的内容和方法上有所不同。对于原始数据应主要从完整性和准确性两个方面去审核。完整性审核主要是检查应调查的单位或个体是否有遗漏，所有的调查项目或指标是否填写齐全。准确性审核主要包括两个方面：一是检查数据资料是否真实地反映了客观实际情况，内容是否符合实际；二是检查数据是否有错误、计算是否正确等。审核数据准确性的方法主要有逻辑检查和计算检查。逻辑检查主要是审核数据是否符合逻辑，内容是否合理，各项目或数字之间有无相互矛盾的现象，此方法主要适用于对定性（品质）数据的审核。计算检查是检查调查表中的各项数据在计算结果和计算方法上有无错误，主要用于对定量（数值型）数据的审核。数据预处理流程包含数据清洗、数据集成、数据变换、数据规范等环节。而对于通过其他渠道取得的二手资料，除了对其完整性和准确性进行审核外，还应该着重审核数据的适用性和时效性。此外，还要对数据的时效性进行审核，一般来说，应尽可能使用最新的统计数据。

（2）数据筛选

数据筛选包括两方面的内容：一是将某些不符合要求的数据或有明显错误的数据予以剔除；二是将符合某种特定条件的数据筛选出来，对不符合特定条件的数据予以剔除。数据筛选在市场调查、经济分析、管理决策中是十分重要的。

（3）数据排序

数据排序是按照一定顺序将数据排列，以便研究者通过浏览数据发现一些明显的特征或趋势，找到解决问题的线索。除此之外，排序还有助于对数据检查纠错，为重新归类或分组等提供依据。在某些场合，数据排序本身就是分析的目的之一。目前，数据排序可借助于计算机很容易地完成。

（4）数据验证

数据验证的目的是初步评估和判断数据是否满足统计分析的需要，决定是否需要增加或减少数据量。该步骤利用简单的线性模型以及散点图、直方图、折线图等图形进行探索性分析，并利用相关分析、一致性检验等方法对数据的准确性进行验证，确保不把错误的和偏差的数据带入到数据分析中去。

2.2.2 数据预处理方法

数据预处理有多种方法：数据清洗、数据集成、数据变换、数据归约等。这些数据处理技术在数据挖掘之前使用，大大提高了数据挖掘模式的质量，降低了实际挖掘所需的时间。下面对数据预处理的常用方法进行介绍。

4 数据预处理方法

1. 数据清洗

数据清洗通常是通过清洗脏数据、填写缺失的值、光滑噪声数据、清洗重复数据、识别或删除离群点并解决不一致性来"清理"数据。数据清洗的主要目标有格式标准化、异常数据清除、错误纠正、重复数据的清除。

（1）脏数据

脏数据也叫作坏数据，通常是指与期待的数据不一样、会影响系统正常行为的数据。比如，源系统中的数据不在给定的范围内或对于实际业务毫无意义，或数据格式非法，以及在源系统中存在不规范的编码和含糊的业务逻辑。

例如，员工表中有一个员工，名字叫"张超"，但是公司里并没有这个人，该员工数据就是脏数据。

（2）缺失值

缺失值又叫作空值，它是指粗糙数据中由于缺少信息而造成的数据的聚类、分组、缺失或截断。缺失值的常见现象是现有数据集中某个或某些属性的值是不完全的、空白的。

产生缺失值的原因多种多样，主要分为客观原因和人为原因。客观原因是指由于机械原因导致的数据收集或保存的失败造成的数据缺失，比如数据存储的失败、存储器损坏、机械故障导致某段时间数据未能收集。人为原因是指由于人的主观失误、历史局限或有意隐瞒造成的数据缺失，例如，在市场调查中被访人拒绝透露相关问题的答案，或者回答的问题是无效的，或者在数据录入时由于操作人员失误漏录了数据等。

例如，在一张人员表中，每个实体应当有五个属性，分别是姓名、年龄、性别、籍贯和学历，而某些记录只有四个属性值，该记录就缺失数据值。

图 2-2 所示为某数据库的数据缺失数和缺失率。

数据	缺失数	缺失率
adult	0	0.000000
budget	0	0.000000
genres	0	0.000000
id	0	0.000000
original_title	0	0.000000
production_countries	3	0.000066
production_companies	3	0.000066
...		
poster_path	386	0.008490
overview	954	0.020983
tagline	25054	0.551049
homepage	37684	0.828839
belongs_to_collection	40972	0.901157

图 2-2　某数据库的数据缺失数和缺失率

（3）噪声数据

噪声数据是指数据中存在错误或异常（偏离期望值）的数据，这些数据对数据分析造成了干扰。噪声数据主要包括错误数据、假数据和异常数据。在大数据中，最常见的噪声数据是异常数据，也称为异常值。它是指由于系统误差、人为误差或者固有数据的变异导致的与总体的行为特征、结构或相关性等不一样的数据。在机器学习中，异常值也被称为"离群点"，它是指在某种意义上具有不同于数据集中其他大部分数据对象的特征的数据对象，或是相对于该属性的典型值来说不寻常的属性值。值得注意的是，异常值本身应当是人们感兴趣的对象，并且它可以是合法的数据对象或值。

目前，对于异常值的检测是数据挖掘中的重要部分，它的任务是发现与大部分其他对象显著不同的对象，如常见的极值分析、近邻分析、投影方法等。

例如，某公司客户 A 的年收入是 20 万元，但在输入时意外地输入为 200 万元，与其他人的数据相比，这就是异常值。

又例如，测量小学四年级学生的身高数据，其中一部分数据如下：（1.35，1.40，1.42，14.8，1.43，1.44，1.39），单位为 m。经过观察可知，其中第 4 个数据为 14.8，这个数据明显是不可能的，因为这个数据远远偏离正常数据，因此需要对这类数据进行相应的处理。

（4）重复数据

重复数据也叫作重复值，即在数据集中存在相同的数据。重复数据一般有两种情况，一种是有多条数据记录的数据值完全相同；另一种是数据主体相同但匹配的唯一属性值不同。这两种情况符合其中一种就是重复数据。图 2-3 所示为在 MySQL 中的部分重复数据，如姓名为"张三"的两条数据记录数据值完全相同。

id	student_id	name	course_id	course_name	score
1	2005001	张三	1	数学	69
2	2005002	李四	1	数学	89
3	2005001	张三	1	数学	69

图 2-3　MySQL 中的部分重复数据

2．数据集成

在数据挖掘中所需要的不同产品或者系统中的数据常常是分散在各自系统中的，并且格式不一致，计量单位不一致。例如，在数据仓库中必须将多个分散的数据统一为一致的、无歧义的数据格式，并解决命名冲突、计量单位不一致等问题，然后将数据整合在一起，才能称这个数据仓库是集成的。

因此，数据集成正是将把不同来源、格式、特点性质的数据在逻辑上或物理上有机地集中，从而为企业提供全面的数据共享。在企业数据集成领域，已经有很多成熟的框架可以利用。目前通常采用联邦式、基于中间件模型和数据仓库等方法来构造集成的系统，这些技术在不同的着重点和应用上解决数据共享和为企业提供决策支持。

数据集成解决的首要问题是各个数据源之间的异构性，即差异性。例如，如何确定一个数据库中的"custom_id"与另一个数据库中的"custom_number"是否表示同一实体。数据源之间的异构性主要体现在以下几个方面。

1）数据管理系统的异构性。

2）通信协议异构性。

3）数据模式的异构性。

4）数据类型的异构性。

5）取值的异构性。

6）语义异构性。

目前常见的数据集成的模式主要有三种：联邦数据库模式、数据仓库模式和中介者模式。

（1）联邦数据库模式

联邦数据库模式是最简单的数据集成模式。它需要在每对数据源（Source）之间创建映射（Mapping）和转换（Transform）的软件，该软件称为包装器（Wrapper）。当数据源之间需要进行通信和数据集成时，才建立包装器。图2-4所示为联邦数据库模式。

（2）数据仓库模式

数据仓库是最通用的一种数据集成模式。在数据仓库模式中，数据从各个数据源（Source）复制过来，经过转换，然后存储到一个目标数据库（Data Warehouse）中。在数据仓库模式下，数据集成过程是一个 ETL 过程，它需要解决各个数据源之间的异构性和不一致性。图2-5所示为数据仓库模式。

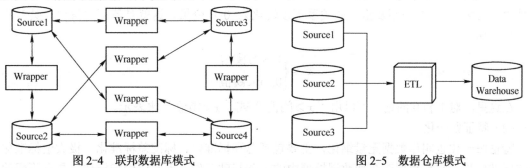

图2-4　联邦数据库模式　　　　　　图2-5　数据仓库模式

（3）中介者模式

在数据集成的中介者模式中，中介者（Mediator）扮演的是数据源的虚拟视图（Virtual View）的角色，中介者本身不保存数据，数据仍然保存在数据源中。当用户提交查询时，查询被转换成对各个数据源的若干查询，这些查询分别发送到各个数据源，由各个数据源执行这些查询并返回结果。各个数据源返回的结果经合并（Merge）后，返回给最终用户。图2-6所示为中介者模式。

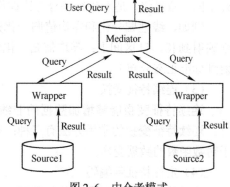

图2-6　中介者模式

3. 数据变换

数据变换是指将数据转换或统一成适合机器学习的形式，主要是指通过平滑聚集、数据泛化、规范化等方式将数据转化成适用于数据挖掘的形式。数据变换的主要内容如下。

1）光滑处理。去掉数据中的噪声，主要技术方法有 Bin 方法、聚类方法和回归方法等。

2）聚集。对数据进行总结或汇总操作，例如，某公司每天的数据经过合计操作可以获得每月或每年的总额，这一操作常用于构造数据立方或对数据进行多粒度的分析。

3）数据泛化。一个从相对低层概念到相对高层概念且对数据库中与任务相关的大量数据进行抽象概述的分析过程。例如，街道属性可以泛化到更高层次的概念，如城市、省份和国家的属性。

4）标准化。通过一定的数学变换方式，将原始数据按照一定的比例进行转换，使之落入一个小的特定区间内，例如 0～1 或-1～1 的区间内。

5）属性构造。根据已有属性集构造新的属性，以帮助实现数据挖掘。

常见的数据变换方法包括 min-max 标准化、特征二值化、特征归一化、连续特征变换、定性特征哑编码等。其中，min-max 标准化方法在前文第 1.2.2 节已介绍过，这里介绍其他几种数据变换方法。

（1）特征二值化

特征二值化的核心在于设定一个阈值，将特征与该阈值比较后，转换为 0 或 1（只考虑某个特征出现与否，不考虑出现次数或程度）。它的目的是将连续数值细粒度的度量转化为粗粒度的度量。因此，在数据挖掘领域，特征二值化的目的是为了对定量的特征进行"好与坏"的划分，以剔除冗余信息。例如，银行对 5 名客户的征信进行打分，分别为 50，60，70，80，90。现在，银行不在乎一个人的征信多少分，只在乎他的征信好与坏（如征信值不低于 90 为好，低于 90 就不好）；再比如学生成绩，考试成绩不低于 60 及格，小于 60 就不及格。这种"好与坏""及格与不及格"的关系可以转化为 0-1 变量，这就是特征二值化。其对应的计算公式如下：

$$x' = \begin{cases} 1, & x \geqslant 阈值 \\ 0, & x < 阈值 \end{cases}$$

在这里，对 1 和 0 的划分可以用"$x \geqslant$ 阈值"或"$x <$ 阈值"来表示。

（2）特征归一化

特征归一化也叫作数据无量纲化，主要包括总和标准化、标准差标准化、极大值标准化、极差标准化等。它是数据清洗和数据挖掘中的一项基础工作。不同评价指标往往具有不同的量纲和量纲单位，这样的情况会影响到数据分析的结果。为了消除指标之间的量纲影响，需要进行数据标准化处理，以解决数据指标之间的可比性。原始数据经过数据标准化处理后，各指标处于同一数量级，适合进行综合对比评价。

例如，线性归一化和零均值归一化是特征归一化中的常见方法。其中线性归一化将特征线性映射到 [0，1] 区间上；零均值归一化假设特征分布是正态分布，通过方差和均值，将特征映射到标准正态分布上。

（3）连续特征变换

连续特征变换能够增加数据的非线性特征与捕获特征之间的关系，有效提高模型的复杂度。连续特征变换的常用方法有三种：基于多项式的数据变换、基于指数函数的数据变换和基于对数函数的数据变换。

（4）定性特征哑编码

定性特征哑编码又称为独热编码，它用不同的状态对应不同的数据值。对于离散特征，有多少个状态就有多少个位，且只有该状态所在位为 1，其他位都为 0。例如天气：{多云、下雨、晴天}，湿度：{偏高、正常、偏低}，当输入{天气：多云，湿度：偏低}时进行天气状态编码可以得到{100}，湿度状态编码可以得到{001}，那么两者连起来就是最后的独热编码{100001}。

4．数据归约

数据归约是指在尽可能保持数据原貌的前提下，最大限度地精简数据量（完成该任务的必要前提是理解挖掘任务和熟悉数据本身内容）。数据归约主要有两个途径：属性选择和数据采样，分别针对原始数据集中的属性和记录。

一般而言，原始数据可以用数据集的归约表示。尽管归约数据体积较小，但它仍接近于保持原始数据的完整性。

（1）数据归约的类型

数据归约的类型主要有特征归约、样本归约和特征值归约等。

1）特征归约

特征归约是指在尽可能保持数据原貌的前提下，最大限度地精简数据量。常见做法是从原有的特征中删除不重要或不相关的特征，或者通过对特征进行重组来减少特征的个数。其原则是在保留甚至提高原有判别能力的同时减少特征向量的维度。

2）样本归约

样本归约就是从数据集中选出一个有代表性的样本子集，并且子集大小的确定要考虑计算成本、存储要求、估计量的精度以及其他一些与算法和数据特性有关的因素。

3）特征值归约

特征值归约是特征值离散化技术，它将连续型特征的值离散化，使之成为若干区间，每个区间映射到一个离散符号。这种技术的好处在于简化了数据描述，并易于理解数据和最终的挖掘结果。值得注意的是，特征值归约可以是有参的，也可以是无参的。

（2）数据归约的方法

数据规约方法包括维规约、数量规约和数据压缩等。

1）维规约

维规约也称为特征归约，是指通过减少属性特征的方式压缩数据量，从而提高模型效率。维规约方法包括小波变换、主成分分析（PCA）、属性子集选择和特征构造等。其中小波变换适用于高维数据，主成分分析适用于稀释数据，属性子集选择通常使用决策树，而特征构造可以帮助提高准确性和对高维数据结构的理解。

2）数量规约

数量规约是指用较小的数据集替换原数据集，从而得到原数据的较小表示。数量规约常使用参数模型或非参数模型，其中参数模型只存放模型参数，而非实际数据，例如回归模型和对数线性模型；而对于非参数模型，则可以使用直方图、聚类、抽样等方法来实现。

3）数据压缩

数据压缩是指在不丢失有用信息的前提下，缩减数据量以缩小存储空间，提高其传输、存储和处理效率，或按照一定的算法对数据进行重新组织，减少数据的冗余和存储的空间的一种技术方法。一般来讲，数据压缩包括有损压缩和无损压缩两种。两者都属于压缩技术，但无论采用何种技术模型，两者的本质是一样的，即都是通过某种特殊的编码方式将数据信息中存在的重复度、冗余度有效地降低，从而达到数据压缩的目的。其基本原理都是在不影响文件的基本使用的前提下，只保留原数据中的一些"关键点"，去掉重复的、冗余的信息，从而达到压缩的目的。

2.3 数据清洗方法

5 数据缺失值
的处理方法

2.3.1 数据缺失值的处理方法

对于数据缺失值的处理，常见的方法有两种，分别是删除缺失值和填补缺失值，下面分别介绍。

1. 删除缺失值

当样本数很多，并且出现缺失值的样本在整个样本中所占的比例相对较小的时候，可以使用最简单有效的方法处理缺失值的情况，那就是将有缺失值的样本直接丢弃。这通常是一种很有用的策略。不过值得注意的是，这种方法有很大的局限。它是以减少历史数据来换取信息的完备，并且丢弃了大量隐藏在这些对象中的信息，因此有可能会造成资源的大量浪费。例如在信息表中的对象本来就很少的情况下，删除少量对象就足以严重影响到信息的客观性和结果的正确性，特别是在信息表中每个属性空值的百分比变化很大时，信息表的可读性非常差。因此，在数据表中当缺失值所占比例较大，尤其是在缺失值的类型为非完全随机缺失的时候，这种方法可能导致数据发生偏离，从而引出错误的结论。

以下命令可以在数据库 student 表格中删除姓名列为空的记录。

DELETE FROM student WHERE name IS NULL

2. 填补缺失值

相对于删除缺失值，填补缺失值是更加常用的处理方式。它的主要思想是通过一定方法将数据库或者数据表中的缺失数据补上，从而形成完整的数据记录。在数据清洗中常见的填补缺失值的方法有人工填补和算法填补两种。

（1）人工填补

人工填补是指由人来完成填充缺失值的工作。由于最了解数据的还是用户自己，因此这个方法产生的数据偏离较小，可能是填充效果最好的一种。但是值得注意的是，该方法很费时，并且当数据规模很大、空值很多的时候，该方法是不可行的。

（2）算法填补

1）均值/众数填补法

一般来说，如果缺失值是数值型变量，则选择均值填充（以该字段存在值的平均值来插补缺失的值）。常见的均值填补法是根据缺失值的属性相关系数最大的那个属性把数据分成几个组，然后分别计算每个组的均值，最后把这些均值放入到缺失的数值里面。

如果缺失值不是数值型变量，则选择众数填补法。

【例 2-1】 在数据库 student 表格中，用 age 列的平均值替代 age 列空值。

```
SELECT AVG(age) FROM student
#运行结果为 age 列平均值
UPDATE student
SET age= ( CASE WHEN IFNULL( age, " ) = " THEN " ELSE age END )
WHERE age IS NULL
#运行结果为用 age 列的平均值替代 age 列空值
```

【例 2-2】 在数据库 student 表格中，用 age 列的众数替代 age 列空值。

```
SELECT age, COUNT(age) as number
FROM student
GROUP BY age
ORDER BY number DESC
#运行结果为显示 age 列的众数及其出现次数
LIMIT 1
UPDATE student
SET age=( CASE WHEN IFNULL( age, " ) = " THEN " ELSE age END )
#运行结果为用 age 列的众数替代 age 列空值
```

2）极大似然估计法

极大似然估计法是指在缺失类型为随机缺失的条件下，假设模型对于完整的样本是正确的，那么通过观测数据的边际分布可以对未知参数进行极大似然估计，因此这种方法也被称为忽略缺失值的极大似然估计。但是极大似然估计法有一个重要前提：适用于大样本。其缺点是该方法可能会陷入局部极值，因为它的收敛速度不是很快，并且计算很复杂。

3）热卡填补法

对于一个包含缺失值的变量，热卡填充法的做法是：在数据库中找到一个与它最相似的对象，然后用这个相似对象的值来进行填充。不同的问题可能会选用不同的标准来对相似进行判定。最常见的是使用相关系数矩阵来确定哪个变量（如变量 Y）与缺失值所在变量（如变量 X）最相关，然后把所有变量按 Y 的取值大小进行排序，那么变量 X 的缺失值就可以用排在缺失值前的那个对象的数据来代替了。

4）最近距离决定填补法

最近距离决定填补法是指假设现在为时间 y，前一段时间为时间 x，然后根据 x 的值把 y 的值填补好。该方法不适用于对时间影响比较大的数据。

5）回归填补法

回归填补法基于完整的数据集，并通过建立回归方程（模型）来进行填充。常见操作是对于包含缺失值的对象，将已知属性值代入方程来估计未知属性值，以此估计值来进行填充。例如，假设 y 属性存在部分缺失值，但是知道 x 属性，就可以用回归方法对没有缺失的样本进行模型训练，再把这个值的 x 属性代进去，对这个 y 属性进行预测，然后填补到缺失值处。当然，这里的 x 属性不一定是一个属性，也可以是一个属性组，这样能够降低单个属性与 y 属性之间的相关性影响。

6）基于贝叶斯的方法

基于贝叶斯的方法是分别将缺失的属性值作为预测项，然后根据最简单的贝叶斯方法，对这个预测项进行预测。

7）多重填补法

多重填补法的思想来源于贝叶斯估计，该方法认为待填补的值是随机的，它的值来自已观测到的值。在具体实践中通常是估计出待填补的值，然后加上不同的噪声，形成多组可选插补值。根据某种选择依据，选取最合适的填补值。多重填补法一般分为三个步骤：①为每个缺失值产生一套可能的填补值，这些值反映了无响应模型的不确定性，其中每个值都可以用来填补数据集中的缺失值，并产生若干个完整数据集合。②每个填补数据集都用针对完整数据集的统计方法进行统计分析。③对来自各个填补数据集的结果，根据评分函数进行选择，产生最终的填补值。

8）k-最近邻法

k-最近邻法是先根据欧氏距离函数和马氏距离函数来确定具有缺失值数据最近的 k 个元组，然后将这个 k 个值加权（权重一般是距离的比值）平均来估计缺失值。

9）有序最近邻法

有序最近邻法建立在 k-最近邻法的基础上，它是根据属性的缺失率进行排序，从缺失率最小的开始进行填补的一种常用的数据清洗方法。这样做的好处是将算法处理后的数据也加入到对新的缺失值的计算中，这样即使丢了很多数据，依然会有很好的效果。在这里需要注意的是，欧式距离函数不考虑各个变量之间的相关性，这样可能会使缺失值的估计不是最佳的情况，所以一般都是用马氏距离进行最近邻法的计算。

10）组合完整化方法

组合完整化方法是用空缺属性值的所有可能的属性取值来试，并从最终属性的约简结果中选择最好的一个作为填补的属性值。这是以约简为目的的数据补齐方法，能够得到好的约简结果。但是，当数据量很大或者在数据中缺失的属性值较多时，其计算的代价很大。

2.3.2 噪声数据的处理方法

噪声数据是指数据中存在着错误或异常（偏离期望值）的数据，这些错误或异常数据对大数据分析造成了干扰。常见的噪声数据主要包括错误数据、假数据和异常数据。本小节主要讲述异常数据的处理。

1. 异常数据的处理

表 2-1 描述了异常数据的常见处理方法。

表 2-1　异常数据的常见处理方法

异常数据处理方法	具体方法描述
删除含有异常数据的记录	直接删除含有异常数据的记录
视为缺失值	将异常数据视为缺失值，利用缺失数据处理的方法进行处理
平均值修正	可用前后两个观测值的平均值修正该异常数据
不处理	直接在有异常数据的数据集上进行数据挖掘建模

值得注意的是，在数据预处理时，异常数据是否删除，须视具体情况而定，因为有些异常数据可能蕴含着有用的信息。

2. 异常数据的检测

在数据清洗中，异常数据的检测十分重要。对于异常数据的观察和检测，常使用以下几种方法。

（1）分箱法

分箱法是一种简单常用的数据清洗方法，该方法通过考察相邻数据来确定最终值。所谓"分箱"，实际上就是按照属性值划分的子区间。如果一个属性值处于某个子区间范围内，就称把该属性值放进这个子区间所代表的"箱子"内。把待处理的数据（某列属性值）按照一定的规则放进一些箱子中，并考察每一个箱子中的数据，采用某种方法分别对各个箱子中的数据进行处理。在采用分箱技术时，需要确定的两个主要问题就是：如何分箱以及如何对每个箱子中的数据进行平滑处理。常见的分箱法有如下几种。

1）等深分箱法：每个箱子中具有相同的记录数。箱子的记录数称为箱子的深度。

2）等宽分箱法：在整个数据值的区间上进行平均分割，使得每个箱子的区间相等，该区间被称为箱子的宽度。

3）用户自定义分箱法：根据用户自定义的规则进行分箱处理，当用户明确希望观察某些区间范围内的数据分布时，使用这种方法可以方便地帮助用户达到目的。

（2）平滑处理

在分箱之后，需要对每个箱子中的数据进行平滑处理。平滑处理方法主要有按平均值平滑、按边界值平滑和按中值平滑。

1）按平均值平滑：对同一个箱子中的数据求平均值，用平均值替代该箱子中的所有数据。

2）按边界值平滑：用距离较小的边界值替代箱子中的所有数据。

3）按中值平滑：取箱子中数据的中值，用来替代箱子中的所有数据。

（3）回归法

回归法是试图发现两个相关的变量之间的变化模式，通过使数据适合一个函数来平滑处理数据，即通过建立数学模型来预测下一个数值，包括线性回归和非线性回归。线性回归涉及找出拟合两个属性（或变量）的"最佳"直线，使得可以用一个属性来预测另一个。非线性回归是线性回归的扩展，其涉及的属性多于两个，并且是将数据拟合到一个多维曲面。图 2-7 所示为回归法。

（4）聚类分析

聚类分析是指将数据集合分组为若干个簇，在簇外的值即为孤立点，这些孤立点就是噪声数据，应当删除或替换。图 2-8 所示为聚类分析。

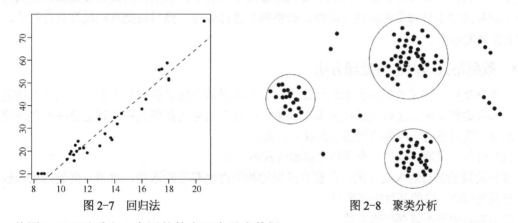

图 2-7　回归法　　　　　　　　　　图 2-8　聚类分析

从图 2-9 可以看出，在圆外的点即为噪声数据。

（5）估算分析法

对于极个别的异常数据，还可以采取估算分析法，例如可以使用平均值、中值、mode 估算方法等来实现。此外，在估算之前，应该首先分析该异常值是自然异常值还是人为的。如果是人为的，则可以用估算值来估算。除此之外，还可以使用统计模型来预测异常数据观测值，然后用预测值估算它。

（6）3 σ 原则

3σ 原则是指如果数据服从正态分布，那么在 3σ 原则下，异常数据为一组测定值中与平均值的偏差超过 3 倍标准差的值。因此，如果数据服从正态分布，那么距离平均值 3σ 之外的值出现的概率为 $P(|x-\mu| > 3\sigma) \leqslant 0.003$（属于小概率事件），即可认为是异常数据。如果数据不服从正态分布，

也可以用远离平均值的多少倍标准差来描述。图2-9所示为用3σ原则来检测异常数据。

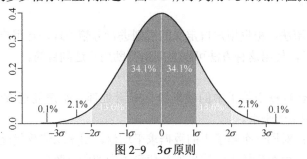

图2-9 3σ原则

2.3.3 冗余数据的处理方法

冗余数据既包含重复的数据，也包含对分析处理的问题无关的数据，通常采用过滤数据的方法来处理冗余数据。例如，对于重复数据采用重复过滤的方法，对于无关的数据则采用条件过滤的方法。

（1）重复过滤

重复过滤方法是指在已知重复数据内容的基础上，从每一个重复数据中抽取一条记录保存下来，并删掉其他的重复数据。

（2）条件过滤

条件过滤方法是指根据一个或者多个条件度数据进行过滤。在操作时对一个或者多个属性设置相应的条件，并将符合条件的记录放入结果集中，将不符合条件的数据过滤掉。例如可以在电子商务网站中对商品的属性（品牌、价格等）进行分类，然后根据这些属性进行筛选，最终得到想要的结果。

2.3.4 数据格式与内容的处理方法

在数据集中，如果数据是由系统日志而来，那么通常在格式和内容方面与元数据的描述一致。而如果数据是由人工收集或用户填写而来，则有很大可能在格式和内容上存在一些问题。简单来说，数据格式与内容的问题包含以下几类。

（1）时间、日期、数值、全半角等显示格式不一致

这种问题通常与输入端有关，在整合多来源数据时也有可能遇到，对该类问题的处理较简单，将其处理成一致的某种格式即可。

（2）内容中有不该存在的字符

这种问题是指数据中的某些内容可能只包括一部分字符，或者在数据中的头、尾、中间出现空格等。例如在姓名中存在数字，身份证号码中出现汉字等问题。这种情况下，需要以半自动校验半人工方式来找出可能存在的问题，并去除不需要的字符。

（3）内容与该字段应有内容不符

这种问题是指数据表中的数据值与数据字段存在不对应的现象。例如，在数据输入中将姓名写成了性别，身份证号写成了手机号，身高写成了体重等，均属于这种问题。但该类问题的特殊性在于：并不能简单地以删除来处理，因为成因有可能是人工填写错误，也有可能是前端没有校验，还有可能是导入数据时部分或全部存在列没有对齐的问题，因此要详细识别问题类型，再根据具体情况进行不同的处理。

2.4 数据清洗中的统计学基础

6 数据清洗中的统计学基础

统计学主要包括描述性统计、推论统计和随机变量及其分布，本节主要讲述上述相关基础知识。

描述性统计，是指运用制表、分类、图形以及计算概括性数据来描述数据特征的各项活动。描述性统计是指对调查总体所有变量的有关数据进行统计性描述，主要包括数据的频数分析、集中趋势分析、离散程度分析、分布以及一些基本的统计图形。推论统计是指在抽样调查中，从样本的统计值来推论总体的参数值，以及根据抽样的结果对调查前所做的假设做出拒绝或接受的判断的方法。随机变量表示随机试验各种结果的实值单值函数，随机变量及其分布主要有二项分布、均匀分布和正态分布等。

1. 集中趋势

集中趋势又称"数据的中心位置"，它是一组数据的代表值。集中趋势就是平均数（Average）的概念，它对总体的某一特征具有代表性，表明所研究的对象在一定时间、空间条件下的共同性质和一般水平。

（1）均值

均值，也叫作平均数，是表示一组数据集中趋势的量数，是指在一组数据中所有数据之和再除以这组数据的个数。值得注意的是，均值是统计学中的一个重要概念，它是反映数据集中趋势的一项指标，在日常生活中经常用到，如平均速度、平均身高、平均产量、平均成绩等。

（2）中位数

中位数（Median）又称中值，统计学中的专有名词，是按顺序排列的一组数据中居于中间位置的数，代表一个样本、种群或概率分布中的一个数值，其可将数值集合划分为相等的上下两部分。对于有限的数集，可以通过把所有观察值高低排序后找出正中间的一个作为中位数。如果观察值有偶数个，通常取最中间的两个数值的平均数作为中位数。值得注意的是，中位数只能有一个。

（3）众数

众数（Mode）是指在统计分布上具有明显集中趋势点的数值，代表数据的一般水平，一般用 M 表示。也是一组数据中出现次数最多的数值，有时众数在一组数中有多个。例如，1，2，3，3，4 的众数是 3，而 1，2，2，3，3，4 的众数是 2 和 3。

2. 离散趋势

离散趋势是在统计学上描述观测值偏离中心位置的趋势，它反映了所有观测值偏离中心的分布情况。

（1）极差

极差又称全距，是指一组数据的观察值中的最大值和最小值之差。用公式表示为：极差=最大观察值-最小观察值。极差的计算较简单，但是它只考虑了数据中的最大值和最小值，而忽略了全部观察值之间的差异。两组数据的最大值和最小值可能相同，于是它们的极差相等，但是离散的程度可能相当不一致。由此可见，极差往往不能反映一组数据的实际离散程度，它所反映的仅是一组数据的最大的离散值。

（2）方差

方差是各个数据与其算术平均数的离差平方和的平均数。在概率论中，方差用来度量随机变量和其数学期望（即均值）之间的偏离程度。统计中的方差（样本方差）是每个样本值与全体样本值的平均数之差的平方值的平均数。统计学常采用平均离均差平方和（总体方差）来描述变量的变异程度。总体方差计算公式：

$$\sigma^2 = \frac{\sum (X - \mu)^2}{N}$$

式中，σ^2 为总体方差；X 为变量；μ 为总体均值；N 为总体大小。

（3）标准差

标准差又称均方差，是离差平方的算术平均数的平方根，用 σ 表示。标准差是方差的算术平方根。标准差能反映一个数据集的离散程度。平均数相同的两组数据，标准差未必相同。简单来说，标准差是一组数据与其平均值分散程度的一种度量。一个较大的标准差，代表大部分数值和其平均值之间差异较大；一个较小的标准差，代表这些数值较接近平均值。

（4）协方差

协方差用于衡量两个变量的总体误差。如果两个变量的变化趋势一致，也就是说，如果其中一个大于自身的期望值，另外一个也大于自身的期望值，那么两个变量之间的协方差就是正值。如果两个变量的变化趋势相反，即其中一个大于自身的期望值，另外一个却小于自身的期望值，那么两个变量之间的协方差就是负值。值得注意的是，方差是协方差的一种特殊情况，即当两个变量是相同的情况。

（5）四分位数间距

四分位数是统计学中分位数的一种，即把所有数值由小到大排列并分成四等份，处于三个分割点位置的数值就是四分位数。第三四分位数与第一四分位数的距离又称四分位数间距。四分位数间距与方差、标准差一样，通常用于表示统计资料中各变量的分散情形。四分位数间距常和中位数一起使用，并经常用于箱式图中。

（6）变异系数

变异系数（CV）又叫相对标准差（RSD），是原始数据标准差与原始数据平均数的比。标准差只能度量一组数据对其均值的偏离程度。但若要比较两组数据的离散程度，用两个标准差直接进行比较有时就显得不合适了。例如，一个总体的标准差是 10，均值是 100；另一个总体的标准差是 20，均值是 2000。如果直接用标准差来进行比较，后者的标准差是前者标准差的 2 倍，似乎前者的分布集中，而后者的分布分散。但前者用标准差来衡量的各数据的差异量是其均值的 1/10；后者用标准差来衡量的各数据差异是其均值的 1/100。可见，用标准差与均值的比值大小来衡量不同总体数据的相对分散程度更合理。

3. 参数估计

参数估计是统计推断的一种，它是根据从总体中抽取的随机样本来估计总体分布中未知参数的过程。从估计形式看，参数估计分为点估计与区间估计；从构造估计量的方法看，有矩法估计、最小二乘估计、似然估计、贝叶斯估计等。

（1）点估计

点估计是依据样本估计总体分布中所含的未知参数或未知参数的函数。点估计的目的是依据样本 $X=(X_1, X_2, \cdots, X_i)$ 估计总体分布所含的未知参数 θ 或 θ 的函数 $g(\theta)$。一般 θ 或 $g(\theta)$ 是总体的某个特征值，如数学期望、方差、相关系数等。因此点估计问题就是要构造一个只依赖于样本的量，作为未知参数或未知参数的函数的估计值。

（2）区间估计

区间估计是参数估计的一种形式。它是在点估计的基础上，通过从总体中抽取的样本，根据一定的正确度与精确度的要求，构造出适当的区间，以作为总体的分布参数（或参数的函数）的真值所在范围的估计。与点估计不同，进行区间估计时，根据样本统计量的抽样分布可以对样本统计量与总体参数的接近程度给出一个概率度量。例如，估计一种药品所含杂质的比率在1%～3%之间；估计一种合金的断裂强度在1000～1400Mpa之间等。

置信区间是一种常用的区间估计方法。所谓置信区间就是分别以统计量的置信上限和置信下限为上下界构成的区间。它是指由样本统计量所构造的总体参数的估计区间。在统计学中，一个概率样本的置信区间是对这个样本的某个总体参数的区间估计。因此，置信区间展现的是这个参数的真实值有一定概率落在测量结果周围的程度，其给出的是被测量参数的测量值的可信程度。例如，对于一组给定的数据，定义 Ω 为观测对象，W 为所有可能的观测结果，X 为实际的观测值，那么 X 实际上是一个定义在 Ω 上，值域在 W 上的随机变量。这时，置信区间的定义是一对函数 $u(.)$ 和 $v(.)$。

4．假设检验

假设检验也称为"显著性检验"，是用来判断样本与样本、样本与总体的差异是由抽样误差引起还是本质差别造成的统计推断方法。它是统计推断中用于检验统计假设的一种常见方法。假设检验的基本思想是小概率反证法思想，小概率思想认为小概率事件在一次试验中基本上不可能发生。在这个方法下，首先对总体作一个假设，这个假设大概率会成立，如果在一次试验中，试验结果和原假设相背离，也就是小概率事件竟然发生了，那就有理由怀疑原假设的真实性，从而拒绝这一假设。

假设检验的基本步骤如下。

1）建立原假设 H_0 和选择假设 H_1，预先选定检验水准（置信度），一般 $\alpha=0.05$。

2）选定统计方法，由样本观察值按相应的公式计算出统计量的大小，如 X_2 值、t 值等。根据资料的类型和特点，可分别选用 Z-检验、t-检验、卡方检验等。

3）根据统计量的大小及其分布确定检验假设成立的可能性 P 的大小并判断结果。若 $P>\alpha$，结论为按 α 所取水准不显著，不拒绝 H_0，即认为差别很可能是由于抽样误差造成的，在统计上不成立；如果 $P\leqslant\alpha$，结论为按所取 α 水准显著，拒绝 H_0，接受 H_1，则认为此差别不大可能仅由抽样误差所致，很可能是实验因素不同造成的，故在统计上成立。

5．随机变量分布

随机变量是指随机事件的数量表现，人们可以用数学分析的方法来研究随机现象。例如某一时间内公共汽车站等车乘客人数，电话交换台在一定时间内收到的呼叫次数，电子元件的寿命，一台机器在一定时间内出现故障的次数，在实际工作中遇到的测量误差等，都是随机变量的实例。按照随机变量可能取得的值，可以把它们分为离散型分布与连续性分布两种基本类型。其中，离散型分布常见的有 0-1 分布、二项分布、泊松分布、几何分布等；连续性分布常见的有均匀分布、指数分布、正态分布等。下面介绍二项分布、均匀分布和正态分布。

（1）二项分布

二项分布是由伯努利提出的概念，指的是重复 n 次独立的伯努利试验。具体而言，二项分布是 n 个独立的是/非试验中成功的次数的离散概率分布，其中每次试验的成功概率为 p。在每次试验中只有两种可能的结果，而且两种结果发生与否互相对立，并且相互独立，与其他各次试验结果无关，事件发生与否的概率在每一次独立试验中都保持不变，则这一系列试验总称为 n 重伯努利实验。

（2）均匀分布

均匀分布也叫矩形分布，它是对称概率分布，在相同长度间隔的分布概率是等可能的。均匀分布由两个参数 a 和 b 定义，它们是数轴上的最小值和最大值，通常缩写为 U(a,b)。值得注意的是，若 $a = 0$ 并且 $b = 1$，所得分布 U(0,1) 称为标准均匀分布。

（3）正态分布

正态分布也称"常态分布"或"高斯分布"，是连续随机变量概率分布的一种。它是一个在数学、物理及工程等领域都非常重要的概率分布，在统计学的许多方面有着重大的影响力。正态分布曲线，两头低，中间高，左右对称，因其呈钟形，因此又称为钟形曲线。图 2-10 所示为正态分布曲线图。

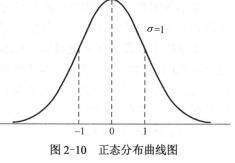

图 2-10　正态分布曲线图

2.5　实训 1　找出离群点

请找出图 2-11 中的所有离群点。

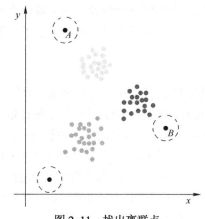

图 2-11　找出离群点

2.6　实训 2　找出统计对象

仔细观察图 2-12 和图 2-13 并查阅相关资料，用本章所学的统计学基础知识来识别图中出现了哪些统计对象。

图 2-12　单变量统计

图 2-13 成绩统计

#	成绩(N)	成绩(mean)	成绩(stdDev)	成绩(min)	成绩(max)	成绩(median)
1	11.0	68.8181818182	12.0649756056	47.0	89.0	68.0

2.7 实训3 找出数据清洗的步骤

仔细观察图2-14，找出其中包含了哪些本章所讲的数据清洗的步骤。

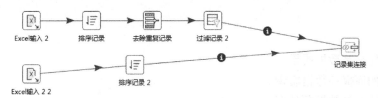

图 2-14 数据清洗流程

2.8 实训4 找出异常数据

请仔细观察图2-15，找出其中存在的异常数据或缺失数据，并思考如何清洗这些数据。

	A	B	C	D	E	F	G	H	I
1	省市	地市	统计周期	用电类别	当期值	累计值	同期值	同期累计值	月度计划值
76	北京	石景山	2014/5/1	民民	1752.61	441.64	2068.08	10340.42	574.14
77	北京	石景山	2014/5/1	农业	1457.18	146.21	1719.47	8597.37	190.08
78	北京	石景山	2014/5/1	商业	1589.92	278.93	1876.10	9380.51	362.61
79	北京	顺义	2014/5/1	大工业	2735.48	1424.50	3227.87	16139.35	1851.85
80	北京	顺义	2014/5/1	非居民	1759.14	448.14	2075.79	10378.94	582.59
81	北京	顺义	2014/5/1	非普工业	1892.44	581.43	2233.08	11165.38	755.86
82	北京	顺义	2014/5/1	民民	2086.51	775.50	2462.08	12310.38	1008.15
83	北京	顺义	2014/5/1	农业	1636.41	325.43	1930.96	9654.79	423.06
84	北京	顺义	2014/5/1	商业	1769.19	458.21	2087.65	10438.24	595.68
85	北京	通州	2014/5/1	大工业	2258.85	947.86	2665.44	13327.22	1232.21
86	北京	通州	2014/5/1	非居民	1583.93	272.93	1869.04	9345.21	354.81
87	北京	通州	2014/5/1	非普工业	1888.32	577.29	2228.22	11141.09	750.47
88	北京	通州	2014/5/1	民民	2178.79	867.79	2570.98	12854.89	1128.12
89	北京	通州	2014/5/1	农业	1620.73	309.71	1912.46	9562.32	402.63
90	北京	通州	2014/5/1	商业	1760.74	449.71	2077.68	10388.39	584.63
91	北京	延庆	2014/5/1	大工业	1604.30	293.29	1893.07	9465.37	381.27
92	北京	延庆	2014/5/1	非居民	1477.36	166.36	1743.29	8716.44	216.26
93	北京	延庆	2014/5/1	非普工业	1499.29	188.29	1769.16	8845.80	244.77
94	北京	延庆	2014/5/1	民民	1558.09	247.07	1838.54	9192.72	321.19
95	北京	延庆	2014/5/1	农业	1496.68	185.71	1766.08	8830.41	241.43
96	北京	延庆	2014/5/1	商业	1502.03	191.00	1772.40	8861.98	248.30
97	北京		2014年1月	大工业	13473.72	13473.72	15898.98	15898.98	17515.83
98	北京		2014年1月	非居民	7810.57	7810.57	9216.47	9216.47	10153.74
99	北京		2014年1月	非普工业	12404.66	12404.66	14637.50	14637.50	16126.06
100	北京		2014年1月	民民	15251.45	15251.45	17996.72	17996.72	19826.89
101	北京		2014年1月	农业	2748.90	2748.90	3243.71	3243.71	3573.57
102	北京		2014年1月	商业	14624.70	14624.70	17257.14	17257.14	19012.11
103	福建	福州	2014/2/1	大工业	9065.46	7754.43	10697.25	21394.49	10080.76
104	福建	福州	2014/3/1	大工业	10756.88	17055.36	12693.12	38079.35	22171.96
105	福建	福州	2014/4/1	大工业	12276.99	27876.36	14486.85	57947.40	36636.57
106	福建	福州	2014/5/1	大工业	12413.85	38834.21	14648.34	73241.72	50484.48
107	福建	福州	2014/6/1	大工业	12266.05	49644.21	14473.94	86843.63	64537.48
108	福建	福州	2014/6/1	电厂直供	1545.29	234.29	1823.44	10940.62	304.57
109	福建	福州	2014/4/1	趸售	13240.23	11929.21	15623.47	62493.88	15507.98
110	福建	福州	2014/5/1	趸售	12361.06	22834.29	14586.05	72930.23	29684.57
111	福建	福州	2014/6/1	趸售	12983.97	34362.29	15321.09	84670.97	44670.97
112	福建	福州	2014/2/1	非居民	2025.54	714.57	2390.13	4780.26	928.94
113	福建	福州	2014/3/1	非居民	2012.36	1270.93	2374.59	7173.76	1652.21
114	福建	福州	2014/4/1	非居民	2002.35	1817.21	2362.77	9451.09	2362.38
115	福建	福州	2014/5/1	非居民	2000.56	2361.79	2360.66	11803.31	3070.32
116	福建	福州	2014/6/1	非居民	2144.04	3049.86	2529.96	15179.77	3964.81
117	福建	福州	2014/2/1	非普工业	2512.36	1201.36	2964.59	5929.18	1561.76

图 2-15 用电数据

2.9　小结

1）在大数据时代，数据质量正是企业应用数据的瓶颈，高质量的数据可以决定数据应用的上限，而低质量的数据则必然拉低数据应用的下限。

2）数据预处理就是对于数据的预先处理，其目的是为了提高数据挖掘的质量，其主要包含数据审核、数据筛选和数据排序三部分内容。

3）数据预处理有多种方法：数据清理、数据集成、数据变换、数据归约等。这些数据处理技术在数据挖掘之前使用，大大提高了数据挖掘模式的质量，减少了实际挖掘所需要的时间。

4）数据清洗的主要方法包括对缺失数据的清洗、对噪声数据的清洗、对冗余数据的清洗，以及对数据格式和内容的处理。

5）在数据清洗中常用的统计学知识主要包括描述性统计、统计推断和随机变量及其分布。

习题 2

1）请阐述什么是数据质量。

2）请阐述如何提高数据质量。

3）请阐述什么是数据预处理。

4）数据清洗有哪些常用方法？

5）什么是正态分布？

6）如何识别离群点？

第3章 文 件 类 型

本章学习目标
- 了解文件格式的定义
- 了解 Windows 中常见的文件格式
- 了解数据类型与常见的字符编码
- 掌握在 Windows 中的数据类型转换方式

3.1 文件格式

7 文件格式
概述

3.1.1 文件格式概述

1. 什么是文件格式

文件格式是指在计算机中为了存储信息而使用的对信息的特殊编码方式，用于识别内部储存的资料，如文本文件、视频文件、图像文件等。这些文件的功能不同，有的文件用于存储文字信息，有的文件用于存储视频信息，有的文件用于存储图像信息等。此外，不同的操作系统中的文件格式也有所区别。因此，在计算机操作系统中不同的文件一般有不同的扩展名。

一般来讲，不同的文件类型需要使用不同的编辑方式。例如使用 Excel 来打开 Microsoft Excel 文件，使用 Photoshop 来打开数码相机拍摄的照片，使用 PowerPoint 打开 Microsoft PPT 演示文稿等。

值得注意的是，在某些情况下可以使用不同的软件打开相同的文件。

2. 文本文件与二进制文件

一般来说，计算机文件可以分为两类：文本文件和二进制文件。

（1）文本文件

文本文件也称为 ASCII 文件，是一种由若干行字符构成的计算机文件，它广泛地存在于计算机系统中。文本文件是对字符进行编码的文件。在文本文件中除了存储文件有效字符信息（包括能用 ASCII 码字符表示的换行等信息）外，不能存储其他任何信息。

（2）二进制文件

二进制文件是包含在 ASCII 及扩展 ASCII 字符中编写的数据或程序指令的文件，一般是可执行程序、图形、图像、声音等文件。通常来讲，二进制文件也指除文本文件以外的文件。在计算机系统中使用二进制文件可以节约硬盘空间，提升存储速度，并且对于一些比较精确的数据，使用二进制储存不会造成有效位的丢失。

（3）文本文件和二进制文件的区别

1）在读取时，文本文件将信息按字节解读成字符，而二进制文件可以任意定义解读方式。

2）文本文件的编码基于字符定长，译码相对要容易一些；二进制文件编码是变长的，灵活且利用率要高，而译码要难一些。

3）在存储中，文本文件是把数据的终端形式的二进制数据输出到磁盘上存放，即存放的是数据的终端形式。而二进制文件就是把内存中的数据按其在内存中存储的形式原样输出到磁盘中存放，即存放的是数据的原形式。

图 3-1 所示为在 Windows 系统中的二进制文件内容。

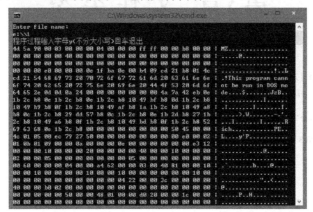

图 3-1　在 Windows 系统中的二进制文件内容

3．文件的打开与编辑

在 Windows 系统中需要使用不同的程序来打开不同的文件，例如使用记事本来读取与编辑文本文件。每一种文件都要使用特定的软件来打开，例如在 Windows 系统中使用记事本来打开图像文件，就会显示乱码，如图 3-2 所示。

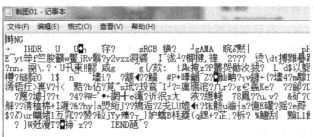

图 3-2　用记事本打开图像文件时显示乱码

3.1.2　Windows 中常见的文件格式

1．文本文件格式

（1）TXT 格式

TXT 是微软在操作系统中附带的一种文本格式，是最常见的一种文件格式。该格式常用记事本等程序保存，并且大多数软件都可以方便地查看，如记事本、浏览器等。

（2）DOC 格式

DOC 格式也叫作 Word 格式，通常用于微软的 Windows 系统中，该格式最早出现在 20 世纪 90 年代的文字处理软件 Word 中。与 TXT 格式不同，DOC 格式可以编辑图片等记事本所不能处理的内容。

（3）XLS 格式

XLS 格式的文件主要是指 Microsoft Excel 工作表，它是一种常用的电子表格格式，可以进行各种数据的处理、统计分析和决策分析操作，以及可视化界面的实现。XLS 文件可以使用

Microsoft Excel 打开。此外，微软为那些没有安装 Excel 的用户开发了专门的 XLS 文件查看器 Excel Viewer。值得注意的是，使用 Microsoft Excel 可以将 XLS 格式的表格转换为多种格式，如 XML 表格、XML 数据、网页、使用制表符分割的文本文件（*.txt）、使用逗号分隔的文本文件（*.csv）等。

（4）CSV 格式

CSV（Comma-Separated Values，逗号分隔值，也叫作字符分隔值）格式文件一般以纯文本形式存储表格数据（数字和文本）。纯文本意味着该文件是一个字符序列，不含像二进制数字那样必须被解读的数据。CSV 格式由任意数目的记录组成，记录间以某种换行符分隔；每条记录由字段组成，字段间的分隔符是其他字符或字符串，最常见的是逗号或制表符。图 3-3 所示为 CSV 格式文件的属性对话框。

（5）PDF 格式

PDF 格式也叫作便携式文件格式，是由 Adobe Systems 在 1993 年为文件交换而开发的文件格式。PDF 格式的优点主要是可以跨平台、能保留文件原有格式（Layout）、开放标准，能免版税（Royalty-free）自由开发 PDF 相容软体，是一个开放标准，2007 年 12 月成为 ISO 32000 国际标准。

（6）XML 格式

XML（Extensible Markup Language，可扩展标记语言）是一种数据存储语言，它使用一系列简单的标记描述数据，而这些标记可以用方便的方式建立。因此 XML 可以在任何应用程序中读写数据。XML 与其他数据表现形式最大的不同是这种语言极其简单，应用广泛，因而它常常用于在网络环境下的跨平台数据传输中。图 3-4 所示为 XML 格式文件的属性对话框。

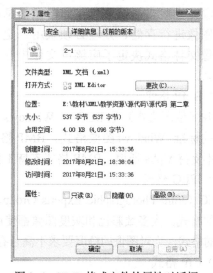

图 3-3　CSV 格式文件的属性对话框　　　图 3-4　XML 格式文件的属性对话框

（7）JSON 格式

JSON（JavaScript Object Notation，Java Script 对象表示法）是一种轻量级的数据交换格式，它采用完全独立于语言的文本格式。这些特性使 JSON 成为理想的数据交换语言。它易于人的阅读和编写，同时也易于计算机解析和生成。总体上讲，JSON 实际上是 JavaScript 的一个子集，所以 JSON 的数据格式和 JavaScript 是对应的。与 XML 格式文件相比，JSON 格式文件书写更简洁，在网络中传输速度也更快。

（8）HTML 格式

HTML（HyperText Markup Language，超文本标记语言）是一种制作万维网页面的标准语言，是万维网浏览器使用的一种语言。它是目前网络上应用最为广泛的语言，也是构成网页文档的主要语言。HTML 文件是由 HTML 命令组成的描述性文本。HTML 语句可以在网页中声明文字、图形、动画、表格、超链接、表单、音频及视频等。一般而言，HTML 文件的结构包括头部（Head）和主体（Body）两大部分，其中头部描述浏览器所需的信息，而主体则包含所要说明的具体内容。

（9）TAR 格式

TAR 是一种压缩文件格式，常用于 Linux 和 Mac 操作系统，与 Windows 下的 WinRAR 格式类似。在 Linux 中 TAR 格式文件一般以 tar.gz 为扩展名，它是源代码的安装包，需要先解压再经过编译、安装才能执行。

（10）DMG 格式

DMG（Disk Image，磁盘映像）是 Mac 操作系统中的一种文件格式，相当于Windows操作系统中的 ISO 文件。打开一个 DMG 文件，系统会生成一个磁盘，其中包含此 DMG 文件的内容。因此，DMG 文件在 Mac 操作系统中相当于一个软U 盘。

（11）PY 格式

PY 是 Python 脚本文件格式，Python 是一种面向对象、解释型计算机程序设计语言，常用于各种服务器的维护和自动化运行，并且有丰富和强大的库。图 3-5 所示为 PY 格式文件的属性对话框。

图 3-5　PY 格式文件的属性对话框

2．图像文件格式

图像文件格式是记录和存储影像信息的格式，对数字图像进行存储、处理必须采用一定的图像格式。图像文件格式决定了应该在文件中存放何种类型的信息。

（1）BMP 格式

BMP（位图格式）是 DOS 和 Windows 兼容计算机系统的标准 Windows图像格式。BMP 格式支持 RGB、索引颜色、灰度和位图四种颜色模式，但不支持Alpha 通道。BMP 格式支持 1 位、4 位、24 位、32 位的 RGB 位图。

（2）JPEG 格式

JPEG（Joint Photographic Experts Group，联合图像专家组）是目前所有图像文件格式中压缩率最高的格式。大多数彩色和灰度图像都使用 JPEG 格式压缩图像，压缩比很大而且支持多种压缩级别的格式，当对图像的精度要求不高且存储空间又有限时，JPEG 是一种理想的压缩方式。

（3）GIF 格式

GIF（Graphic Interchange Format，图像交换格式）是一种基于 LZW 压缩算法的格式，用来最小化文件大小和电子传递时间。在 Windows 中，GIF 文件格式普遍用于索引颜色和图像，支持多图像文件和动画文件。

（4）PNG 格式

PNG（Portable Network Graphic Format，可移植网络图形格式）图片以任何颜色深度存储单个光栅图像，它是与平台无关的格式。与 JPEG 格式的有损耗压缩相比，PNG 格式提供的压缩量较小。

3．音频与视频文件格式

音频与视频文件格式主要用于存储计算机中的音频与视频文件。

（1）MP3 格式

MP3 是一种音频压缩技术，它被设计用来大幅度地降低音频数据量。利用 MPEG Audio Layer 3 的技术，将音乐以 1:10 甚至 1:12 的压缩率，压缩成容量较小的文件。在 Windows 系统中用 MP3 形式存储的音乐就叫作 MP3 音乐，能播放 MP3 音乐的机器就叫作 MP3 播放器。

（2）WAV 格式

WAV 格式是微软公司开发的一种声音文件格式，用于保存 Windows 平台的音频信息资源，被 Windows 平台及其应用程序所广泛支持。该格式也支持 MSADPCM、CCITT A_LAW 等多种压缩算法。

（3）MP4 格式

MP4 是一套用于音频、视频信息的压缩编码标准，由国际标准化组织（ISO）和国际电工委员会（IEC）下属的"动态图像专家组"制定。MP4 格式主要用于网络、光盘、语音发送，以及电视广播等。

（4）WMV 格式

WMV（Windows Media Video）是微软开发的一系列视频编解码格式的统称，是微软 Windows 媒体框架的一部分。在同等视频质量下，WMV 格式的文件可以边下载边播放，因此很适合在网上播放和传输。

（5）MOV 格式

MOV 格式即 QuickTime 影片格式，它是苹果公司开发的一种音频、视频文件格式，常用于存储数字媒体格式的信息。MOV 文件格式支持 25 位彩色，支持领先的集成压缩技术，是一种优良的视频编码格式。

（6）AVI 格式

AVI（Audio Video Interleawed，音频视频交错）格式对视频文件采用了一种有损压缩率方式，但压缩率比较高，因此尽管面面质量不是太好，但其应用范围仍然非常广泛。AVI 格式支持 256 色和 RLE 压缩。目前 AVI 格式主要应用在多媒体光盘上，用来保存电视、电影等各种影像信息。

（7）Ogg 格式

Ogg（全称为 OGGVobis）是一种音频压缩格式，类似于 MP3 等音乐格式。从商业推广上看，Ogg 格式是完全免费、开放和没有专利限制的。在播放质量中，这种文件格式可以不断地进行大小和音质的改良，而不影响旧有的编码器或播放器。

3.2 数据类型与字符编码

3.2.1 数据类型概述

数据类型是指是一个值的集合和定义在这个值集上的一组操作的总称。它的出现是为了把数据分成所需内存大小不同的数据，以便程序的运行。通常可以根据数据类型的特点将数据划分为不同的类型，如原始类型、多元组、记录单元、代数数据类型、抽象数据类型、参考类型和函数类型等。在每种编程语言和数据库中都有不同的数据类型。

常见的数据类型有数字型、日期型、时间型和字符串型等，下面分别介绍。

1. 数字型

用数字型存储数据比较简单，与字符串型和日期型相比，数字型显得更加直观。常见的数字型主要包括整数型和小数型。

（1）整数型

整数型可以包含正数和负数，但不能包含小数。在不同的数据库管理系统中，可以对整数进行更多的设置，例如设置整数的取值范围，设置整数全部为正数或是一半为正数一半为负数。

常见的整数型如下。

- int：整型，占用 4B。
- short：短整型，占用 2B。
- long：长整型，占用 8B。
- unsigned：无符号型。

（2）小数型

在数据存储和清洗中经常会遇到含有小数部分的数字，诸如价格、尺寸大小等经常用小数的形式来表现。此外，一些数据库存储系统还设置了小数存储的规则，包括小数部分的长度、数字的精度等。

常见的小数型如下。

- float：单精度，占用 4B，默认精度位数为 6 位。
- double：双精度，占用 8B，默认精度位数为 16 位。

2. 日期型和时间型

日期型（DATE）数据是表示日期的数据，用字母 D 表示。日期的默认格式是{mm/dd/yyyy}，其中 mm 表示月份，dd 表示日期，yyyy 表示年份，固定长度为 8 位。

时间型（TIME）数据是用来表示时间的数据。其中 hour 表示小时，为 0～23 之间的数；minute 表示分钟，为 0～59 之间的数；second 表示秒，为 0～59 之间的数。

在数据存储与清洗中，任何一个完整的日期都应该由三部分组成：年、月、日，如果缺少其中一部分值，则可以根据推理得到其他可能出现的值。例如数据"11-26"，可以推出日期为 11 月 26 日，因为月份不可能为 26。

此外，如果缺少了必要的数据，又无法推出确切的日期，则需要对该数据重新导入或者删除。例如数据"11-10"，只能够得到日期而无法判断出年份，因而该数据是无效的。

值得注意的是，DBMS 系统和电子表格软件都支持日期计算，即可以使用加减法运算以及日期计算函数。

3. 字符串型

字符串是指由数字、字母、下画线组成的一串字符，它包括中文字符、英文字符、数字字符和其他 ASCⅡ 字符，其长度范围是 0～255 个字符，即 0x00～0xFF，例如"abc""xyz"等。由于字符串型非常灵活，因此也成为人们常用的数据存储方式，同时也是数据通信和传输中最廉价的选择。

值得注意的是，在具体的使用环境中需要关注字符串数据的长度限制，在常用的数据库系统中，一般有固定长度和可变长度两种字符串型。固定长度字符串型是指虽然输入的字段值小于该字段的限制长度，但是实际存储数据时，会先自动向右补足空白后，才将字段值的内容存储到数据块中。可变长度字符串型是指当输入的字段值小于该字段的限制长度时，直接将字段值的内容存储到数据块中，而不会补足空白，这样可以节省数据块空间。

4. 其他类型

除了上述几种使用广泛的数据类型外，还有一些来源于其他环境的数据类型，常见的有枚举型和布尔型。

（1）枚举型

枚举型用于声明一组命名的常数，当一个变量有几种可能的取值时，就可以将它定义为枚举型。例如，交通灯的颜色就可以由这样的枚举型数据来表示：{红灯、绿灯、黄灯}。值得注意的是，枚举型数据的取值不能出现其他值。

（2）布尔型

布尔型对象可以被赋予文字值 true 或者 false，所对应的关系就是真与假的概念。如果变量值为 0，就是 false，否则为 true。布尔型通常用来判断条件是否成立。例如在判定一个人的政治面貌是否为党员时，可以用布尔类型"是"和"否"来确认，"是"代表为党员，"否"代表为非党员。

5. 编程语言中的数据类型

（1）Java 中的数据类型

Java 中的基础数据类型可分为 4 类 8 种，4 类即整型、浮点型、逻辑型和字符型，具体如表 3-1 所示。

表 3-1　Java 中的基础数据类型

类别	数据类型	大小/B
整数型	字节型	1
	短整型	2
	整型	4
	长整型	8
浮点型	单精度浮点型	4
	双精度浮点型	8
逻辑型	布尔型	1/8
字符型	字符型	2

1）整数型：整型分为字节型、短整型、整型和长整型。其中，字节型的取值范围为-128～127；短整型的取值范围为-32 768～32 767；整型的取值范围为-2 147 483 648～2 147 483 647；长整型的取值范围为-9 223 372 036 854 775 808～9 223 372 036 854 775 807。

值得注意的是，在 Java 中 int（整型）是使用最多的整型类型，例如整数 35 就是 int 型的。

2）浮点型：浮点型分为单精度浮点型和双精度浮点型，其中单精度浮点型的取值范围为 3.402 823e+38～1.401 298e-45（e+38 表示是乘以 10 的 38 次方，同样，e-45 表示乘以 10 的负 45 次方）；双精度浮点型的取值范围为 1.7E-308～1.7E+308。一般认为双精度浮点型比单精度浮点型的取值范围更大，精度更高。

值得注意的是，浮点型的数据是不能完全精确的。

3）字符型：字符型 char 是存储单个字符的类型，一般用单个字符加单引号表示字符常量，例如，"char cChar='c'；char cChar='字'；"。

值得注意的是，Java 中的字符采用 Unicode 编码，每个字符占 2B，因此可以用十六进制编码表示一个字符，如"char cChar='u0061'"。

4）逻辑型：在 Java 中逻辑型只能用 true 和 false 来表示，不能用 0 或者非 0 的整数来代替 true 和 false。

（2）Python 中的数据类型

Python 有 6 个标准数据类型，分别是数字型（Numbers）、字符串型（String）、列表型（List）、元组型（Tuple）、字典型（Dictionary）和集合型（Set），下面分别介绍。

1）数字型：当指定一个值时，数字对象就会被创建，例如"var1 = 1; var2 = 2"。Python 支持四种不同的数字类型：int、long、float 和 complex（复数）。

2）字符串型：字符串是指由数字、字母、下画线组成的一串字符，例如"a="lista""。其中字符串列表有两种取值顺序：从左到右索引从 0 开始，从右到左索引默认从-1 开始。

3）列表型：列表型用 list 表示，支持字符型、数字型、字符串型，也可以包含列表型（嵌套），用"[ ]"标识，例如"list = ["abcdef", 12344 , 2.23 , "john" , "leslie" , "chung" , 70.2]"。

4）元组型：元组型用 tuple 表示，用"()"标识。内部元素用逗号隔开。元素不能二次赋值，相当于只读列表，例如"tuple = ("abc", 964 , 2.34 , "john" , 99.2)"。

5）字典型：字典型也叫作映射型，用 dict 表示。字典是 Python 中除列表以外最灵活的内置数据结构类型。列表是有序的对象集合，而字典是无序的对象集合。字典用"{}"标识，由键值对组成 key-value 形式，例如"dict[2] = "This is two""。

6）集合型：集合型用 set 表示，它表示在 Python 中建立一系列无序的、不重复的元素，例如"S = set([1,2,3])"。

（3）MySQL 中的数据类型

MySQL 中的数据类型主要分为四大类：整数型、浮点型、字符串型和日期型。

1）整数型：数值型数据类型主要用来存储数字，包含 TINYINT、SMALLINT、MEDIUMINT、INT（INTEGER）、BIGINT 等数据类型，如表 3-2 所示。

表 3-2　MySQL 中的整数型

数据类型	大小/B
TINYINT	1
SMALLINT	2
MEDIUMINT	3
INT	4
BIGINT	8

2）浮点型：MySQL 使用浮点数和定点数来表示小数，包含浮点类型（FLOAT、DOUBLE）和定点类型（DECIMAL）两种数据类型，如表 3-3 所示。

表 3-3　MySQL 中的浮点型

数据类型	大小/B
FLOAT	4
DOUBLE	8

3) 字符串型：字符类型常指 CHAR、VARCHAR、TEXT、BLOB、TINYTEXT、BINARY 和 MEDUIMBLOB 等数据类型，如表 3-4 所示。

表 3-4　MySQL 中的字符串型

数据类型	大小
CHAR	固定长度，最多 255 个字符
VARCHAR	固定长度，最多 65 535 个字符
TEXT	固定长度，最多 65 535 个字符
BLOB	固定长度，最多 65 535 个字符
TINYTEXT	固定长度，最多 255 个字符
BINARY	可变长度，最多 8000B
MEDUIMBLOB	可变长度，最多 167 772 150B

4) 日期型：日期型主要包含 DATE、TIME、DATETIME 和 TIMESTAMP 4 种数据类型，如表 3-5 所示。

表 3-5　MySQL 中的日期时间型

数据类型	含义
DATE	日期
TIME	时间
DATETIME	日期时间
TIMESTAMP	自动存储修改时间

3.2.2　字符编码

1. 字符编码的概念

在计算机中，所有的信息都是 0/1 组合的二进制序列，计算机是无法直接识别和存储字符的，字符必须经过编码才能被计算机处理。字符编码是计算机技术的基础，也是进行数据清洗的基本功之一。

字符编码也叫作字集码，把字符集中的字符编码为指定集合中的某个对象（例如，比特模式、自然数序列、8 位组或者电脉冲），以便文本在计算机中存储和通过通信网络的传递。常见的字符编码有将拉丁字母表编码成莫尔斯电码和ASCII。

2. 字符与编码

（1）字符集

字符是各种文字和符号的总称，包括各国文字、标点符号、图形符号、数字等。字符集（Character Set）是多个字符的集合。字符集种类较多，每个字符集包含的字符个数不同，常见的字符集有 ASCII 字符集、GB2312 字符集、BIG5 字符集、GB18030 字符集、Unicode 字符集等。计算机要准确地处理各种字符集文字，就需要进行字符编码，以便计算机能够识别和存储各种文字。

（2）编码格式

1) ASCII 码：ASCII 码于 1961 年提出，用于在不同计算机硬件和软件系统中实现数据传输标准化，大多数小型机和全部个人计算机都使用此码。ASCII 码划分为两个集合：128 个字符的标准 ASCII 码和附加的 128 个字符的扩展 ASCII 码。基本的 ASCII 字符集共有 128 个字符，其中有 96 个可打印字符，包括常用的字母、数字、标点符号等，另外还有 32 个控制字符。标准 ASCII 码使用 7 位二进制数对字符进行编码，对应的 ISO 标准为 ISO646 标准。

值得注意的是，ASCII 属于字符集与字符编码相同的情况，直接将字符对应的 8 位二进制数作为最终形式存储。因此，ASCII 既表示一种字符集，也代表一种字符编码，即常说的"ASCII 编码"。

2）GB2312 编码：GB2312 也是 ANSI 编码的一种，它是为了用计算机记录并显示中文而设计的。GB 2312 是一个简体中文字符集，由 6763 个常用汉字和 682 个全角的非汉字字符组成。其中汉字根据使用的频率分为两级，一级汉字 3755 个，二级汉字 3008 个。

值得注意的是，GB2312 编码也可以认为是既具有字符集的意义，又有字符编码的意义。

3）Unicode 编码：由于世界各国都有自己的编码，极有可能会导致乱码的产生，因此为了统一编码，减少编码不匹配现象的出现，就产生了 Unicode 编码。Unicode 编码是一个很大的集合，包含各种文字，现在的规模可以容纳 100 多万个符号。每个符号的编码都不一样，比如，U+0639 表示阿拉伯字母 Ain，U+0041 表示英语的大写字母 A，"汉"这个字的 Unicode 编码是 U+6C49 等。

值得注意的是，Unicode 编码通常占 2 个字节，需要比 ASCII 码多一倍的存储空间。因此为了存储和传输方便，又推出了可变长编码，即 UTF-8 编码。这种编码可以根据不同的符号自动选择编码的长短，它把一个 Unicode 字符根据不同的数字大小编码成 1～6 个字节，常用的英文字母被编码成 1 个字节，汉字通常是 3 个字节，只有很生僻的字符才会被编码成 4～6 个字节。

图 3-6 所示为在本地计算机中 Unicode 编码和 UTF-8 编码的转换。

在浏览网页时，服务器会把动态生成的 Unicode 编码转换为 UTF-8 编码再传输到浏览器，如图 3-7 所示。UTF-8 编码也是在互联网上使用最广的一种 Unicode 的实现（传输）方式。

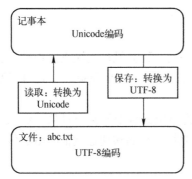

图 3-6　本地计算机中 Unicode 编码
和 UTF-8 编码的转换

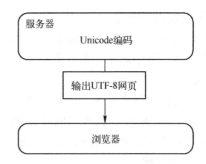

图 3-7　在网络服务中 Unicode 编码
和 UTF-8 编码的转换

（3）乱码与空值

1）乱码：乱码指的是由于本地计算机在用文本编辑器打开源文件时，使用了不相应字符集而造成部分或所有字符无法被阅读的一系列字符。例如浏览器把 GBK 码当成 Big5 码显示，或电子邮件程序把对方传来的邮件错误解码。如果在发送时编码错误，收件者的电子邮件程序是不能解码的，需要发件者的电子邮件程序重新编码再发。

因此为了确保尽量少出现乱码，应当使用统一的编码，如在数据库的存储和分析中都使用 UTF-8 进行编码。

2）空值：空值（NULL）表示值未知。空值不同于空白或零值。没有两个相等的空值。在数据库的一个表中，如果一行中的某列数据没有值，则可以把它看作死空值。在程序代码中，可以检查空值以便针对具有有效值（或非空值）数据的行执行某些计算。例如，报表可以只打印数据不为空值的列。执行计算时删除空值很重要，因为如果包含空值列，某些计算（如求平均值）就会不准确。

3.2.3 用 Python 读取文件

1. 用 Python 直接读取文本文件

【例 3-1】 使用 Python 读取文本内容。

1）新建记事本文档，命名为 1.txt，并写入内容，显示如图 3-8 所示。

2）运行 Python 3，建立文件，命名为 3-1.py，编写以下代码。

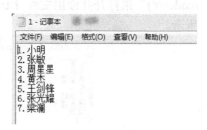

图 3-8　记事本内容

```
with open('1.txt')as file_object:
    contents=file_object.read()
    print(contents)
```

其中各函数和语句的含义如下。

● open()表示接受一个参数，用于读取要打开文件的名称。

● read()表示要读取文件的全部内容。

● 语句 print(contents)表示将该文本的内容全部显示出来。

3）运行程序，显示内容如图 3-9 所示。

```
== RESTART: D:/Users/xxx/AppData/Local/Programs/Python/Python37/数据清洗/3-1.py
==
1.小明
2.张敏
3.周星星
4.黄杰
5.王剑锋
6.张光耀
7.梁澜
>>>
```

图 3-9　用 Python 显示记事本内容

从图 3-9 可以看出，在 Windows 系统中可以通过运行 Python 来显示记事本中的文档内容。其中，Python 的内置函数 open()的运行模式如表 3-6 所示。

表 3-6　open()函数的运行模式

运行模式	说明
r	读取模式（默认模式），如果文件不存在，则抛出异常
w	写模式，如果文件存在，则先清空原有内容
x	写模式，创建新文件，如果文件已存在，则抛出异常
a	追加模式，不覆盖原有内容
b	二进制模式
t	文本模式
+	读、写模式

2．用 Python 读取模式来读文本文件的内容

【例 3-2】 使用 Python 的读取模式来读取文本内容，代码如下。

```
f=open(file='1.txt',mode='r')
data=f.read()
print(data)
```

该例同样是使用 Python 来读取 1.txt 中的文本内容。在读取时，使用代码"f=open(file='1.txt', mode='r')"来打开并读出文件 1.txt 中的文本数据。将该例保存为 3-2.py，运行结果如图 3-10 所示。

图 3-10　用 Python 读取模式读文本文件的内容

3.2.4　数据转换

1．数据转换的概念

数据间的相互转换是数据清洗工作中不可缺少的一部分。由于文件在不同的文件系统中有着不同的存储格式，因此人们希望能够在文件类别上实现自由的转换。

数据转换常常用于数据库的存储和机器学习，如将字符串类型的数据转换为数字类型，将 MySQL 中的数据格式化为字符串，或是将 JSON 文件转换为纯文本文件等。大数据系统中常见的数据转换方式如表 3-7 所示。

表 3-7　常见的数据转换方式

数据转换方式	功能
文本文件输入	从本地文本文件输入数据
表输入	从数据库表中输入数据
文本文件输出	将处理结果输出到文本文件
表输出	将处理结果输出到数据库表
数据更新	根据处理结果对数据库进行更新
字段选择	选择需要的字段，过滤掉不要的字段
映射	数据映射

最常见的数据转换是对各种文本的转换或是在机器学习中自行建立转换模型，用于数据的处理。

在数据转换过程中，应当充分考虑数据的损耗，切记不能不顾一切地进行转换，否则可能会严重扭曲数据本身的内涵。

2．数据转换的方式

数据转换的方式较多，但具体的实现取决于数据的存储位置。常见的数据转换方式有三种：基于 MySQL 数据库文件的转换、基于编程语言的转换和基于文件的转换。

（1）基于 MySQL 数据库文件的转换

在 MySQL 中将一条数据转换为字符串有三种方法，以将字符串‘123’转换为数字 123 为例，具体方法如下。

```
SELECT CAST('123' AS SIGNED);
SELECT CONVERT('123',SIGNED);
SELECT '123'+0;
```

（2）基于编程语言的转换

1）Java 中数据类型的转换。在 Java 中如果要实现从 int 型到 short 型的转换，可以用下列代码实现。

```
exp: short shortvar=0;
int intvar=0;
    intvar=shortvar;
```

2）Python 中数据类型的转换。在 Python 中如果要实现从字典型到 JSON 型的转换，可以用下列代码实现。

```
import json
 data = {'name':'leslie',
        age':42}
 data_json = json.dumps(data)
```

在 Python 中如果要实现从数字型到浮点型的转换，可以用下列代码实现。

```
newstring= 2.5
newnum= 2
print('newnum 的类型是：',type(newnum),' newstring 的类型是：',type(newstring))
```

（3）基于文件的转换

基于文件的转换主要是将电子表格转换为文本数据或将文本数据转换为电子表格。该方式较简单，下面介绍在 Word 文档中的实现方式。

【例 3-3】 将文档中的数据快速转化为表格数据。

1）新建 Word 文档，输入文字，文字中间用中文的逗号分开，如图 3-11 所示。

序号，名称，产地，数量，金额，
1，　手机 1，中国，10，30000
2，　手机 2，中国，10，40000
3，　手机 3，中国，10，50000
4，　手机 4，中国，10，60000
5，　手机 5，中国，10，70000

图 3-11　在 Word 中输入文字

2）选中全部文字，在"插入"选项卡中单击"表格"按钮，在弹出的下拉列表中选择"文本转换成表格"选项，如图 3-12 所示。

3）弹出"将文字转换成表格"对话框，设置列数和行数，在"文字分隔位置"选项组中选择"其他字符"单选按钮，并输入中文的逗号，如图 3-13 所示。

4）单击"确定"按钮，结果如图 3-14 所示。

图 3-12 选择"文本转换成表格"选项　　　　图 3-13 "将文字转换成表格"对话框

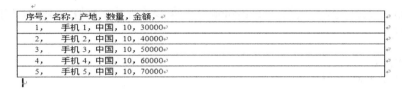

图 3-14 转换结果

9 CSV 文件的
生成与读取

3.3 数据转换的实现

3.3.1 用 Python 生成与读取 CSV 文件

CSV 是一种通用的、相对简单的文件格式，在商业上应用较为广泛。CSV 格式的基本规则如下。

- 纯文本格式，并通过单一的编码来表示字符。
- 以行为单位，开头不留空行，行与行之间没有空行。
- 每一行表示一个一维数据。
- 主要以半角逗号作为分隔符，列为空时也要表达其存在。
- 对于表格数据，可以包含列名，也可以不包含列名。

本节主要讲述使用 Python 生成与读取 CSV 文件。

1. 用 Python 生成 CSV 文件

创建 CSV 格式的文件，除了可以使用 Excel 外，也可以使用 Python 编程来实现。

【例 3-4】 使用 Python 生成 CSV 文件，代码如下。

```
import csv
with open('test.csv', 'w') as f:
    writer = csv.writer(f)
    writer.writerow(['name', 'age', 'score'])
    data = [
        ('wangming', 22, '90'),
```

```
        ('zhangyu', 22, '78'),
        ('zhanglan', 21, '86')
    ]
    writer.writerows(data)
```

其中各函数和语句的含义如下。

- import csv：在 Python 中导入内置的 CSV 模块。
- writer = csv.writer(f)：创建 CSV 文件。
- writer.writerow(['name', 'age', 'score'])：写入表头数据。
- data =[ ]：[ ]中为要写入的数据内容。
- writer.writerows(data)：将数据写入到 CSV 文件中。

运行该程序可看见生成的 CSV 文件，该 CSV 文件的内容如图 3-15 所示。

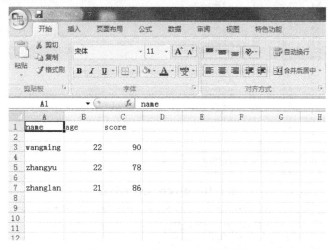

图 3-15　生成的 CSV 文件的内容

2. 用 Python 读取 CSV 文件

CSV 格式文件除了可以用 Excel 直接打开外，也可以使用 Python 编程来查看其中的数据。这里要用到 Python 中的读写函数 reader()。

【例 3-5】　使用 Python 读取 CSV 文件，代码如下。

```
import csv
with open("iris.csv","r") as csvfile:
    reader = csv.reader(csvfile)
        for line in reader:
            print (line)
```

其中各语句的含义如下。

- with open("iris.csv","r") as csvfile：在 Python 中打开 iris.csv 文件。
- reader = csv.reader(csvfile)：读取该 CSV 文件，并返回迭代类型。
- for line in reader: print(line)：打印出来的结果是数组类型，文件中有几行数据就打印几个数组，不区分表头和值。

iris.csv 文件的内容如图 3-16 所示。该程序运行结果如图 3-17 所示。

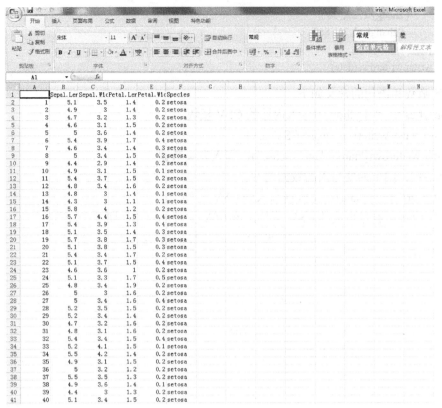

图 3-16 iris.csv 文件的内容

```
== RESTART: D:/Users/xxx/AppData/Local/Programs/Python/Python37/数据清洗/3-5.py
==
['', 'Sepal.Length', 'Sepal.Width', 'Petal.Length', 'Petal.Width', 'Species']
['1', '5.1', '3.5', '1.4', '0.2', 'setosa']
['2', '4.9', '3', '1.4', '0.2', 'setosa']
['3', '4.7', '3.2', '1.3', '0.2', 'setosa']
['4', '4.6', '3.1', '1.5', '0.2', 'setosa']
['5', '5', '3.6', '1.4', '0.2', 'setosa']
['6', '5.4', '3.9', '1.7', '0.4', 'setosa']
['7', '4.6', '3.4', '1.4', '0.3', 'setosa']
['8', '5', '3.4', '1.5', '0.2', 'setosa']
['9', '4.4', '2.9', '1.4', '0.2', 'setosa']
['10', '4.9', '3.1', '1.5', '0.1', 'setosa']
['11', '5.4', '3.7', '1.5', '0.2', 'setosa']
['12', '4.8', '3.4', '1.6', '0.2', 'setosa']
['13', '4.8', '3', '1.4', '0.1', 'setosa']
['14', '4.3', '3', '1.1', '0.1', 'setosa']
['15', '5.8', '4', '1.2', '0.2', 'setosa']
['16', '5.7', '4.4', '1.5', '0.4', 'setosa']
['17', '5.4', '3.9', '1.3', '0.4', 'setosa']
['18', '5.1', '3.5', '1.4', '0.3', 'setosa']
['19', '5.7', '3.8', '1.7', '0.3', 'setosa']
['20', '5.1', '3.8', '1.5', '0.3', 'setosa']
['21', '5.4', '3.4', '1.7', '0.2', 'setosa']
['22', '5.1', '3.7', '1.5', '0.4', 'setosa']
['23', '4.6', '3.6', '1', '0.2', 'setosa']
['24', '5.1', '3.3', '1.7', '0.5', 'setosa']
['25', '4.8', '3.4', '1.9', '0.2', 'setosa']
['26', '5', '3', '1.6', '0.2', 'setosa']
['27', '5', '3.4', '1.6', '0.4', 'setosa']
['28', '5.2', '3.5', '1.5', '0.2', 'setosa']
['29', '5.2', '3.4', '1.4', '0.2', 'setosa']
['30', '4.7', '3.2', '1.6', '0.2', 'setosa']
['31', '4.8', '3.1', '1.6', '0.2', 'setosa']
['32', '5.4', '3.4', '1.5', '0.4', 'setosa']
['33', '5.2', '4.1', '1.5', '0.1', 'setosa']
['34', '5.5', '4.2', '1.4', '0.2', 'setosa']
['35', '4.9', '3.1', '1.5', '0.2', 'setosa']
['36', '5', '3.2', '1.2', '0.2', 'setosa']
['37', '5.5', '3.5', '1.3', '0.2', 'setosa']
['38', '4.9', '3.6', '1.4', '0.1', 'setosa']
['39', '4.4', '3', '1.3', '0.2', 'setosa']
['40', '5.1', '3.4', '1.5', '0.2', 'setosa']
['41', '5', '3.5', '1.3', '0.3', 'setosa']
['42', '4.5', '2.3', '1.3', '0.3', 'setosa']
['43', '4.4', '3.2', '1.3', '0.2', 'setosa']
['44', '5', '3.5', '1.6', '0.6', 'setosa']
['45', '5.1', '3.8', '1.9', '0.4', 'setosa']
['46', '4.8', '3', '1.4', '0.3', 'setosa']
['47', '5.1', '3.8', '1.6', '0.2', 'setosa']
['48', '4.6', '3.2', '1.4', '0.2', 'setosa']
```

图 3-17 用 Python 读取 CSV 格式文件的内容

3.3.2 用 Python 读取与转换 JSON 文件

1. 用 Python 读取 JSON 文件

在 Python 中读取 JSON 数据的方法较多,下面介绍一种将数组编码为 JSON 格式的实现方式。

【例 3-6】 将 Python 对象编码为 JSON 字符串,代码如下。

```
import json
jsonData = '{"黄明":80,"郑红":80,"王飞":98,"张元":67,"菜中正":85}';
text = json.loads(jsonData)
print (text)
```

其中各主要语句的含义如下。

● import json:在 Python 中导入 JSON 库。

● jsonData = '{"黄明":80,"郑红":80,"王飞":98,"张元":67,"菜中正":85}':创建数组。

● text = json.loads(jsonData):将 Python 中的字符串转换为字典,并用 JSON 格式输出。

该程序运行结果如图 3-18 所示。

```
== RESTART: D:/Users/xxx/AppData/Local/Programs/Python/Python37/数据清洗/3-6.py
==
{'黄明': 80, '郑红': 80, '王飞': 98, '张元': 67, '菜中正': 85}
>>>
```

图 3-18 将 Python 对象编码为 JSON 字符串

表 3-8 所示为 JSON 库中的 API 函数,表 3-9 所示为 JSON 与 Python 解码后数据类型。

表 3-8 JSON 中的 API 函数

API 名称	功能
json.dumps()	将 Python 中的字典转换为字符串
json.loads()	将 Python 中的字符串转换为字典
json.dump()	将数据写入 Python 文件中
json.load()	将字符串转换为数据类型

表 3-9 JSON 与 Python 解码后数据类型

JSON	Python
object	dict
array	list
string	unicode
number(int)	init,long
number(real)	float
true	True
false	False
null	None

2. 从 CSV 到 JSON 的数据类型转换

CSV 格式常用于表示二维数据,它主要以纯文本方式来存储,而 JSON 也可以用来表示二维数据。在工作中,人们常常需要根据实际需求在 CSV 和 JSON 两种数据类型之间进行自由的转换。

将 CSV 格式数据 CSV 转换为 JSON 格式的方式较多,在这里主要讲述如何使用 Python 来实现。

【例 3-7】 使用 Python 将 CSV 转为 JSON 格式,代码如下。

```
import json
```

```
fo=open("test.csv","r")
ls=[]
for line in fo:
    line=line.replace("\n","")
    ls.append(line.split(','))
fo.close()
fw=open("test.json","w")
for i in range(1,len(ls)):
    ls[i]=dict(zip(ls[0],ls[i]))
json.dump(ls[1:],fw,sort_keys=True,indent=4,ensure_ascii=False)
fw.close()
```

test.csv 文件的内容见【例 3-4】。

其中各主要函数和语句的含义如下。

● line.replace("\n",""): 用替换函数 replace()把换行符替换成空，即将行尾的换行符替换为空字符串。

● line.split(','): 按逗号分隔成数组。

● fw=open("test.json","w"): 将数据写入到 test.json 文件中，w 代表写入。

● zip(): Python 中的一个内置函数，它能够将两个长度相同的列表合成一个关系对。

● json.dump(ls[1:],fw,sort_keys=True,indent=4,ensure_ascii=False): 通过调用 dump()函数向 JSON 库输出中文字符。

运行该程序，可看见生成的 test.json 文件，如图 3-19 所示。

| test | 2019/6/28 9:02 | Microsoft Office Excel 逗号分隔值文件 | 1 KB |
| test | 2019/6/28 9:58 | JavaScript Object Notation | 1 KB |

图 3-19　生成的 JSON 文件

打开 test.json 文件，内容如图 3-20 所示。

图 3-20　test.json 文件的内容

3.4　实训 1　将 XML 文件转换为 JSON 文件

1）编写 XML 文件，内容如下。

```xml
<?xml version="1.0" encoding="gb2312"?>
<!--以下是图书的文档-->
<四大名著>
    <三国演义>
        <作者>罗贯中</作者>
        <主要内容>描述东汉末年的三国割据</主要内容>
    </三国演义>
    <西游记>
        <作者>吴承恩</作者>
        <主要内容>描述唐僧师徒取经的故事</主要内容>
    </西游记>
    <红楼梦>
        <作者>曹雪芹</作者>
        <主要内容>描述贾宝玉与林黛玉的悲惨爱情和整个大家族的起起落落的故事</主要内容>
    </红楼梦>
    <水浒传>
        <作者>施耐庵</作者>
        <主要内容>描述梁山英雄的故事</主要内容>
    </水浒传>
</四大名著>
```

2）打开浏览器，输入网址"http://www.bejson.com/xml2json/"，打开 XML 与 JSON 在线转换的网站，如图 3-21 所示。

图 3-21　打开在线转换网站

3）将 XML 文件的内容输入到左边空白区，单击"向右转换"按钮，得到 JSON 文件，如图 3-22 所示。

图 3-22　XML 文件转换为 JSON 文件

4）同样可以进行从 JSON 文件到 XML 文件的转换。将 XML 区域内容清除后单击"向左转换"按钮，则可以显示转换后的 XML 文件的内容，转换结果如图 3-23 所示。

图 3-23　JSON 文件转换为 XML 文件

从图 3-23 可以看出，转换后的 XML 文件的字符编码集换为 UTF-8 了。

3.5　实训 2　将 JSON 文件转换为 CSV 文件

1）打开浏览器，输入网址："http://www.bejson.com/xml2json/"，打开 JSON 与 CSV 在线转换的网站，输入 JSON 文档的内容，如图 3-24 所示。

图 3-24　输入 JSON 文件的内容

2）单击"转换"按钮，将 JSON 文件转换为 CSV 文件，转换结果如图 3-25 所示。

图 3-25　转换结果

3.6　小结

1）文件格式是指在计算机中为了存储信息而使用的对信息的特殊编码方式，是用于识别内部储存的资料，如文本文件、视频文件、图像文件等。

2）一般来说，计算机文件可以分为两类：文本文件和二进制文件。

3）数据类型是一个值的集合和定义在这个值集上的一组操作的总称。它的出现是为了把数据分成所需内存大小不同的数据，以便程序的运行。

4）在计算机中，所有的信息都是 0/1 组合的二进制序列，计算机是无法直接识别和存储字符的，字符必须经过编码才能被计算机处理。字符编码是计算机技术的基础。

5）数据间的相互转换是大数据清洗工作中不可缺少的一部分。由于文件在不同的文件系统中有着不同的存储格式，因此人们希望能够在文件类别上实现自由的转换。

6）数据转换的方式较多，但具体的实现取决于数据的存储位置。常见的数据转换方式有三种：基于 MySQL 数据库文件的转换、基于编程语言的转换和基于文件的转换。

习题 3

1）请阐述什么是文件格式。

2）Windows 中有哪些常见的文件格式？

3）什么是数据类型？

4）什么是字符编码？

5）如何使用 Python 进行常见的数据类型的转换？

第4章 数据采集与抽取

本章学习目标
- 了解数据采集的含义
- 了解日志数据采集的方法
- 了解主流的数据采集平台
- 掌握基本的网络爬虫的使用
- 了解数据抽取的含义和流程
- 掌握使用 Kettle 实现数据抽取

4.1 数据采集概述

4.1.1 了解数据采集

1. 数据采集的含义

大数据的应用离不开数据采集。数据采集又称数据获取，是指利用某些装置，从系统外部采集数据并输入到系统内部。在互联网行业快速发展的今天，数据采集已经广泛应用于互联网及分布式领域，比如摄像头、麦克风以及各类传感器等都是数据采集工具。而大数据采集则是指从传感器和智能设备、企业在线系统、企业离线系统、社交网络和互联网平台等获取数据的过程。

在大数据技术广泛应用之前，人们进行数据采集时一般通过制作调查问卷、随机抽取人群样本填写问卷，以得到人群样本的反馈数据。此外，人工观察记录也是过去常用的数据采集方式。而随着大数据技术的不断应用，目前采集的数据和采集的方式都变得多种多样，如电压、电流、温度、压力及声音等物理数据，以及在本地计算机以及网络中存储的各种数据都可以被采集到服务器中作为大数据分析的基础。

在数据采集过程中，人们可以使用各种数据采集设备。图 4-1 所示为 RFID 数据采集设备，图 4-2 所示为 GPRS 数据采集器。

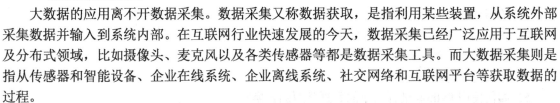

图 4-1　RFID 数据采集设备　　　　　　图 4-2　GPRS 数据采集器

2. 大数据采集的特点

大数据采集与传统的数据采集不同，大数据采集的主要特点和挑战是并发数高，因为可能同时有成千上万的用户在进行访问和操作。例如，火车票售票网站、飞机票售票网站和淘宝网站的并发访问量在峰值时可达到上百万甚至是上千万，所以在采集端需要部署大量数据库才能对其支撑。并且如何在这些数据库之间进行负载均衡和分片是需要深入思考和精心设计的。

此外，数据源不同，大数据采集的方法也不相同。但是为了能够满足大数据采集的需要，大数据采集时大多使用了大数据的处理模式，即 MapReduce 分布式并行处理模式或基于内存的流式处理模式。

例如，在采集数据库数据时，企业可使用 Redis、MongoDB 以及 HBase 等 NoSQL 数据库来完成，通过在采集端部署大量分布式数据库，并在这些数据库之间进行负载均衡和分片来完成大数据采集工作。

3. 数据采集的数据类型及数据来源

（1）数据类型

在大数据体系中，数据主要分为以下五类。

1）业务数据：消费者数据、客户关系数据、库存数据、账目数据等。

2）行业数据：车流量数据、能耗数据、PM2.5 数据等。

3）内容数据：应用日志、电子文档、机器数据、语音数据、社交媒体数据等。

4）线上行为数据：页面数据、交互数据、表单数据、会话数据、反馈数据等。

5）线下行为数据：车辆位置和轨迹、用户位置和轨迹、动物位置和轨迹等。

（2）数据来源

在大数据体系中，数据来源主要分为以下四类。

1）企业系统：客户关系管理系统、企业资源计划系统、库存系统、销售系统、图书管理系统等。

2）机器系统：智能仪表、工业设备传感器、智能设备、视频监控系统等。

3）互联网系统：电商系统、服务行业业务系统、政府监管系统等。

4）社交系统：微信、QQ、微博、博客、新闻网站、朋友圈等。

值得注意的是，由于互联网系统、社交系统和机器系统产生的数据量要远远大于企业系统的数据量，因此在大数据采集系统中，数据来源主要是社交系统、互联网系统及各种类型的机器设备，特别是以网页、博客、日志、朋友圈等半结构化数据为主。

4.1.2 日志数据采集与处理的常见方法

1. 日志数据采集常见方法

在大数据采集中，特别是在互联网应用中，无论是采用哪一种采集方式，其基本的数据来源大多是日志数据。例如许多公司的业务平台每天都会产生大量的日志数据，从这些日志信息中可以得出很多有价值的数据。尤其对于 Web 应用来说，日志数据极其重要，它包含用户的访问日志、用户的购买数据或用户的单击日志等。

目前常见的日志数据采集方法分为两类：浏览器日志采集和客户端数据采集。

（1）浏览器日志采集

浏览器日志采集主要是采集页面的浏览日志（PV/UV 等）和交互操作日志（操作事件）等数据。

这些日志的采集，一般是在页面上植入标准的统计 JS 代码来执行。这个植入代码的过程，可以在页面功能开发阶段由开发人员手动写入，也可以在项目运行的时候，由服务器在相应页面请求的时候动态地植入。事实上，在采集到数据之后，统计 JS 代码可以立即发送到数据中心，也可以进行适当的汇聚之后延迟发送到数据中心，这个策略取决于不同场景的需求。

（2）客户端数据采集

目前，客户端数据采集一般会使用专用统计 SDK 来实现。因为客户端数据的采集具有高度的业务特征，自定义要求比较高，所以除应用环境的一些基本数据以外，更多的是从"按事件"的角度来采集数据，比如单击事件、登录事件、业务操作事件等。例如，基础数据由 SDK 默认采集即可，其他数据可规范调用 SDK 来实现。

值得注意的是，由于现在越来越多的 App 采用 Hybrid 方案，即 H5 与 Native 相结合的方式，因此对于日志采集来说，既涉及 H5 页面的日志，也涉及 Native 客户端上的日志。在这种情况下，可以分开采集分开发送，也可以将数据合并到一起之后再发送。

2．日志数据处理常见方法

目前，在企业中对日志的处理可分为在线处理和离线处理两种方式。

（1）在线处理

如果对于数据的分析结果在时间上有比较严格的要求，则可以采用在线处理的方式来对数据进行分析，如使用 Spark、Storm 等进行处理。比较贴切的一个例子是天猫"双十一"的成交额，在其展板上，交易额是实时动态进行更新的，对于这种情况，则需要采用在线处理。

（2）离线处理

当然，如果只是希望得到数据的分析结果，对处理的时间要求不严格，也可以采用离线处理的方式。比如，可以先将日志数据采集到 HDFS 中，再进一步使用 MapReduce、Hive 等来对数据进行分析。

4.1.3　数据采集平台

1．Flume

Flume 是 Cloudera 提供的一个高可用的、高可靠的、分布式的海量日志采集、聚合和传输的系统。Flume 支持在日志系统中定制各类数据发送方，用于收集数据；同时，Flume 提供对数据进行简单处理，并写到各种数据接受方的功能。此外，Flume 客户端负责在事件产生的源头把事件发送给 Flume 的 Agent。客户端通常和产生数据源的应用在同一个进程空间。值得注意的是，Flume 在 Source 和 Sink 端都使用了 transaction 机制保证在数据传输中没有数据丢失。

2．Kafka

Kafka 是由 Apache 软件基金会开发的一个开源流处理平台，是用 Scala 和 Java 编写的。Kafka 是一种高吞吐量的分布式发布订阅消息系统，它可以处理消费者规模的网站中的所有动作流数据。互联网关采集到变化的路由信息，通过 Kafka 的 Droducer 将归集后的信息批量传入 Kafka。Kafka 按照接收顺序对归集的信息进行缓存，并加入待消费队列。Kafka 的 Consumer 读取队列信息，并使用一定的处理策略将获取的信息更新到数据库，完成数据到数据中心的存储。

3．Fluentd

Fluentd 是一个开源的数据收集器，专为处理数据流设计，使用 JSON 作为数据格式。它采用了插件式的架构，具有高可扩展性和高可用性，同时还实现了高可靠的信息转发。在进行数据采集时，可以把各种来源的信息发送给 Fluentd，Fluentd 根据配置通过不同的插件把信息转发到不同的地方，比如文件、SaaS 平台、数据库，甚至可以转发到另一个 Fluentd。

4．Splunk

Splunk 是一个分布式的机器数据平台，它提供完整的数据采集、数据存储、数据分析和处理，以及数据展现的能力。在 Splunk 的组成中，Search Head 负责数据的搜索和处理，提供搜索时的信息抽取；Indexer 负责数据的存储和索引；Forwarder 负责数据的收集、清洗、变形，并发送给 Indexer。

5. Chukwa

Chukwa 是一个开源的监控大型分布式系统的数据采集系统，它构建于 HDFS 和 MapReduce 框架之上，并继承了 Hadoop 优秀的扩展性和健壮性。在数据分析方面，Chukwa 拥有一套灵活、强大的工具，可用于监控和分析结果以更好地利用所采集的数据结果。

Chukwa 旨在为分布式数据收集和大数据处理提供一个灵活、强大的平台。这个平台不仅现时可用，而且能够与时俱进地利用更新的存储技术（比如 HDFS、HBase 等）。Chukwa 中的主要部件有 Agent、Adaptor、Collector、MapReduce Job 等。其中，Agent 负责采集最原始的数据，并发送给 Collector；Adaptor 是直接采集数据的接口和工具，一个 Agent 可以管理多个 Adaptor 的数据采集；Collector 负责收集 Agent 发送的数据，并定时写入集群中；MapReduce Job 则执行定时启动任务，负责把集群中的数据分类、排序、去重和合并；HICC 负责数据的最后展示。

6. Scribe

Scribe 是 Facebook 开源的日志采集系统，在 Facebook 内部已经得到大量的应用。它能够从各种日志源上收集日志，存储到一个中央存储系统（可以是 NFS、分布式文件系统等）上，以便进行集中统计分析处理。它为日志的"分布式收集，统一处理"提供了一个可扩展的、高容错的方案。在 Scribe 采集数据的过程中，当中央存储系统的网络或者设备出现故障时，Scribe 会将日志转存到本地或者另一个位置，当中央存储系统恢复后，Scribe 会将转存的日志重新传输给中央存储系统。

Scribe 的架构如图 4-3 所示。Scribe 的架构比较简单，主要包括三部分，分别为 Scribe Agent、Scribe 和存储系统。Scribe Agent 实际上是一个 thrift client，向 Scribe 发送数据的唯一方法是使用 thrift client；Scribe 内部定义了一个 thrift 接口，用户使用该接口将数据发送给服务器。其中 thrift 是一个软件框架，拥有强大的软件堆栈和代码生成引擎，用于可扩展、跨语言的服务开发。Scribe 接收到 thrift client 发送过来的数据后，根据配置文件将不同主题（Topic）的数据发送给不同的对象。Scribe 提供了各种各样的 store，如 DB、HDFS 等。Scribe 可将数据加载到这些 store 中。存储系统实际上就是 Scribe 中的 store，当前 Scribe 支持非常多的 store，包括 file（文件）、buffer（双层存储，一个主存储，一个副存储）以及 network（另一个 Scribe 服务器）等。

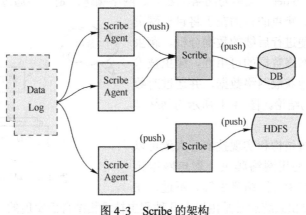

图 4-3　Scribe 的架构

4.1.4　数据采集工具

1．鸟巢采集器

鸟巢采集器是一款基于 Web 网页的数据采集工具，它基于 Java 语言开发，采用分布式架构，拥有强大的内容采集和数据过滤功能，能将用户采集的数据发布到远程服务器上。

2．简数数据采集平台

简数数据采集平台是一个完全在线配置和云端采集的网页数据采集和发布平台，功能强大，操作简单，并提供网页内容采集、数据加工处理、SEO 工具和发布等数据采集的基本功能。

3．GrowingIO

GrowingIO 是基于用户行为的新一代数据分析产品，不需要开发人员埋点，就可以详细地收集用户的数据。平台可以在不涉及用户隐私的情况下，将所有可以抓取的数据细节进行收集整理。

4．后羿采集器

后羿采集器是基于人工智能技术开发的产品，能够智能采集和分析数据。用户只需输入网址就能够自动识别采集内容。

5．八爪鱼采集器

八爪鱼采集器是一款网页采集软件，具有使用简单、功能强大等诸多优点。该软件以分布式云计算平台为核心，可以在很短的时间内从各种网站或网页轻松获取大量的规范化数据，帮助任何需要从网页获取信息的客户实现数据自动化采集、编辑、规范化，摆脱对人工搜索及收集数据的依赖，从而降低获取信息的成本，提高效率。

6．火车采集器

火车采集器是一款功能强大且易于上手的专业采集软件，也是一个可以供各大主流文章系统、论坛系统等使用的多线程内容采集发布程序。该软件可以由用户自定义规则以抓取网页中的数据。其数据采集过程可以分为两部分，一是采集数据，二是发布数据。

4.2　网页数据采集与实现

4.2.1　网络爬虫概述

网络爬虫（Web Spider）又称为网络机器人、网络蜘蛛，是一种通过既定规则，能够自动提取网页信息的程序。爬虫的目的在于将目标网页数据下载至本地，以便进行后续的数据分析。爬虫技术的兴起源于海量网络数据的可用性，爬虫技术使人们能够较为容易地获取网络数据，并通过对数据的分析得出有价值的结论。图 4-4 所示为网络爬虫运行方式。

网络爬虫按照系统结构和实现技术，大致可以分为以下几种类型：通用网络爬虫、聚焦网络爬虫、增量式网络爬虫和深层网络爬虫等。不过，在实际的应用中，网络爬虫系统通常是由以上几种爬虫技术相结合而实现的。

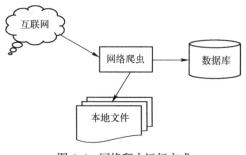

图 4-4　网络爬虫运行方式

4.2.2 网页数据采集的实现

Python 凭借其强大的函数库以及部分函数对获取网站源码的针对性，成为能够胜任网络数据爬取的计算机语言。本小节主要讲述用 Python 3.7 抓取网页数据的常见实现方法。

1．urllib 模块

urllib 是 Python 自带的用于爬虫的模块，其主要作用是通过代码模拟浏览器发送请求。在 urllib 模块中可以使用 urllib.request.urlopen()函数访问网页。urllib.request.urlopen()函数的参数如下：

```
urllib.request.urlopen(url,data=None,[timeout,]*, cafile=None, capath=None, cadefault=False, context=None)
```

各参数的功能如表 4-1 所示。

表 4-1　urllib.request.urlopen()函数参数功能

参数	功能
url	用于打开的网址
data	data 用来指明发往服务器的请求中额外的参数信息，默认为 None，此时以 GET 方式发送请求；当用户给出 data 参数的时候，改为 POST 方式发送请求
timeout	设置网站的访问超时时间
cafile、capath、cadefault	用于实现可信任的 CA 证书的 HTTP 请求
context	实现 SSL 加密传输

【例 4-1】 使用 urllib 访问目标网页，代码如下。

```
importurllib.request
response = urllib.request.urlopen('https://www.python.org')
print(response.read().decode('utf-8'))
```

运行结果如图 4-5 所示。

```
== RESTART: D:\Users\xxx\AppData\Local\Programs\Python\Python37\爬虫\url-2.py ==
<!doctype html>
<!--[if lt IE 7]>   <html class="no-js ie6 lt-ie7 lt-ie8 lt-ie9">   <![endif]-->
<!--[if IE 7]>      <html class="no-js ie7 lt-ie8 lt-ie9">          <![endif]-->
<!--[if IE 8]>      <html class="no-js ie8 lt-ie9">                 <![endif]-->
<!--[if gt IE 8]><!--><html class="no-js" lang="en" dir="ltr">  <!--<![endif]-->

<head>
    <meta charset="utf-8">
    <meta http-equiv="X-UA-Compatible" content="IE=edge">

    <link rel="prefetch" href="//ajax.googleapis.com/ajax/libs/jquery/1.8.2/jque
ry.min.js">

    <meta name="application-name" content="Python.org">
    <meta name="msapplication-tooltip" content="The official home of the Python
Programming Language">
    <meta name="apple-mobile-web-app-title" content="Python.org">
    <meta name="apple-mobile-web-app-capable" content="yes">
    <meta name="apple-mobile-web-app-status-bar-style" content="black">

    <meta name="viewport" content="width=device-width, initial-scale=1.0">
    <meta name="HandheldFriendly" content="True">
    <meta name="format-detection" content="telephone=no">
    <meta http-equiv="cleartype" content="on">
    <meta http-equiv="imagetoolbar" content="false">

    <script src="/static/js/libs/modernizr.js"></script>

    <link href="/static/stylesheets/style.67f4b30f7483.css" rel="stylesheet" typ
e="text/css" title="default" />
    <link href="/static/stylesheets/mq.3ae8e02ece5b.css" rel="stylesheet" type="
text/css" media="not print, braille, embossed, speech, tty" />
```

图 4-5　运行结果

2．Requests 库

Requests 是用 Python 语言编写、基于 urllib、采用 Apache Licensed 2.0 开源协议的 HTTP 库。它比 urllib 更加方便，可以节约开发者大量的工作，完全满足 HTTP 测试的需求。Requests 实现了 HTTP 中绝大部分功能。它提供的功能包括 Keep-Alive、连接池、Cookie 持久化、内容自动解压、HTTP 代理、SSL 认证、连接超时、Session 等很多特性，更重要的是，它同时兼容 Python 2 和 Python 3。

值得注意的是，相比于 urllib 库，Requests 库非常简洁。在 Requests 库中的常见方法如表 4-2 所示。

表 4-2　Requests 库中的常见方法

方法	说明
requests.request()	构造一个请求，支撑以下各方法的基础方法
requests.get()	获取 HTML 网页的主要方法，对应 HTTP 的 GET
requests.head()	获取 HTML 网页头的信息方法，对应 HTTP 的 HEAD
requests.post()	向 HTML 网页提交 POST 请求方法，对应 HTTP 的 POST
requests.put()	向 HTML 网页提交 PUT 请求的方法，对应 HTTP 的 PUT
requests.patch()	向 HTML 网页提交局部修改请求，对应于 HTTP 的 PATCH
requests.delete()	向 HTML 页面提交删除请求，对应 HTTP 的 DELETE

【例 4-2】　使用 Requests 库抓取网页数据，代码如下。

```
import requests
url="http://www.baidu.com"
strhtml=requests.get(url)
print(strhtml.text)
```

其中各语句的含义如下。

● import requests：导入 requests 库。

● url="http://www.baidu.com"：访问目标网页。

● strhtml=requests.get(url)：将获取的数据保存到 strhtml 变量中。

● print(strhtml.text)：打印网页源码。

程序运行结果如图 4-6 所示。

图 4-6　使用 Requests 抓取网页数据

3．BeautifulSoup 库

BeautifulSoup 是一个 Python 库，它将 HTML 或 XML 文档解析为树结构，以便从中查找和提取数据，因此 BeautifulSoup 通常用于从网站上抓取数据。并且 BeautifulSoup 具有简单的 Pythonic 界面和自动编码转换功能，它提供一些简单的、Python 式的函数用来处理导航、搜索、修改分析树等功能，从而可以轻松处理网站数据。

BeautifulSoup 支持的解析器如表 4-3 所示。

表 4-3　BeautifulSoup 支持的解析器

解析器	使用方法
Python 标准库	BeautifulSoup（markup，"html.parser"）
lxml HTML 解析器	BeautifulSoup（markup，"lxml"）
lxml XML 解析器	BeautifulSoup（markup，"xml"）
html5lib	BeautifulSoup（markup，"html5lib"）

在 Python 3 中，BeautifulSoup 库的导入语句如下。

```
from bs4 import BeautifulSoup
```

【例 4-3】　使用 BeautifulSoup 库抓取网页数据

（1）读取网页并保存为 1.txt。

```
fromurllib.request import urlopen
response = urlopen("http://fund.eastmoney.com/fund.html")
html = response.read();
with open("1.txt","wb") as f:
f.write(html)
f.close()
```

（2）使用 BeautifulSoup 库读取 1.txt，并输出结果。

```
from bs4 import BeautifulSoup
with open("1.txt", "rb") as f:
html = f.read().decode("gbk").encode("utf-8")
f.close()
soup = BeautifulSoup(html,"html.parser")
print(soup.title)
codes = soup.find("table",id="oTable").tbody.find_all("td","bzdm")
result = ()
for code in codes:
result += ({
        "code":code.get_text(),
        "name":code.next_sibling.find("a").get_text(),
        "NAV":code.next_sibling.next_sibling.get_text(),
        "ACCNAV":code.next_sibling.next_sibling.next_sibling.get_text()
    },)
print(result[0]["name"])
print(result[1]["name"])
print(result[2]["name"])
```

该网页内容如图 4-7 所示。运行如图 4-8 所示。

图 4-7　网页内容

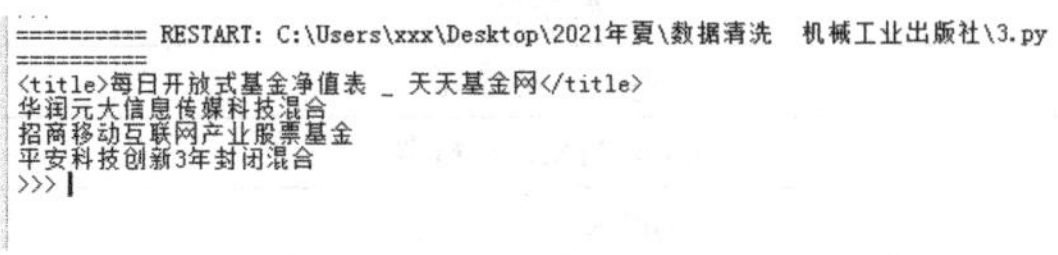

图 4-8　运行结果

4.3　数据抽取

4.3.1　数据抽取概述

1. 数据抽取的含义

数据抽取是指从数据源中抽取对企业有用的或感兴趣的数据的过程。它的实质是将数据从各种原始的业务系统中读取出来，它是大数据工作开展的前提。目前常用以下两种方式来实现数据抽取：关系数据库中的数据抽取和非关系数据库中的数据抽取。

（1）关系数据库中的数据抽取

从关系数据库中抽取数据目前使用得较多，它又包含两种方式，即全量抽取和增量抽取。

- 全量抽取：将数据源中的表或视图的数据原封不动地从数据库中抽取出来，并转换成自己的 ETL 工具可以识别的格式。全量抽取与关系数据库中的数据复制较为相似，操作过程比较简单。
- 增量抽取：增量抽取指抽取自上次抽取以来数据库中要抽取的表中新增、修改、删除的数据。在 ETL 使用过程中，增量抽取较全量抽取应用更广，因而如何捕获变化的数据是增量抽取的关键。目前对于捕获方法的要求一般有准确性、一致性、完整性和高效性。

（2）非关系数据库中的数据抽取

数据抽取中的数据源对象除了关系数据库外，还极有可能是非关系数据库（NoSQL）或文件，例如 TXT 文件、Excel 文件、XML 文件、HTML 文件等。对文件数据的抽取一般是进行全量抽取，一次抽取前可保存文件的时间戳或计算文件的 MD5 校验码，下次抽取时进行比对，如果相同则可忽略本次抽取。

（3）数据抽取中的关键技术

在数据抽取中，特别是增量数据抽取中，需要用到以下技术来捕获变化的数据。

- 时间戳：在源表上增加一个时间戳字段，当系统修改表数据的时候，同时修改时间戳字段的值。当进行数据抽取的时候，通过时间戳来抽取增量数据。在数据捕获中大多采用时间戳方式进行增量抽取，如银行业务、VT 新开户等。使用时间戳方式，可以在固定时间内组织人员进行数据抽取，进行整合后加载到目标系统。
- 触发器：在抽取表上建立需要的触发器，一般需要建立插入、修改和删除三个触发器。

每当表中的数据发生变化时，就被相应的触发器将变化写入一个临时表。抽取线程从临时表中抽取数据，临时表中抽取过的数据被标记或删除。

● 全量删除插入：每次先清空数据源中的目标表数据，然后全量加载数据。该种抽取方式操作过程比较简单但是速度较慢，一般用于小型数据源的数据抽取。

2. 数据抽取的流程

数据抽取的流程一般包含以下几步。

● 理解数据和数据的来源。
● 整理、检查和清洗数据。
● 将清洗好的数据集成，并建立抽取模型。
● 开展数据抽取与数据转换工作。
● 将转换后的结果进行临时存放。
● 确认数据，并将数据最终应用于数据挖掘中。

值得注意的是，在数据抽取前必须做大量的工作，如搞清楚数据的来源，各个业务系统的数据库服务器运行什么 DBMS，是否存在手工数据，手工数据量有多大，是否存在非结构化数据等，当收集完这些信息之后才可以进行数据抽取的设计。

此外，在实际开发流程中，常常根据需要把数据抽取、数据转换和数据加载看作一个整体进行。数据抽取的具体流程实现如图 4-9 所示。

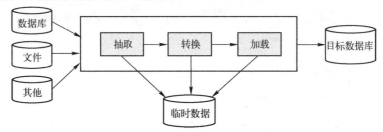

图 4-9　数据抽取的具体流程

从图 4-9 可以看出，在数据抽取中，可以从多种数据源抽取相应的数据，并作为临时数据存放，直至转换完成后才加载到目标数据库中。并且随着数据抽取技术的不断发展，现今已经实现可以从各种数据库中抽取数据。

在数据仓库中，可以使用 Kettle 来抽取网页或数据库中存储的数据。Kettle 是一款国外开源的 ETL 工具，用纯 Java 编写，可以在 Windows、Linux、UNIX 上运行，数据抽取高效稳定。Kettle 的特点有开源免费、可维护性好、便于调试、开发简单等。

本书以 Kettle 7.1 为例，讲述其使用方法。图 4-10 所示为 Kettle 的启动界面，图 4-11 显示了 Kettle 的运行界面。

图 4-10　Kettle 的启动界面

4.3.2　文本数据抽取

文本文件在 Windows 中一般是指记事本文件，在本小节中主要讲述使用 Kettle 将文本文件中的数据抽取到 Excel 文档中。

12　文本数据抽取

图 4-11 Kettle 的运行界面

【**例 4-4**】 用 Kettle 抽取文本文件。

1）成功运行 Kettle 后，在菜单栏中执行"文件"→"新建"菜单命令，可以看到有三个可选项："转换""作业""数据库连接"，在此选择"转换"选项，如图 4-12 所示。

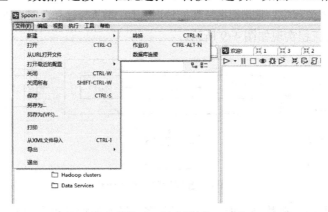

图 4-12 新建转换

2）在左侧"步骤"窗格中选择"输入"下的"文本文件输入"选项，并将其拖动至右侧工作区中，如图 4-13 所示。

图 4-13 选择文本文件输入

3）在本地计算机中新建一个文本文件，并输入以下内容：

id;name;card;sex;age
1;张三;0001;M;23;
2;李四;0002;M;24;
3
4;王五;0003;M;22;
5
6;赵六;0004;M;21;

将该文本文件保存为 test.txt。

4）双击"文本文件输入"图标，弹出"文本文件输入"对话框。在"文件"选项卡中单击"文件或目录"右侧的"浏览"按钮，将 test.txt 添加进去，如图 4-14 所示。

图 4-14　添加文本文件

5）在"内容"选项卡中，在"文件类型"下拉列表框中选择"CSV"，在"分隔符"组合框中选择";"，在"格式"下拉列表框中选择"mixed"，在"编码方式"下拉列表框中选择"GB2312"，如图 4-15 所示。

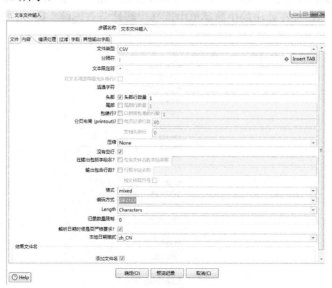

图 4-15　设置文本文件的内容

6）在"字段"选项卡中单击"获取字段"按钮，获取字段内容，如图 4-16 所示。

图 4-16 获取对应的字段

7）单击"预览记录"按钮，弹出"预览数据"对话框，如图 4-17 所示。

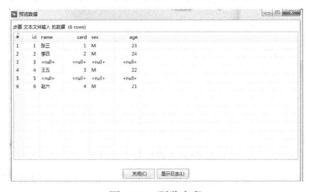

图 4-17 预览字段

8）在"步骤"窗格中选择"输出"下的"Excel 输出"选项，并将其拖动至右侧工作区中，同时选中这两个图标，右击并在弹出的快捷菜单中选择"新建节点连接"命令，如图 4-18 所示。

图 4-18 新建节点连接

9）保存该文件，单击"运行这个转换"按钮，执行数据抽取，并在下方的"执行结果"窗格中可以查看该次转换操作的结果，如图4-19所示。

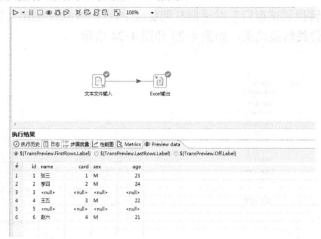

图4-19　执行转换

10）选中"Excel 输出"图标，右击并在弹出的快捷菜单中选择"显示输出字段"命令，即可查看操作的输出结果，如图4-20所示。

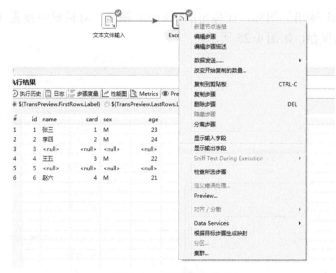

图4-20　查看转换结果

11）字段转换结果如图4-21所示。

图4-21　显示字段转换结果

12）选中"Excel 输出"图标，右击并在弹出的快捷菜单中选择"Preview"命令，如图 4-22 所示。

13）在弹出的"转换调试窗口"对话框左侧窗格中选择"Excel 输出"选项，单击"快速启动"按钮，即可查看最终转换结果，如图 4-23 和图 4-24 所示。

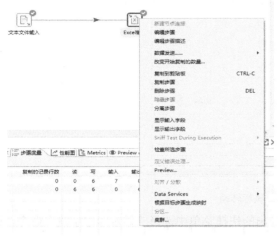

图 4-22 选择"Preview"命令　　　　　　　图 4-23 选择"Excel 输出"选项

14）双击"Excel 输出"图标，在弹出的"Excel 输出"对话框中设置 Excel 文件名和路径，即可将转换结果保存，如图 4-25 所示。

图 4-24 查看转换结果　　　　　　　图 4-25 将转换结果保存为 Excel 文件

通过该例的转换操作可以实现在 Kettle 中对文本文件进行数据抽取，这也是数据清洗与分析的关键步骤。

4.3.3 网页数据抽取

网页数据抽取是指通过使用相关软件或编写一定的代码来获取存储在 Web 中的数据。由于目前在互联网中的数据大多以 HTML 网页的方式存储和传播，因此在实际工作中抽取的网页数据主要是半结构化数据和非结构化数据，如 XML 格式的数据、JSON 格式的数据或 CSV 格式的数据等。

【例 4-5】 用 Kettle 抽取网页中的 XML 数据。

本例将网页中的 XML 数据抽取出来，并在 Kettle 中显示。网页地址为 http://services.odata. org/V3/Northwind/Northwind.svc/Products/，网页部分内容如图 4-26 所示。

```
<?xml version="1.0" encoding="utf-8"?><feed xml:base="https://services.odata.org/V3/northwind/Northwind.svc/"
xmlns="http://www.w3.org/2005/Atom" xmlns:d="http://schemas.microsoft.com/ado/2007/08/dataservices"
xmlns:m="http://schemas.microsoft.com/ado/2007/08/dataservices/metadata">
<id>https://services.odata.org/V3/Northwind/Northwind.svc/Products/</id><title type="text">Products</title>
<updated>2019-08-09T00:48:10Z</updated><link rel="self" title="Products" href="Products" /><entry>
<id>https://services.odata.org/V3/northwind/Northwind.svc/Products(1)</id><category term="NorthwindModel.Product"
scheme="http://schemas.microsoft.com/ado/2007/08/dataservices/scheme" /><link rel="edit" title="Product"
href="Products(1)" /><link rel="http://schemas.microsoft.com/ado/2007/08/dataservices/related/Category"
type="application/atom+xml;type=entry" title="Category" href="Products(1)/Category" /><link
rel="http://schemas.microsoft.com/ado/2007/08/dataservices/related/Order_Details"
type="application/atom+xml;type=feed" title="Order_Details" href="Products(1)/Order_Details" /><link
rel="http://schemas.microsoft.com/ado/2007/08/dataservices/related/Supplier"
type="application/atom+xml;type=entry" title="Supplier" href="Products(1)/Supplier" /><title /><updated>2019-08-
09T00:48:10Z</updated><author><name /></author><content type="application/xml"><m:properties><d:ProductID
m:type="Edm.Int32">1</d:ProductID><d:ProductName>Chai</d:ProductName><d:SupplierID
m:type="Edm.Int32">1</d:SupplierID><d:CategoryID m:type="Edm.Int32">1</d:CategoryID><d:QuantityPerUnit>10 boxes x
20 bags</d:QuantityPerUnit><d:UnitPrice m:type="Edm.Decimal">18.0000</d:UnitPrice><d:UnitsInStock
m:type="Edm.Int16">39</d:UnitsInStock><d:UnitsOnOrder m:type="Edm.Int16">0</d:UnitsOnOrder><d:ReorderLevel
m:type="Edm.Int16">10</d:ReorderLevel><d:Discontinued m:type="Edm.Boolean">false</d:Discontinued></m:properties>
</content></entry><entry><id>https://services.odata.org/V3/northwind/Northwind.svc/Products(2)</id><category
term="NorthwindModel.Product" scheme="http://schemas.microsoft.com/ado/2007/08/dataservices/scheme" /><link
rel="edit" title="Product" href="Products(2)" /><link
rel="http://schemas.microsoft.com/ado/2007/08/dataservices/related/Category"
type="application/atom+xml;type=entry" title="Category" href="Products(2)/Category" /><link
rel="http://schemas.microsoft.com/ado/2007/08/dataservices/related/Order_Details"
type="application/atom+xml;type=feed" title="Order_Details" href="Products(2)/Order_Details" /><link
rel="http://schemas.microsoft.com/ado/2007/08/dataservices/related/Supplier"
type="application/atom+xml;type=entry" title="Supplier" href="Products(2)/Supplier" /><title /><updated>2019-08-
09T00:48:10Z</updated><author><name /></author><content type="application/xml"><m:properties><d:ProductID
m:type="Edm.Int32">2</d:ProductID><d:ProductName>Chang</d:ProductName><d:SupplierID
m:type="Edm.Int32">1</d:SupplierID><d:CategoryID m:type="Edm.Int32">1</d:CategoryID><d:QuantityPerUnit>24 - 12 oz
bottles</d:QuantityPerUnit><d:UnitPrice m:type="Edm.Decimal">19.0000</d:UnitPrice><d:UnitsInStock
m:type="Edm.Int16">17</d:UnitsInStock><d:UnitsOnOrder m:type="Edm.Int16">40</d:UnitsOnOrder><d:ReorderLevel
m:type="Edm.Int16">25</d:ReorderLevel><d:Discontinued m:type="Edm.Boolean">false</d:Discontinued></m:properties>
</content></entry><entry><id>https://services.odata.org/V3/northwind/Northwind.svc/Products(3)</id><category
term="NorthwindModel.Product" scheme="http://schemas.microsoft.com/ado/2007/08/dataservices/scheme" /><link
rel="edit" title="Product" href="Products(3)" /><link
rel="http://schemas.microsoft.com/ado/2007/08/dataservices/related/Category"
type="application/atom+xml;type=entry" title="Category" href="Products(3)/Category" /><link
rel="http://schemas.microsoft.com/ado/2007/08/dataservices/related/Order_Details"
type="application/atom+xml;type=feed" title="Order_Details" href="Products(3)/Order_Details" /><link
rel="http://schemas.microsoft.com/ado/2007/08/dataservices/related/Supplier"
type="application/atom+xml;type=entry" title="Supplier" href="Products(3)/Supplier" /><title /><updated>2019-08-
09T00:48:10Z</updated><author><name /></author><content type="application/xml"><m:properties><d:ProductID
m:type="Edm.Int32">3</d:ProductID><d:ProductName>Aniseed Syrup</d:ProductName><d:SupplierID
m:type="Edm.Int32">1</d:SupplierID><d:CategoryID m:type="Edm.Int32">2</d:CategoryID><d:QuantityPerUnit>12 - 550
ml bottles</d:QuantityPerUnit><d:UnitPrice m:type="Edm.Decimal">10.0000</d:UnitPrice><d:UnitsInStock
m:type="Edm.Int16">13</d:UnitsInStock><d:UnitsOnOrder m:type="Edm.Int16">70</d:UnitsOnOrder><d:ReorderLevel
m:type="Edm.Int16">25</d:ReorderLevel><d:Discontinued m:type="Edm.Boolean">false</d:Discontinued></m:properties>
</content></entry><entry><id>https://services.odata.org/V3/northwind/Northwind.svc/Products(4)</id><category
term="NorthwindModel.Product" scheme="http://schemas.microsoft.com/ado/2007/08/dataservices/scheme" /><link
```

图 4-26 网页部分内容

1）成功运行 Kettle 后，在菜单栏执行"文件"→"新建"→"转换"命令，选择"输入"下的"生成记录"选项，选择"查询"下的"HTTP client"选项，选择"Input"下的"Get data form XML"选项，选择"转换"下的"字段选择"选项，将其一一拖动到右侧工作区中，并建立彼此之间的节点连接关系，如图 4-27 所示。

生成记录　　HTTP client　　Get data from XML　　字段选择

图 4-27 用 Kettle 抽取网页中的 XML 数据的工作流程

2）双击"生成记录"图标，弹出"生成记录"对话框。在"名称"列中输入"url"，在"类型"列中选择"String"，在"值"列中输入网址"http://services.odata.org/V3/Northwind/Northwind. svc/Products/"，如图 4-28 所示。

图 4-28　填入网址

3）单击"预览"按钮，可查看生成记录的数据，如图 4-29 所示。

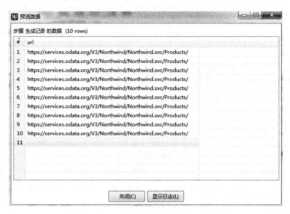

图 4-29　查看生成记录的数据

4）双击"HTTP client"图标，弹出"HTTP web service"对话框，勾选"从字段中获取 URL"复选框，在"URL 字段名"文本框中输入"url"，在"结果字段名"文本框中输入"result"，如图 4-30 所示。

图 4-30　设置 HTTP client

5）双击"Get data from XML"图标，弹出"XML 文件输入"对话框。在"文件"选项卡中勾选"XML 源定义在一个字段里"复选框，在"XML 源字段名"下拉列表框中选择"result"，如图 4-31 所示。

图 4-31　设置"文件"选项卡

6）在"内容"选项卡中的"循环读取路径"组合框中输入"/feed/entry/content/m:properties"。该路径是 XML 语法中的 XPath 查询，用于读取网页数据中的节点内容，如图 4-32 所示。

图 4-32　设置"内容"选项卡

7）在"字段"选项卡中输入以下字段内容，如图 4-33 所示。

图 4-33　设置"字段"选项卡

8）双击"字段选择"图标，弹出"字段/改名值"对话框。在其"选择和修改"选项卡中输入字段内容，如图 4-34 所示。

9）保存该文件，单击"运行这个转换"按钮，可以在"执行结果"窗格的"步骤度量"选项卡中查看该程序的执行状况，如图4-35所示。

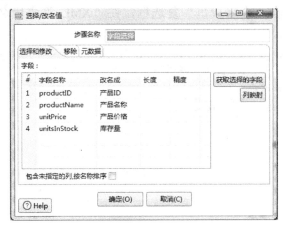

图4-34 设置"选择和修改"选项卡

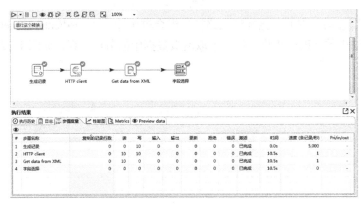

图4-35 执行程序

10）在"执行结果"窗格的"Preview data"选项卡中查看该程序抽取的网页数据内容，这里选择前20条数据显示。在结果中显示了产品ID、产品名称、产品价格和库存量，如图4-36所示。

#	产品ID	产品名称	产品价格	库存量
1	1	Chai	18.0000	39.0
2	2	Chang	19.0000	17.0
3	3	Aniseed Syrup	10.0000	13.0
4	4	Chef Anton's Cajun Seasoning	22.0000	53.0
5	5	Chef Anton's Gumbo Mix	21.3500	0.0
6	6	Grandma's Boysenberry Spread	25.0000	120.0
7	7	Uncle Bob's Organic Dried Pears	30.0000	15.0
8	8	Northwoods Cranberry Sauce	40.0000	6.0
9	9	Mishi Kobe Niku	97.0000	29.0
10	10	Ikura	31.0000	31.0
11	11	Queso Cabrales	21.0000	22.0
12	12	Queso Manchego La Pastora	38.0000	86.0
13	13	Konbu	6.0000	24.0
14	14	Tofu	23.2500	35.0
15	15	Genen Shouyu	15.5000	39.0
16	16	Pavlova	17.4500	29.0
17	17	Alice Mutton	39.0000	0.0
18	18	Carnarvon Tigers	62.5000	42.0
19	19	Teatime Chocolate Biscuits	9.2000	25.0
20	20	Sir Rodney's Marmalade	81.0000	40.0
21	1	Chai	18.0000	39.0

图4-36 显示抽取的网页数据

【例4-6】 运行 Kettle 读取网页中的 JSON 数据。

1）准备一个网站地址如下：https://www.httpbin.org/get?name=zhengyan&age=20&sex=female&major=bigdata，显示的内容如图 4-37 所示。该例要读取网址中 name、age、sex 以及 major 中的数据。

```
{
  "args": {
    "age": "20",
    "major": "bigdata",
    "name": "zhengyan",
    "sex": "female"
  },
  "headers": {
    "Accept": "text/html, application/xhtml+xml, application/xml;q=0.9, image/webp, image/apng,*/*;q=0.8",
    "Accept-Encoding": "gzip, deflate",
    "Accept-Language": "zh-CN, zh;q=0.9",
    "Cache-Control": "max-age=0",
    "Host": "httpbin.org",
    "Upgrade-Insecure-Requests": "1",
    "User-Agent": "Mozilla/5.0 (Windows NT 6.1; WOW64) AppleWebKit/537.36 (KHTML, like Gecko) Chrome/72.0.3626.81 Safari/537.36 SE 2.X MetaSr 1.0",
    "X-Amzn-Trace-Id": "Root=1-60f54604-44a119c26835c0e32ceb10e8"
  },
  "origin": "125.80.130.20",
  "url": "http://httpbin.org/get?name=zhengyan&age=20&sex=female&major=bigdata"
}
```

图 4-37 网站中的 JSON 数据内容

2）成功运行 Kettle 后在菜单栏中执行"文件"→"新建"→"转换"命令，在"输入"中选择"生成记录"，在"查询"中选择"HTTP client"，在"Input"中选择"JSON input"，将其一一拖动到右侧工作区中，并建立彼此之间的节点连接关系，最终生成的工作流程如图 4-38 所示。

图 4-38 工作流程

3）双击"生成记录"图标，弹出"生成记录"对话框，设置名称为"url"，并设置类型为 String，值为准备好的网址，如图 4-39 所示。

图 4-39 设置生成记录

4）双击"HTTP client"图标，手动设置数据内容，如图4-40、图4-41所示。

图 4-40　设置"General"选项卡

图 4-41　设置"Fields"选项卡

5）双击"JSON input"图标，在"文件"选项卡中的设置如图 4-42 所示，在"字段"选项卡中的设置如图 4-43 所示。

图 4-42　设置"文件"选项卡

图 4-43　设置"字段"选项卡

6）保存该文件，选择"运行这个转换"选项，可以在"执行结果"中的"Preview data"选项卡中查看该程序的执行状况，如图 4-44 所示。

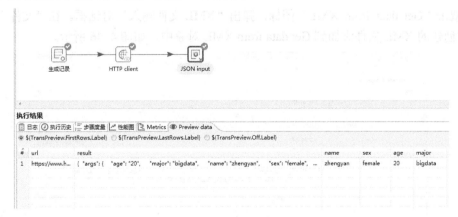

图 4-44　读取的 JSON 数据

4.4　实训 1　使用 Kettle 抽取本地 XML 文件

1）编写 XML 文档，并保存为 2-4.xml，内容如下。

```
<?xml version="1.0" encoding="utf-8"?>
<books>
  <book>
  <name>XML 高级编程</name>
   <description>讲述 XML 程序开发的高级知识</description>
   </book>
<book>
 <name>Java 高级编程</name>
  <description>讲述 Java 程序开发的高级知识</description>
   </book>
  </books>
```

2）成功运行 Kettle 后，在菜单栏中执行"文件"→"转换"命令，在"步骤"窗格中选择"Input"下的"Get data from XML"，将其拖动到右侧工作区中，如图 4-45 所示。

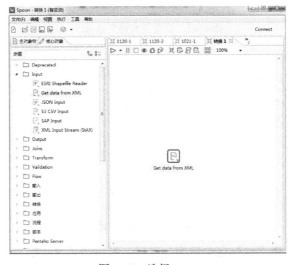

图 4-45　选择 Input

3）双击"Get data from XML"图标，弹出"XML 文件输入"对话框。在"文件"选项卡中将刚才创建的 XML 文件添加到 Get data from XML 对象中，如图 4-46 所示。

图 4-46　添加 XML 文件

4）在"内容"选项卡中，单击"循环读取路径"右侧的"获取 XML 文档的所有路径"按钮，在弹出的"可用路径"对话框中选择第 2 条路径"/books/book"，如图 4-47 所示。

5）单击"确定"按钮，返回"内容"选项卡，在"编码"下拉列表框中选择"UTF-8"。

6）选择"字段"选项卡，单击"获取字段"按钮，如图 4-48 所示。

图 4-47　获取 xml 路径

图 4-48　获取字段

7）单击"预览"按钮，查看抽取结果，如图 4-49 所示。

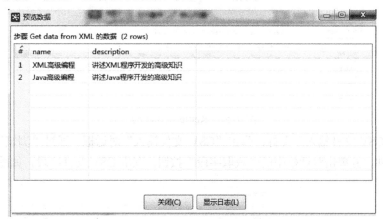

图 4-49　查看抽取的 xml 字段

4.5　实训 2　使用 Kettle 抽取 CSV 数据并输出为文本文件

1）打开本书配套资源中的"2017 年上海市未成年人暑期活动项目推荐表.csv"文件，文件部分内容如图 4-50 所示。

2）成功运行 Kettle 后，在菜单栏中执行"文件"→"转换"命令，在"步骤"窗格中选择"输入"下的"CSV 文件输入"选项，并将其拖动到右侧工作区中；并选择"输出"下的"文本文件输出"选项，也将其拖动到右侧工作区中，建立彼此的连接，如图 4-51 所示。

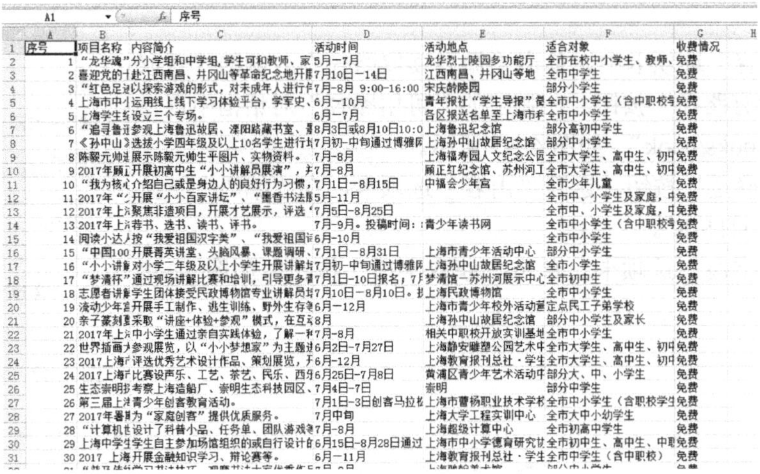

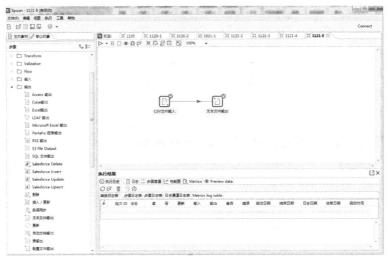

图 4-50 文件部分内容

图 4-51 Kettle 工作流程

3）双击"CSV 文件输入"图标，弹出"CSV 文件输入"对话框。通过"浏览"按钮找到想要读取的 CSV 文件，并单击对话框中的"获取字段"按钮，获取 CSV 文件字段，如图 4-52 所示。

图 4-52 导入 CSV 文件并获取字段

4）双击"文本文件输出"图标，弹出"文本文件输出"按钮。选择要保存的文本文件名称和扩展名；并在"字段"选项中单击"获取字段"按钮，获取需要输出的字段，如图 4-53 和图 4-54 所示。

图 4-53　选择要保存的文本文件名称和扩展名

图 4-54　获取文本文件的输出字段

5）保存该文件，单击"运行这个转换"按钮，可以在"执行结果"窗格中的"步骤度量"选项卡中查看该程序的执行状况，在"执行结果"窗格中的"Preview data"选项卡中预览生成的数据，如图 4-55 和图 4-56 所示。

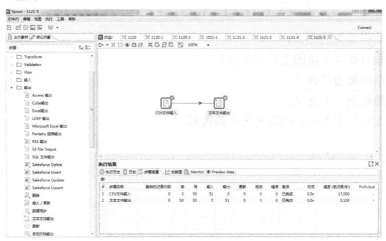

图 4-55　运行该程序并查看执行状况

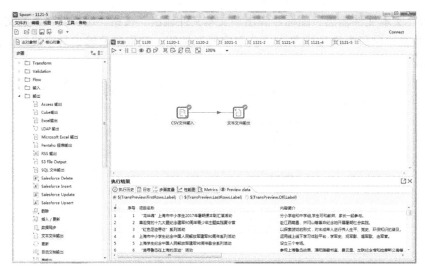

图 4-56 运行该程序并预览生成的数据

4.6 小结

1）大数据的应用离不开数据采集。数据采集又称数据获取，是指利用某些装置，从系统外部采集数据并输入到系统内部。在互联网行业快速发展的今天，数据采集已经被广泛应用于互联网及分布式领域，比如摄像头、麦克风以及各类传感器等都是数据采集工具。

2）在大数据采集中，特别是在互联网应用中，无论是哪一种处理方式，其基本的数据来源大多是日志数据。

3）网络爬虫（Web Spider）又称为网络机器人、网络蜘蛛，是一种通过既定规则，能够自动提取网页信息的程序。爬虫的目的在于将目标网页数据下载至本地，以便进行后续的数据分析。

4）数据抽取是指从数据源中抽取对企业有用的或感兴趣的数据的过程。它的实质是将数据从各种原始的业务系统中读取出来，它是大数据工作开展的前提。

习题 4

1）请阐述数据采集的含义。

2）数据采集有哪些主流的工具和平台？

3）请阐述网络爬虫的含义。

4）请阐述数据抽取的含义。

5）请阐述如何使用 Kettle 抽取网页中的数据。

第 5 章　Excel 数据清洗与转换

本章学习目标
- 了解 Excel 的基本功能和用途
- 掌握 Excel 数据清洗的基本步骤
- 了解 Excel 数据清洗的方法
- 掌握 Excel 常用的数据分析函数
- 掌握 Excel 数据清洗常用的函数

5.1　Excel 数据清洗概述

5.1.1　Excel 简介

Microsoft Excel 是一个功能强大的电子表格软件，是微软公司 Office 系列办公软件的组件之一，它不仅可以将整齐而美观的表格呈现给用户，还可以用来进行数据分析，完成许多复杂的数据运算，帮助使用者做出更加有根据的决策。同时，它还可以将表格中的数据通过各种各样的图形、图表的形式表现出来，增强表格的表达力和感染力，因而广泛地应用于管理、科研、财经、金融等众多领域。

利用 Excel 可以方便地实现数据清洗功能，通过过滤、排序、绘图等方式可以直观地呈现数据的各种规律。Excel 主要用于日常办公和中小型数据集的处理，难以处理海量数据的清理任务。即使是很小的数据集在使用前也需要进行必要的预处理。本章介绍 Excel 中的数据清洗操作，有助于读者了解 Excel 数据清洗的步骤和方法，掌握一定的操作技能，为后续清洗大型数据集打下良好的基础。

本章介绍的 Excel 函数属于 Excel 最基本的函数，其用法在 Excel 各个版本中的差异很小，基本是通用的，所以本章介绍的 Excel 函数全部适用于 Excel 2007/2010/2013/2016/2019 等版本。

5.1.2　Excel 数据清洗与转换方法

在日常的工作中，经常会遇到拼写错误的单词、难以去除的尾随空格、不需要的前缀、不正确的大小写和非打印字符。这些因素会导致数据不可直接使用，需要进行必要的数据清洗和转换。Excel 适合用于处理日常办公和中小型数据集的清洗和转换。例如，使用 Excel 可轻松完成拼写检查、清理包含批注或说明的列中拼写错误的单词等。如果想要删除重复行，使用"删除重复项"对话框可快速执行此操作。有时还可能需要使用 Excel 内置函数编写公式将导入的值转换为新值。

Excel 数据清洗和转换的基本步骤如下。

1）从外部数据源导入数据。

2）在单独的工作簿中创建原始数据的副本。

3）确保以行和列的表格形式显示数据，并且每列中的数据都相似；所有的列和行都可见；范围内没有空白行。

4）执行不需要对列进行操作的任务，例如拼写检查或使用"查找和替换"对话框。

5）执行需要对列进行操作的任务。对列进行操作的一般步骤如下。

① 在需要清理的原始列（A）旁边插入新列（B）。

② 在新列（B）的顶部添加将要转换数据的公式。

③ 在新列（B）中向下填充公式。在 Excel 表中，将使用向下填充的值自动创建计算列。

④ 选择并复制新列（B），然后将其作为值粘贴到新列（B）中。

⑤ 删除原始列（A），这样新列 B 将转换为列 A。

5.2 Excel 数据清洗与转换的实现

5.2.1 常用数据分析函数介绍

1. IS 类函数

IS 类函数包括 ISBLANK、ISERR、ISERROR、ISLOGICAL、ISNA、ISNONTEXT、ISNUMBER、ISREF 和 ISTEXT 等。该类函数用来对某个单元格当前值的类型进行判断，以便根据其类型采取下一步行动，辅助实现数据的清洗。IS 类函数可以检验数值的类型并根据参数的值返回TRUE 或 FALSE，各函数的功能如表 5-1。

表 5-1　IS 类函数的功能

函数和语法格式	功能
=ISBLANK(value)	判断参数 value 是否为空白单元格
=ISERR(value)	判断参数 value 是否为除#N/A 以外的错误值
=ISERROR(value)	判断参数 value 是否为任意错误值（#N/A、#VALUE!、#REF!、#DIV/0!、#NUM!、#NAME? 或#NULL!）
=ISLOGICAL(value)	判断参数 value 是否为逻辑值
=ISNA(value)	判断参数 value 是否为错误值#N/A（即值不存在）
=ISNONTEXT(value)	判断参数 value 是否为任意非文本的内容（此函数在值为空白单元格时返回 TRUE）
=ISNUMBER(value)	判断参数 value 是否为数字
=ISREF(value)	判断参数 value 是否为引用
=ISTEXT(value)	判断参数 value 是否为文本

IS 类函数用于检验公式计算结果十分有用，它与函数 IF 结合在一起可以检查公式中的错误值。

例如，公式"=ISBLANK(A1)"表示对 A1 单元格是否为空进行判断。如果是空的，则返回值为 TRUE，如果不为空，则返回值为 FALSE。

例如，公式=ISBLANK("")返回 FALSE，公式=ISREF(A2)返回 TRUE（其中 A2 为空白单元格）。如果需要计算 B1:B5 区域的平均值，但不能确定单元格内是否包含数字，则公式AVERAGE(B1:B5)可能返回错误值#DIV/0!。为了处理这种情况，可以使用公式"=IF(ISERROR(AVERAGE(B1:B5)), "引用包含空白单元格"，AVERAGE(B1:B5))"查出 B1:B5 区域可能存在的空白单元格的情况。

2．计算统计类函数

（1）SUM/SUMIF/SUMIFS 函数

1）SUM 函数。

【主要功能】SUM 函数用于求和操作，即计算某一个或多个单元格区域所有数值的求和。

【语法格式】SUM(number1, number2, number3, ...)。

【参数说明】

- 函数的语法格式中，number1、number2 和 number3 等参数是需要求和的全部参数。number1 是 SUM 求和的必选项，从 number2 开始之后的参数是可选项，即用 SUM 函数求和至少有 1 个参数选项。

- 函数的语法格式中，number1、number2 等参数，可以是数字、逻辑值和表达式，也可以是单元格名称或连续单元格的集合，还可以是单元格区域名称。

- 如果 number1、number2 等参数为单元格名称、连续单元格集合和单元格区域名称，则只计算其中的数值和函数公式数值结果部分，不计算逻辑值和表格中的文字表达式；如果参数为数组或引用，只有其中的数字将被计算。数组或引用中的空白单元格、逻辑值、文本或错误值将被忽略；如果参数为错误值或为不能转换成数字的文本，将会导致错误。

【例 5-1】 在 C4 单元格中输入公式"=SUM(A1:D1)"，即表示对 A1、B1、C1 和 D1 四个水平方向的连续单元格求和，相当于公式"=A1+B1+C1+D1"。运行结果如图 5-1 所示。

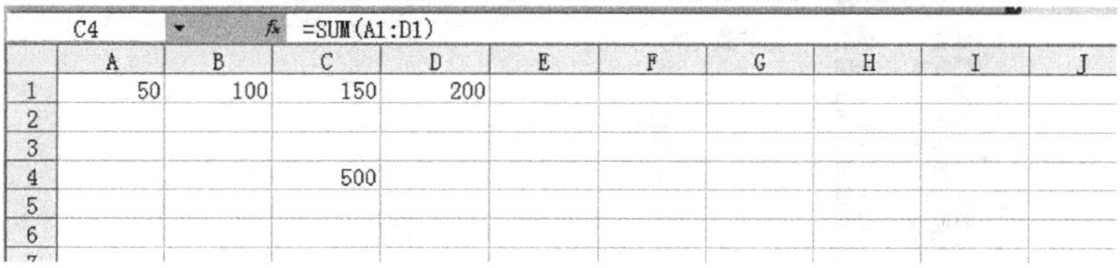

图 5-1　利用 SUM 函数进行连续单元格求和

2）SUMIF 函数。

【主要功能】SUMIF 函数用于按条件进行求和，即根据指定条件对若干单元格、区域和引用求和。即对条件区域进行判断，如果某些单元格满足指定条件，则对求和区域所对应的若干单元格进行求和。

【语法格式】SUMIF(range,criteria,[sum_range])。

【参数说明】

- 第一个参数 range 是必选项，为条件区域，用于条件判断的单元格区域。

- 第二个参数 criteria 是必选项，为求和条件，为确定哪些单元格将被相加求和的条件。该参数是由数值、文本和逻辑表达式等组成判定条件。例如，条件可以表示为"18"、""18""、">18"或"销售部"等多种形式。criteria 参数中还可使用通配符，包括问号（?）和星号（*）。问号匹配任意单个字符；星号匹配任意字符串。如果要查找实际的问号或星号，则在该字符前输入波形符（～）。

- 第三个参数 sum_range 是可选项，为实际求和区域，即需要求和的单元格、区域或引用，当省略第三个参数时，条件区域就是实际求和区域。

SUMIF 函数作为一个常用的条件求和函数，在实际工作中发挥着强大的作用。SUMIF 不仅能进行单条件求和，也能进行多条件求和，同时还能实现求平均数的功能（AVERAGE 函数），主要有以下几类：常用的单条件求和、模糊求和、省略第三个参数的单条件求和。

① 常用的单条件求和。

【例 5-2】 在 C11 单元格中输入公式“=SUMIF(B2:B9,"一组",C2:C9)”，这个公式实际上统计 B2:B9 单元格中一组的生产量，最终计算的结果为 427，如图 5-2 所示。

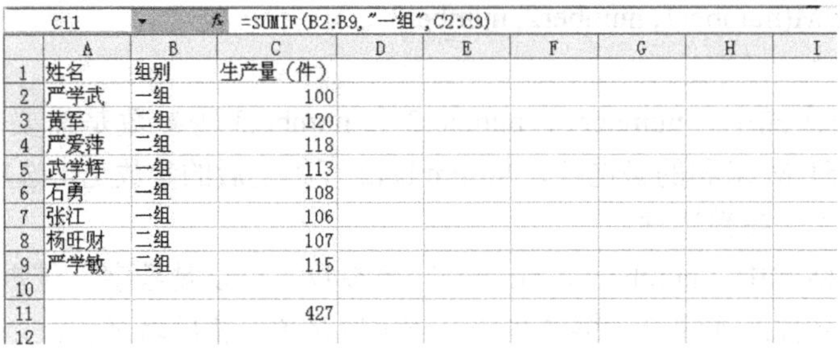

C11 =SUMIF(B2:B9,"一组",C2:C9)

	A	B	C	D	E	F	G	H	I
1	姓名	组别	生产量（件）						
2	严学武	一组	100						
3	黄军	二组	120						
4	严爱萍	二组	118						
5	武学辉	一组	113						
6	石勇	一组	108						
7	张江	一组	106						
8	杨旺财	二组	107						
9	严学敏	二组	115						
10									
11			427						
12									

图 5-2 SUMIF 函数对一组生产量求和

② 模糊求和

模糊求和就是使用通配符的单条件求和。

【例 5-3】 统计严姓员工的生产量，则公式为“=SUMIF(A2:A9,"严*",C2:C9)”，相当于对 C2 单元格、C4 单元格和 C9 单元格求和，最终结果为 333。此公式也用“{=SUM((LEFT(A2:A9)="严")*C2:C9)}”数组公式代替，计算结果同样是 333，如图 5-3 所示。

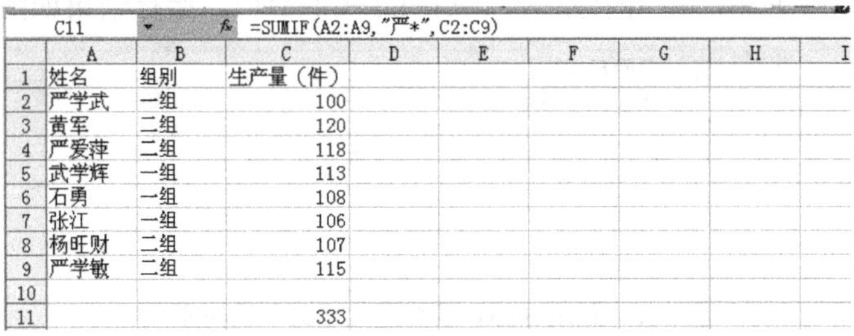

C11 =SUMIF(A2:A9,"严*",C2:C9)

	A	B	C	D	E	F	G	H	I
1	姓名	组别	生产量（件）						
2	严学武	一组	100						
3	黄军	二组	120						
4	严爱萍	二组	118						
5	武学辉	一组	113						
6	石勇	一组	108						
7	张江	一组	106						
8	杨旺财	二组	107						
9	严学敏	二组	115						
10									
11			333						

图 5-3 统计严姓员工的生产量

③ 省略第三个参数的单条件求和。

用 SUMIF 函数求和且省略第三个参数时，对条件区域中的单元格求和。

【例 5-4】 对生产量大于 110 件的生产量求和。使用公式“=SUMIF(C2:C9,">110")”，计算的结果是 466。由于省略了 SUMIF 函数的第三个参数，此时求和的单元格区域为 C2:C9，相当于公式“=SUMIF(C2:C9,">110",C2:C9)”。运行结果如图 5-4 所示。

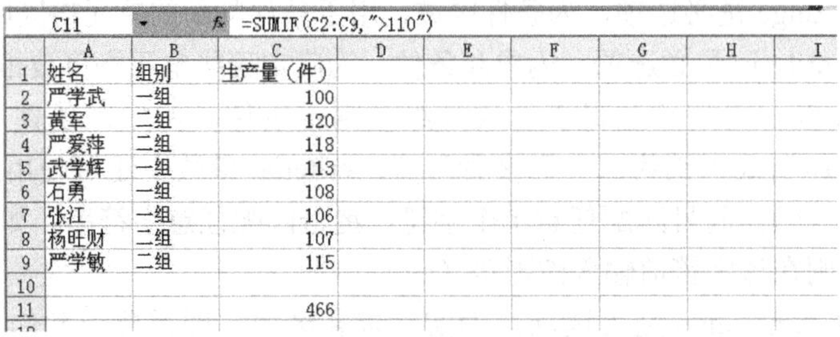

C11 =SUMIF(C2:C9,">110")

	A	B	C	D	E	F	G	H	I
1	姓名	组别	生产量（件）						
2	严学武	一组	100						
3	黄军	二组	120						
4	严爱萍	二组	118						
5	武学辉	一组	113						
6	石勇	一组	108						
7	张江	一组	106						
8	杨旺财	二组	107						
9	严学敏	二组	115						
10									
11			466						

图 5-4 利用 SUMIF 函数对生产量求和

3）SUMIFS 函数。

【主要功能】 SUMIFS 函数用于多条件求和，用于计算单元格区域或数组中符合多个指定条件的数字的总和。SUMIFS 函数扩展了 SUMIF 函数的功能。

【语法格式】SUMIFS(sum_range,range,criteria,[range2,criteria2], …)。

【参数说明】

- sum_range 是必选项，为实际求和区域，即需要求和的单元格、区域或引用。
- range 是必选项，为条件区域，即用于条件判断的单元格区域。
- criteria 是必选项，为求和条件，即为确定哪些单元格将被相加求和的条件。具体说明请参考 SUMIF 函数。

SUMIFS 函数属于 SUMIF 函数的升级版，它比 SUMIF 函数的功能更强大，可以通过不同范围的条件求规定范围的和，且可以用来进行多条件求和。与 SUMIF 函数中的区域和条件参数不同，SUMIFS 函数中每个 criteria_range 参数包含的行数和列数必须与 sum_range 参数相同。

【例 5-5】 在 E1 单元格中输入一个公式并按〈Enter〉键，以汇总销售额在 15 000~25 000 之间的员工销售总额。输入的公式如下："=SUMIFS(B2:B10, B2:B10,">=15000", B2:B10, "<=25000")"或 "=SUMIF(B2:B10, "<=25000")-SUMIF(B2:B10, "<15000")" 或 "=SUM((B2:B10)>=15000)*(B2:B10<=25000)*(B2:B10))"。运行结果如图 5-5 所示。

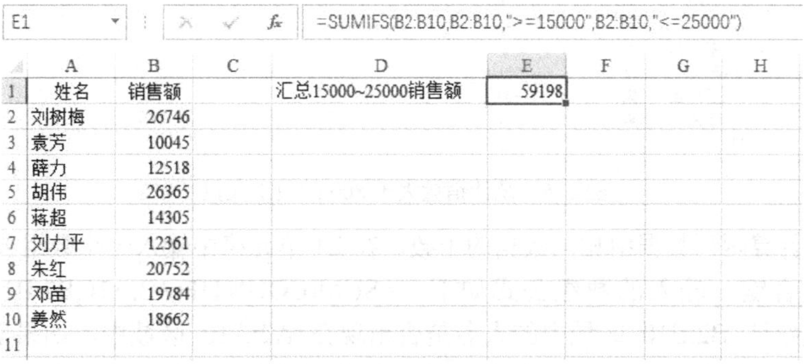

图 5-5 汇总指定销售额范围内的销售总额

（2）COUNT/COUNTIF/COUNTIFS 计数函数

1）COUNT 函数。

【主要功能】COUNT 函数用于计算数字类型数据的个数。

【语法格式】COUNT(value1,value2,...)。

【参数说明】参数 value1、value2 等是包含或引用各种类型数据的参数，其中只有数字类型的数据才能被统计。因为日期型数据返回的是数值型时间序号，所以此函数也会对日期进行个数统计。

例如，如果 A1=8、A2=" "、A3=中国、A4=14、A5="*"、A6=168，则公式 "=COUNT(A1:A6)"返回 3，实际上是对数字单元格进行个数统计。

2）COUNTIF 函数。

【主要功能】COUNTIF 函数用于计算区域中满足给定条件的单元格的个数。

【语法格式】COUNTIF(range,criteria)。

【参数说明】

- range 是必选项，表示要计数的单元格区域，必须为单元格区域引用，而不能是数组。
- criteria 是必选项，表示要进行判断的条件，形式可以为数字、文本或表达式，例如 "16" ""16"" "">16"" ""图书"" 或 "">"&A1"。

【注意事项】

- 当 criteria 参数中包含比较运算符时，必须使用一对英文双引号将运算符包围起来，否则公式会出错。
- 可以在 criteria 参数中使用通配符，包括问号（?）和星号（*）。问号用于匹配任意单个字符，星号用于匹配任意多个字符。例如，结尾为“商场”二字的所有单元格内容，可以写为“"*商场"”。如果需要查找问号或星号本身，则需要在问号或星号之前输入一个波浪号（~）。

【例 5-6】 统计销量大于 800 的员工人数，在 F1 单元格中输入一个公式并按〈Enter〉键。表格中，A 列为员工姓名，B 列为员工性别，C 列为员工销量。输入的公式如下“=COUNTIF(C2:C10,">800")”。运行结果如图 5-6 所示。

F1 =COUNTIF(C2:C10,">800")

	A	B	C	D	E	F	G
1	姓名	性别	销量		销量大于800的员工人数	4	
2	关静	女	968				
3	王平	男	994				
4	婧婷	女	809				
5	时畅	男	758				
6	刘飞	男	586				
7	郝丽娟	女	647				
8	苏洋	女	501				
9	王远强	男	969				
10	于波	男	691				
11							

图 5-6 统计销量大于 800 的员工人数

【例 5-7】 计算两列数据中相同数据的个数，在 E1 单元格中输入一个数组公式并按〈Ctrl+Shift+Enter〉组合键。输入的数组公式如下：=SUM(COUNTIF(A2:A10,B2:B10))。首先使用 COUNTIF 函数统计 B2:B10 区域中的人名是否出现在 A2:A10 区域中，如果出现，则计数为 1，否则为 0。然后使用 SUM 函数对包含 1 和 0 的数组求和，统计 1 的个数，也就是同时出现在 A、B 两列中的人员姓名的数量。运行结果如图 5-7 所示。

E1 {=SUM(COUNTIF(A2:A10,B2:B10))}

	A	B	C	D	E	F
1	博士学位	计算机专业		相同数据的个数	5	
2	张静	殷红霞				
3	凌婉婷	张静				
4	郭心冉	闫振海				
5	吕伟	周梅				
6	吴娟	时畅				
7	闫振海	刘佩佩				
8	赵娟	郭心冉				
9	周梅	任丹				
10	殷红霞	孙东				
11						

图 5-7 计算两列数据中相同数据的个数

【例 5-8】 统计不重复员工人数，在 F1 单元格中输入一个数组公式并按〈Ctrl+Shift+Enter〉组合键。表格中，A 列为员工姓名，但是有重复；B 列为员工性别；C 列为员工销量。输入的数组公式如下：=SUM(1/COUNTIF(C2:C10,C2:C10))。首先使用 COUNTIF 函数统计 C2:C10 区域中每个单元格在 C2:C10 中出现的次数，得到数组{2;2;2;1;2;2;1;1;2}。用 1 除以这个数组，数组中的 1 仍为 1，而其他数字都转换为分数。当对这些分数求和时，数组中的数都会转换为 1。例如，若某个数字出现 3 次，那么每一次除 1 后得 1/3，3 次的和则为 3×1/3，等于 1。通过对除 1 后的新数组求和，可以统计不重复的员工人数。运行结果如图 5-8 所示。

	A	B	C	D	E	F	G
					$\{=SUM(1/COUNTIF(C2:C10,C2:C10))\}$		
1	姓名	性别	销量		不重复员工人数	6	
2	关静	女	968				
3	苏洋	女	501				
4	时畅	男	758				
5	婧婷	女	809				
6	关静	女	968				
7	时畅	男	758				
8	刘飞	男	586				
9	郝丽娟	女	647				
10	苏洋	女	501				
11							

图 5-8 统计不重复员工人数

3）COUNTIFS 函数。

【主要功能】COUNTIFS 函数用于计算区域中满足多个条件的单元格数目。

【语法格式】COUNTIFS(criteria_range1,criteria1,[criteria_range2,criteria2],…)。

【参数说明】

● criteria_range1 是必选项，表示要计数的第 1 个单元格区域，每个区域都与条件参数列表中的相应条件相关联。

● criteria_range2 等是可选项，表示要计数的第 2～127 个单元格区域，每个区域都与条件参数列表中的相关条件相关联。

● criteria1 是必选项，表示要进行判断的第 1 个条件，形式可以为数字、文本或表达式，例如 "16" "16" ">16" "图书" 或 ">"&A1。当 criteria 参数中包含比较运算符时，运算符必须用双引号括起来，否则公式会出错。

● criteria2 等是可选项，表示要进行判断的第 2～127 个条件，形式可以为数字、文本或表达式。

【例 5-9】 在 F1 单元格中输入一个公式并按〈Enter〉键，统计销量在 600～1000 之间的男员工人数。表格中，A 列为员工姓名，B 列为员工性别，C 列为员工销量。输入的公式如下：=COUNTIFS(B2:B10,"男", C2:C10, ">=600", C2:C10, "<=1000")。运行结果如图 5-9 所示。

	A	B	C	D	E	F	G
					=COUNTIFS(E2:B10,"男",C2:C10,">=600",C2:C10,"<=1000")		
1	姓名	性别	销量		统计销量在600到1000之间的男员工人数	2	
2	关静	女	923				
3	王平	男	115				
4	婧婷	女	334				
5	岂伟	男	874				
6	闫振海	男	420				
7	时畅	男	536				
8	苏洋	女	752				
9	王远强	男	653				
10	于波	男	189				
11							

图 5-9 统计员工人数

（3）SUMPRODUCT 函数

【主要功能】SUMPRODUCT 函数用于计算数组元素的乘积之和，即在给定的几组数组中，将数组间对应的元素相乘，并返回乘积之和。

【语法格式】SUMPRODUCT(array1,array2,...)。

【参数说明】参数 array1、array2 等为数组，其相应元素需要进行相乘并求和。

SUMPRODUCT 函数中的“SUM”表示对数求和，“PRODUCT”表示对数求乘积，两者组合起来的意思是“乘积之和”。SUMPRODUCT 函数的功能是在给定的几组数组中，将数组对应的元素相乘，并返回乘积之和。

【例 5-10】 有数组一与数组二，其中数组一为{2,7;3,8;4,9}，数组二为{6,3;7,4;8,5}，这两个数组的乘积之和为 2×6+7×3+3×7+8×4+4×8+9×5=163。具体公式写法有如下几种。

公式一：=SUMPRODUCT(A2:B4*C2:D4)

公式二：=SUMPRODUCT(A2:B4,C2:D4)

公式三：=SUMPRODUCT({2,7;3,8;4,9}*{6,3;7,4;8,5})

公式四：=SUMPRODUCT({2,7;3,8;4,9},{6,3;7,4;8,5})。

运行结果如图 5-10 所示。

B7 =SUMPRODUCT(A2:B4*C2:D4)

	A	B	C	D
1		数组一		数组二
2	2	7	6	3
3	3	8	7	4
4	4	9	8	5
5				
6		具体写法	返回值	
7	公式一	=SUMPRODUCT(A2:B4*C2:D4)	163	
8	公式二	=SUMPRODUCT(A2:B4, C2:D4)	163	
9				

图 5-10　两个数组的乘积之和

【例 5-11】 在 F1 单元格中输入一个公式并按〈Enter〉键，统计销售部的女员工人数。输入的公式如下：=SUMPRODUCT((B2:B17="女")*1,(C2:C17= "销售部")*1)。运行结果如图 5-11 所示。

F1 =SUMPRODUCT((B2:B17="女")*1,(C2:C17="销售部")*1)

	A	B	C	D	E	F	G	H
1	姓名	性别	部门		销售部女员工人数	4		
2	刘树梅	女	人力部					
3	袁芳	女	销售部					
4	薛力	男	人力部					
5	胡伟	男	人力部					
6	蒋超	男	销售部					
7	刘力平	男	销售部					
8	朱红	女	销售部					
9	邓苗	女	工程部					
10	姜然	男	销售部					
11	郑华	男	工程部					
12	何贝贝	女	工程部					
13	郭静纯	女	销售部					
14	陈义军	男	销售部					
15	陈喜娟	女	工程部					
16	育奇	男	工程部					
17	韩梦佼	女	销售部					

图 5-11　统计销售部的女员工人数

（4）RANK 函数

【主要功能】RANK 函数用于排序，可以返回某一数值在一列数值中相对于其他数值的大小排位。

【语法格式】RANK(number,ref,[order])。

【参数说明】

- number 是必选项，为需要排序的某个数字。
- ref 是必选项，为数字列表数组或对数字列表的引用，ref 中的非数值型值将被忽略。
- order 为可选项，指明对数字排序的方式。如果 order 为 0 或省略，则按降序进行排序；如果 order 不为 0，则按升序进行排序。

RANK 函数对重复数的排位相同。重复数的存在以及重复数据出现的频次将直接影响后续数值的排位。例如，在一列按升序排列的整数中，如果数字 100 出现 4 次，其排位假定为 5，则 100 在此组数据排序中的排位均是 5，那么 101 的排位为 9（没有排位为 6、7 和 8 的数值，因为 100 占用 4 个排位，即第 5、6、7、8 排位均被 100 占用，因此 101 的排位只能为 9）。

【例 5-12】在一组语文成绩中，按降序对成绩进行排名，在 D2 单元格中输入公式“=RANK(C2,C$2:C$10)”，此公式等同于“=RANK(C2,C$2:C$10,0)”。输完公式后，在 D2 单元格中出现数字 4，说明甲的成绩排名为第 4 名；从 D2 单元格的右下角向下拖动，这样就将本组语文成绩按降序排名了。运行结果如图 5-12 所示。

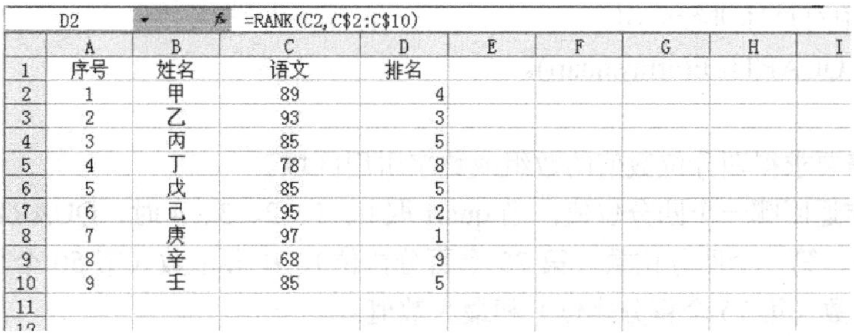
D2 =RANK(C2,C$2:C$10)

	A	B	C	D	E	F	G	H	I
1	序号	姓名	语文	排名					
2	1	甲	89	4					
3	2	乙	93	3					
4	3	丙	85	5					
5	4	丁	78	8					
6	5	戊	85	5					
7	6	己	95	2					
8	7	庚	97	1					
9	8	辛	68	9					
10	9	壬	85	5					
11									

图 5-12　使用 RANK 函数按对成绩按降序排序

（5）RAND/RANDBETWEEN 随机数函数

1）RAND 函数。

【主要功能】RAND 函数用于返回一个大于或等于 0 小于 1 的随机数，每次计算工作表（按〈F9〉键）将返回一个新的数值。

【语法格式】RAND()。

【参数说明】不需要参数。

对于 RAND 函数公式，在编辑状态下按住〈F9〉键，将会产生一个变化的随机数。此外，在编辑状态下按〈Enter〉键，也可以产生一个变化的随机数。

RAND 函数的应用举例如表 5-2 所示。

表 5-2　RAND 函数应用举例

函数公式	返 回 值
=RAND()	产生一个大于或等于 0 小于 1 的随机实数
=RAND()*(b-a)+a	产生一个大于或等于 a 小于 b 的随机实数
=RAND()*100	产生一个大于或等于 0 小于 100 的随机数

2）RANDBETWEEN 函数。

【主要功能】RANDBETWEEN 函数用于返回两个指定数值之间的一个随机数，每次重新计算工作表（按〈F9〉键）都将返回新的数值。

【语法格式】RANDBETWEEN(bottom,top)。

【参数说明】bottom 是 RANDBETWEEN 函数可能返回的最小随机数，top 是 RANDBETWEEN 函数可能返回的最大随机数。

例如，公式"=RANDBETWEEN(100,1000)"将返回一个大于或等于 100 小于等于 1000 的随机数。

（6）AVERAGE 函数

【主要功能】AVERAGE 函数用于计算所有参数的算术平均值。

【语法格式】AVERAGE(number1,number2,...)。

【参数说明】参数 number1 是必需的，number2 等是可选的，它们是要计算平均值的 1～255 个参数。

例如，A2=100、A3=60、A4=90、A5=95、A6=78，则这组数据的平均值为 AVERAGE(A2:A6)，返回值为 84.6。通过此函数可以计算学生成绩的平均分或用于其他计算平均值的方面。

（7）QUARTILE 四分位数

【主要功能】QUARTILE 函数用于返回一组数据的四分位数。四分位数通常用于在考试成绩之类的数据集中对总体进行分组。

【语法格式】QUARTILE(array,quart)。

【参数说明】

- array 为需要求得四分位数值的数组或数字引用区域。
- quart 决定返回哪一个四分位值。当 quart 取 0、1、2、3、4 时，QUARTILE 函数依次返回最小值、第一个四分位数（第 25 个百分排位）、中分位数（第 50 个百分排位）、第三个四分位数（第 75 个百分排位）和最大数值。

例如，如果某班英语考试成绩为 A2=79、A3=88、A4=95、A5=89、A6=70、A7=65、A8=90 和 A9=96，则公式=QUARTILE(A2:A9,3)，返回值为 91.25，即第三个四分位数（第 75 个百分排位）为 91.25。

（8）STDEV 函数

【主要功能】STDEV 函数用于计算给定样本的标准偏差。它反映了数据相对于平均值（mean）的离散程度。

【语法格式】STDEV(number1, number2, ...)。

【参数说明】参数 number1、number2 等分别对应于总体样本，可以使用逗号分隔参数的形式，也可使用数组，即对数组单元格引用的形式。

【例 5-13】 假设某班考试的成绩样本为 A2=75、A3=86、A4=78、A5=96、A6=69、A7=92、A8=84、A9=100，则所有成绩标准偏差的估算公式为" =STDEV(A2:A9)"，其结果等于 10.703 804 4。上述结果反映了该班成绩波动情况（数值越小，说明该班学生间的成绩差异越小，反之说明该班存在两极分化的现象）。

（9）SUBTOTAL 函数

【主要功能】SUBTOTAL 函数用于返回数据清单或数据库中的分类汇总。

【语法格式】SUBTOTAL(function_num,ref1,ref2, …)。

【参数说明】

- 参数 function_num 为 1～11 之间的自然数，用来指定分类汇总计算使用的函数。1～11 所对应函数如下：1 是 AVERAGE，2 是 COUNT，3 是 COUNTA，4 是 MAX，5 是 MIN，

6 是 PRODUCT，7 是 STDEV，8 是 STDEVP，9 是 SUM，10 是 VAR，11 是 VARP。

● 参数 ref1、ref2 等则是需要进行分类汇总的数据区域或引用。

例如，如果 A1=20、A2=30、A3=45，则公式"=SUBTOTAL(9,A1:A3)"将使用 SUM 函数对 A1:A3 区域进行求和操作，其结果为 95。如果用户使用"数据"菜单中的"分类汇总"命令创建分类汇总数据清单，即可通过编辑 SUBTOTAL 函数对其进行修改。

（10）INT 和 ROUND 函数

1）INT 函数。

【主要功能】INT 函数用于向下取整，即将数值向下取整为最接近的整数。INT 函数依照给定数的小数部分的值，将其向小方向取最接近的整数。

【语法格式】INT(number)。

【参数说明】参数 number 表示需要取整的数值或包含数值的引用单元格。

例如，在 A2 单元格中的数字是 168.88，在 B2 单元格中输入公式"=INT(A2)"，返回值为 168；在 A3 单元格中数字是-168.88，在 B3 单元格中输入公式"=INT(A3)"，返回值为-169。

2）ROUND 函数。

【主要功能】ROUND 函数用于四舍五入，用于按指定位数进行四舍五入。

【语法格式】ROUND(number, num_digits)。

【参数说明】

● 参数 number 是需要四舍五入的数字。

● 参数 num_digits 为指定的位数，当省略 num_digits 参数时，视其为 0；将 number 按 num_digits 参数指定的位数进行四舍五入。

此处需要的注意是，如果 num_digits 大于 0，则四舍五入到指定的小数位；如果 num_digits 等于 0，则四舍五入到最接近的整数；如果 num_digits 小于 0，则在小数点左侧按指定位数四舍五入。

在不同的 num_digits 参数下，ROUND 函数的返回值如表 5-3 所示。

表 5-3　num_digits 参数与 ROUND 函数的返回值

要四舍五入的数字	num_digits 参数值	ROUND 函数返回值
123.456	2	123.46
123.456	1	123.5
123.456	0	123
123.456	-1	120
123.456	-2	100

5.2.2　删除重复行

在数据清洗过程中，经常会遇到重复行问题的处理，此时最好先筛选唯一值，确认结果是所需结果，再删除重复值。

13　删除重复行

1. 筛选唯一值

选中单元格区域，或确保活动单元格位于表格中。然后单击"数据"选项卡中的"高级"按钮（在"排序和筛选"组中）。弹出"高级筛选"对话框，选择"将筛选结果复制到其他位置"单选按钮，选择一个单元格作为存储筛选结果的起始单元格，勾选"选择不重复的记录"

复选框，单击"确定"按钮，将返回 A 列和 B 列的不重复值，也就是唯一值列表，如图 5-13 所示。

2. 删除重复值

选中单元格区域，或确保活动单元格位于表格中，然后在"数据"选项卡中单击"删除重复项"按钮（在"数据工具"组中），如图 5-14 所示。

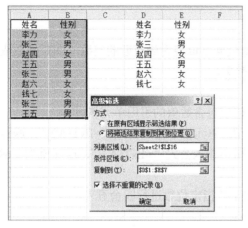

图 5-13 筛选 A 列和 B 列的唯一值

图 5-14 单击"删除重复项"按钮

5.2.3 文本查找和替换

14 文本查找和替换

在数据清洗过程中，常常需要删除常见的前导字符串（如后跟冒号和空格的标签）或后缀（如已过时或不必要的字符串结尾处的附加说明短语），可以使用 FIND 函数和 SEARCH 函数。

1. FIND 函数

【主要功能】以字符为单位并区分大小写地查找指定字符的位置，用于查找指定字符串内的子串，并从字符串的首字符开始返回要查找子串的起始位置编号。即用来对原始数据中某个字符串进行查找以确定其位置。此函数适用于双字节字符，但不允许使用通配符。

【语法格式】FIND（原字符串，指定字符串，从第几个字符开始）。

FIND 函数用来对原字符串（假定是 A 字符串）中某个字符或字符串进行查找以确定其位置，并返回起始位置编号。

【例 5-14】 假定 A5 单元格为字符串，其内容为"武汉市江汉区蔡家田 18 号"，注意字符串中有两个"汉"字，现使用 FIND 函数查找"汉"字的起始位置，如表 5-4 所示。

表 5-4 使用 FIND 函数查找"汉"字的起始位置

测 试 要 求	输入公式	返回值
查找第一个"汉"字起始位置	=FIND("汉",A5)	2
查找第一个"汉"字起始位置	=FIND("汉",A5,1)	2
查找第一个"汉"字起始位置	=FIND("汉",A5,2)	2
查找第二个"汉"字起始位置	=FIND("汉",A5,3)	5
查找第二个"汉"字起始位置	=FIND("汉",A5,4)	5
查找第二个"汉"字起始位置	=FIND("汉",A5,5)	5
查找第二个"汉"字起始位置	=FIND("汉",A5,6)	#VALUE!

【例5-15】 智能截取省份名称，在实际工作中，可以用掐头去尾函数 MID 智能截取省份或直辖市名称、地市级名称等。如在截取省份或直辖市名称时，省份名称通常是 3 位，如"湖北省""湖南省""北京市""上海市"，如果用 MID 函数截取 3 位，可能大部分的返回结果都正确，但是对于超过 3 位的，如"黑龙江省""内蒙古自治区""香港特别行政区""宁夏回族自治区"和"新疆维吾尔自治区"等，这样简单地套用 MID 函数就无法得到正确的内容。表 5-5 所示为查找省份字符所在位置。

表5-5 查找省份名称所在位置

单元格	原字符串	输入公式	返回值
A2	湖北省武汉市…	=FIND("省",A2)	3
A3	湖南省长沙市…	=FIND("省",A3)	3
A4	黑龙江省牡丹江市…	=FIND("省",A4)	4
A5	内蒙古自治区呼和浩特市…	=FIND("区",A5)	6
A6	新疆维吾尔自治区乌鲁木齐市…	=FIND("区",A6)	8
A7	重庆市大渡口区…	=FIND("区",A7)	7

2．SEARCH 函数

【主要功能】以字符为单位不区分大小写地查找指定字符的位置。以字符数为单位，返回从指定位置开始首次找到特定字符或文本串的位置编号。SEARCHB 函数以字节数为单位，返回从 start_num 开始首次找到特定字符或文本串的位置编号。

【语法格式】SEARCH（要查找字符，指定字符串，从第几个字符开始）。

SEARCH 和 FIND 函数类似，区别是 SEARCH 函数对大小写不敏感，且支持通配符，包括问号"?"和星号"*"。其中问号可匹配任意单个字符，星号可匹配任意连续字符。如果要查找实际的问号或星号，应当在该字符前加上波浪号（～）。当省略第 3 个参数时，默认为1。

例如，A2 单元格的内容为"北京欢迎你"，在 B2 单元格中输入公式"=SEARCH("欢",A2)"，返回值为3，表示第 3 个字符是"欢"。

5.2.4 数据替换

数据替换类函数主要包括两个：REPLACE 与 SUBSTITUTE 函数。

1．REPLACE 函数

【主要功能】REPLACE 函数用于将一个字符串中的部分字符用另一个字符串替换。

【语法格式】REPLACE（原字符串，开始位置，指定长度，替换内容）。

【例5-16】 REPLACE 函数应用示如图 5-15 所示。

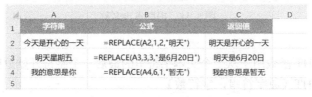

图5-15 REPLACE 函数应用示例

值得注意的是，REPLACE 函数要替换的部分字符串在函数中无法直接输入，必须用起始位置和长度表示。

2. SUBSTITUTE 函数

【主要功能】SUBSTITUTE 函数用于将字符串中的部分字符串以新字符串替换。

【语法格式】SUBSTITUTE（原字符串，被替代的字符串，替换内容，替换第几个）。

【例 5-17】 SUBSTITUTE 函数应用示例如图 5-16 所示。

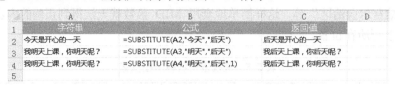

图 5-16　SUBSTITUTE 函数应用示例

5.2.5　字符串截取

字符串截取类函数的主要功能为从文本中提取需要的字符串，主要包括 LEFT、RIGHT、MID 函数。

15　字符串截取

1. LEFT 函数

【主要功能】LEFT 函数用于从一个文本字符串的第一个字符开始，返回指定个数的字符。

【语法格式】LEFT（原字符串，字符数）。

LEFT 函数应用示例如图 5-17 所示。

图 5-17　LEFT 函数应用示例

【例 5-18】 A 列存放邮寄地址，包括省市名称及详细的道路和门牌号，B 列为邮寄价格。在 C2 单元格中输入一个公式后，按〈Enter〉键并向下填充，提取 A 列地址中的省市名称。输入的公式如下：=LEFT(A2,FIND({"市","省"},A2))，运行结果如图 5-18 所示。

图 5-18　提取省市名称

2. RIGHT 函数

【主要功能】RIGHT 函数用于从一个文本字符串的最后一个字符开始返回指定个数的字符。

【语法格式】RIGHT（原字符串，字符数）

LEFT 与 RIGHT 函数的不同之处在于，LEFT 函数是从前往后截取字符，RIGHT 函数是从后往前截取字符。

【例 5-19】 RIGHT 函数应用示例如表 5-6 所示。

表 5-6 RIGHT 函数应用示例

类 型	原字符串	输入公式	返回值
半角英文截字串	EXCEL	=RIGHT("EXCEL",2)	EL
全角英文截字串	ＥＸＣＥＬ	=RIGHT("ＥＸＣＥＬ",2)	ＥＬ
全角英文截字串	ＥＸＣＥＬ	=RIGHT("ＥＸＣＥＬ",2)	Ｌ
截取汉字	北京欢迎你	=RIGHT("北京欢迎你",2)	迎你
截取汉字	北京欢迎你	=RIGHT("北京欢迎你",1)	你

3．MID 函数

【主要功能】MID 函数用于从文本字符串中指定的起始位置起，返回指定个数的字符。

【语法格式】MID（原字符串，第一个字符的位置，字符数）。

【例 5-20】 MID 函数应用示例如图 5-19 所示。

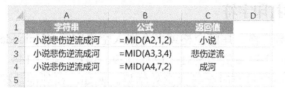

图 5-19 MID 函数应用示例

4．LEN 函数和 LENB 函数

【主要功能】LEN 和 LENB 函数用于返回字符串的长度，其中，LEN 函数返回文本字符串的字符数，LENB 函数返回文本字符串中所有字符的字节数。

【语法格式】LEN(字符串)。

LENB(字符串)。

由于一个汉字占 2 个字节，半角状态下的英文字母占 1 个字节。在计算字符串的长度时，LEN 函数按字符数量计算长度，LENB 函数按字节数计算长度。在实际数据分析过程中，常将 LEN 函数与其他函数配合使用。

例如，公式"=LEN("北京欢迎你")"的返回值为 5，说明此字符串长度为 5；而公式"=LENB("北京欢迎你")"的返回值为 10，说明此字符串的字节数为 10。

5.2.6 字母大小写转换

1．LOWER 函数

【主要功能】LOWER 函数用于将一个文本字符串中的所有大写字母转换为小写字母。

【语法格式】LOWER(text)。

【参数说明】参数 text 是转换前的文本字符串。LOWER 函数不改变文本字符串中的非字母字符。LOWER 与后文的 PROPER、UPPER 函数非常相似。

例如，如果 A2 单元格的内容为"Excel"，则公式"=LOWER(A1)"的返回值为 excel。

2．PROPER 函数

【主要功能】PROPER 函数用于将文本字符串中的首字母及任何非字母字符之后的首字母转换成大写。将其余的字母转换成小写。

【语法格式】PROPER(text)。

【参数说明】参数 text 是需要进行转换的字符串，包括双引号中的文本字符串、返回文本值的公式或对含有文本的单元格引用等。

例如，如果 A2 单元格的内容为"学习 excel 以及 word 课程"，则公式"=PROPER(A2)"的返回值为"学习 Excel 以及 Word 课程"。

3．UPPER 函数

【主要功能】UPPER 函数用于将文本中的所有小写字母转换成大写字母。

【语法格式】=UPPER(text)。

【参数说明】参数 text 为转换前的文本字符串，它可以是引用或文本字符串。

例如，A2 单元格的内容为"I Love You"公式"=UPPER(A2)"或"=UPPER("I Love You")"的返回值为"I LOVE YOU"。原字符串中的英文小写字母全部转换成了英文大写字母，本身是英文大写的，保持不变；汉字也原样返回。

5.2.7 删除空格和非打印字符

有时文本值包含前导空格、尾随空格或多个嵌入空格字符（Unicode 字符集值 32 和 160），或非打印字符（Unicode 字符集值 0～31、127、129、141、143、144、157）。执行排序、筛选或搜索操作时，遇到这些字符有时会导致意外结果。例如，在外部数据源中，用户可能会无意中添加额外的空格字符，或者从外部源导入的文本数据可能包含非打印字符。由于这些字符不容易引起注意，因此很容易产生意外结果。若要删除这些不需要的字符，可组合使用 TRIM、CLEAN 和 SUBSTITUTE 函数。

1．CODE 函数

【主要功能】CODE 函数用于返回文本字符串中第一个字符的数字代码（ASCII 码）。

【语法格式】CODE(text)。

【参数说明】参数 text 为需要得到其第一个字符代码的文本字符串。

例如，因为 CHAR(65)的返回值为 A，所以在公式"=CODE("ABC")"返回字母 A 的数字代码，因此最后返回值为 65。

2．CLEAN 函数

【主要功能】CLEAN 函数用于删除无法打印的字符。

【语法格式】CLEAN(字符串)。

CLEAN 函数删除的这些不能打印的字符主要位于 7 位 ASCII 码的前 32 位，即 0～31 位。

【例 5-21】 A 列每个单元格中的内容分为上下两行，上面一行是人名，下面一行是职位。在 B1 单元格中输入一个公式后按〈Enter〉键并向下填充，可将单元格中的两行内容排列到一行中。输入的公式如下：=CLEAN(A1)，运行结果如图 5-20 所示。

图 5-20 CLEAN 函数应用法示例

3．TRIM 函数

【主要功能】TRIM 函数用于删除字符串中多余的空格。

【语法格式】TRIM(字符串)。

TRIM 函数可以删除文本中除单词间正常的一个空格外的其他多余空格。其实，不仅会在英文字符串之间保留一个空格，在汉字字符串之间也可能需要空格。如果需要清除全部空格，建议使用替换功能。需要注意的是，TRIM 函数会清除字符串首尾的空格。

【例 5-22】 TRIM 函数应用示例如图 5-21 所示。

	A	B	C	D
1	字符串	公式	返回值	
2	I'm very happy	=TRIM(A2)	I'm very happy	
3	我的 你的	=TRIM(A3)	我的 你的	
4	我的 你的	=TRIM(A4)	我的 你的	
5				

图 5-21 TRIM 函数应用示例

4. 函数的组合

【例 5-23】 使用 TRIM 和 CLEAN 函数组合清洗不规则数据。A 列为双行显示的人名和职位，人名前面有一个空格，职位前面有两个空格，B 列为使用 CLEAN 函数将双行内容改为单行内容后的结果，可以发现在 B 列中的数据还有多余的单元格。为了去除多余的空格，在 C1 单元格中输入公式=TRIM(CLEAN(A1))，然后按〈Enter〉键，并向下填充，就可以得到 C 列中的数据结果，如图 5-22 所示。

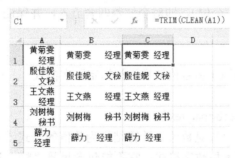

图 5-22 TRIM 和 CLEAN 函数组合应用示例

【例 5-24】 使用 CLEAN 和 VALUE 函数组合，清洗数值作为文本且前面带有非打印字符。双击 E8 单元格，输入公式=SUM(E2:E7)，按〈Enter〉键，返回结果为 0，这是因为 E2:E7 中的数值前面有非打印字符，计算时，SUM 函数不能将它们转为数值型。解决办法是将它们转换为数值型，再次双击 E8 单元格，输入公式=SUM(VALUE(CLEAN(E2:E7)))，然后按〈Ctrl+Shift+Enter〉组合键，返回求和结果 4253。其中 VALUE 函数的功能是将数值的文本格式转换成数值格式数字，如图 5-23 所示。

	E8	× ✓	fx	=SUM(VALUE(CLEAN(E2:E7)))		
	A	B	C	D	E	F
1	编号	产品名称	分类	价格(元)	销量(件)	
2	SK-681	粉红衬衫	女装	80	892	
3	SK-693	粉红短袖衬衫	女装	82	762	
4	SK-786	白色纯棉T恤	男装	88	760	
5	SK-645	粉红长袖衬衫	女装	70	982	
6	SK-617	黑色T恤	女装	80	329	
7	SK-775	白色长袖衬衫	男装	120	528	
8					4253	
9						

图 5-23 SUM 和 CLEAN 函数组合应用示例

5.2.8 数字和数字符号的转换

数字和数字符号最常见的处理情形是将数字或数字符号转换成特定的文本格式，例如不同货币之间的换算，将电话号码转换成固定格式等。

1. DOLLAR 或 RMB 函数

【主要功能】DOLLAR 和 RMB 函数可以按照货币格式将小数四舍五入到指定的位数并转换成文本。

【语法格式】DOLLAR(number,decimals)。

RMB(number,decimals)。

【参数说明】参数 number 是数字、包含数字的单元格引用或计算结果为数字的公式；参数 decimals 是十进制小数，如果 decimals 为负数，则参数 number 从小数点往左按相应位数取整。参数 decimals 的默认值为 2。

【例 5-25】 在 A2 单元格中输入公式"=RMB(88.886)"，由于省略了参数 decimals，因此四舍五入到小数点后面两位，最终返回值为"￥88.89"。

在 A3 单元格中输入公式"=RMB(88.886,1)"，由于参数 decimals 的值为 1，因此对此数四舍五入到十分位，即保留 1 位小数位，最终返回值为"￥88.9"。

在 A4 单元格中输入公式"=RMB(88.886,-1)"，由于参数 decimals 的值为-1，因此对此数四舍五入到小数点左边一位（个位），即对个位数四舍五入，并保证个位数最终为 0，最终返回值为"￥90"。

2. TEXT 函数

【主要功能】TEXT 函数用于将数值转换为按指定数字格式表示的文本。

【语法格式】TEXT(value,format_text)。

【参数说明】value 参数可以是数值、计算结果为数值的公式或对包含数值单元格的引用；format_text 是所要选用的文本型数字格式，它不能包含星号"*"。TEXT 函数的转换效果等同于以下操作的效果：打开"设置单元格格式"对话框，在"数字"选项卡的"分类"列表框中选择"文本"选项。

TEXT 函数返回的一律都是文本形式的数据，主要用于将数字转换为文本。如果需要计算，可以先将文本转换为数值，然后再计算。

例如，A1 单元格的内容为 34.504，输入公式"=TEXT(A1,'0.00')"，按〈Enter〉键，返回 34.50。

例如，A3 单元格中的内容为 2816.83，在 B3 单元格中输入公式"=TEXT(A3,"0.0")"，将数字 2816.83 四舍五入到十分位（即保留一位小数），返回值为 2816.8。

【例 5-26】 将金额显示为特定单位。如图 5-24 所示，B 列为一年 12 个月的销售额，现在需要计算 1~12 月的销售总额，并显示为以"百万元"为单位的数字形式。D2 单元格中的公式如下：=TEXT(SUM(B2:B13),"#,###.00,, 百万元")，返回值为"8.01 百万元"。

	A	B	C	D	E	F	G
				D2 ▼ fx =TEXT(SUM(B2:B13),"#,###.00,, 百万元")			
1	月份	销售额		全年销售总额			
2	1月	792700		8.01 百万元			
3	2月	611100					
4	3月	745000					
5	4月	793000					
6	5月	617700					
7	6月	618200					
8	7月	719800					
9	8月	775200					
10	9月	638900					
11	10月	581400					
12	11月	528000					
13	12月	589800					

图 5-24 将金额显示为特定的单位

【例5-27】 将普通数字转换为电话格式。如图 5-25 所示，在 A 列存有 11 位的电话号码，但是其格式并不符合电话号码的正规格式。在 B2 单元格中输入一个公式后按〈Enter〉键并向下填充，得到正规的电话号码格式。输入公式如下：=TEXT(A2,"(0000)0000-0000")。运行结果如图 5-25 所示。

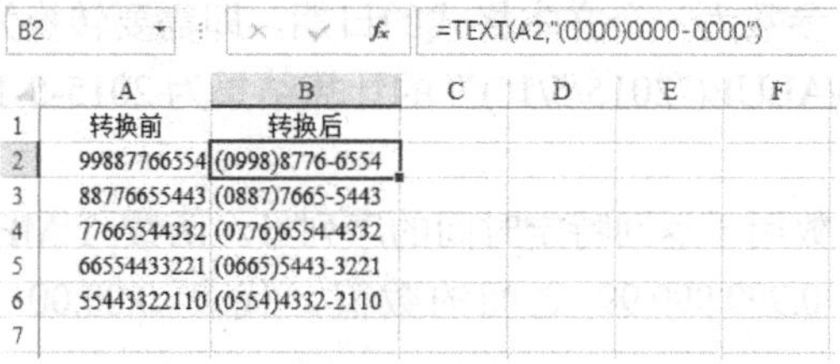

图 5-25　将普通数字转换为电话格式

【例5-28】 自动生成 12 个月份的英文名称。如图 5-26 所示，在 A1 单元格中输入一个公式后按〈Enter〉键并向下填充，即可得到 12 个月的英文名称列表。输入的公式如下：=TEXT(ROW()&"-1","mmmm")。本例利用 ROW 函数自动取得当前行的行号，因此在向下填充公式时，可以通过 ROW 函数得到 1~12 的数字。然后将这些数字分别与"-1"组合为"月-日"形式的日期格式。最后用 TEXT 函数取得英文月份名称，也就是将 TEXT 函数的 format_text 参数设置为"mmmm"。

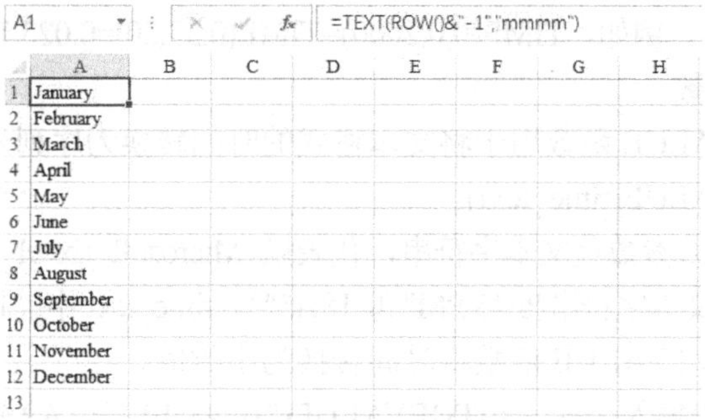

图 5-26　自动生成 12 个月份的英文名称

5.2.9　日期和时间处理

由于存在许多不同的日期格式，并且这些格式可能混杂有编号部件代码或其他斜杠标记、连字符等字符串，因此日期和时间数据通常需要进行转换和重新设置格式。

1. 返回日期和时间的某个部分

表 5-7 显示了返回日期和时间中某个部分的相关函数的用法。

表 5-7　返回日期和时间中某个部分的相关函数用法

函数	功能	公式	返回值
YEAR	返回年份	=YEAR("2020/4/30")	2020
MONTH	返回月份	=MONTH("2020/4/30")	4
DAY	返回日期中具体的天数	=DAY("2020-4-30")	30
WEEKDAY	返回当前日期是星期几	=WEEKDAY("2020-4-30")	4
NOW	返回当前日期和时间	=NOW()	2020-4-30 20:58
TODAY	返回当前日期	=TODAY()	2020-4-30

2．DATEVALUE 函数

【主要功能】DATEVALUE 函数用于将文本格式的日期转换为序列号，也就是将文字表示的日期转换成一个系列数。

【语法格式】DATEVALUE(date_text)。

【参数说明】date_text 参数为一个文本格式的日期，即需要转换为序列号的文本格式。

例如，公式"=DATEVALUE("2015/5/1")"的计算结果为 2015-5-1 的序列号。

3．TIME 函数

【主要功能】TIME 函数用于返回特定时间的序列号。函数 TIME 返回某一特定时间的小数值，返回的小数值为 0～0.999 999 99 之间的数值，代表 0:00:00（12:00:00 AM）～23:59:59（11:59:59 PM）之间的时间。

【语法格式】TIME(hour,minute,second)。

【参数说明】

- hour 参数是必选项。它是 0～32 767 之间的数值，代表小时。任何大于 23 的数值将其除以 24 的余数视为小时数。例如，TIME(27,0,0)=TIME(3,0,0)=0.125 或 3:00 AM。
- minute 参数是必选项。它是 0～32 767 之间的数值，代表分钟。任何大于 59 的数值将被转换为小时和分钟。例如，TIME(0,750,0)=TIME(12,30,0)=0.520 833 或 12:30 PM。
- second 参数是必选项。它是 0～32 767 之间的数值，代表秒。任何大于 59 的数值将被转换为小时、分钟和秒。例如，TIME(0,0,2000)=TIME(0,33,20)=0.023 148 148 或 12:33:20 AM。

4．TIMEVALUE 函数

【主要功能】TIMEVALUE 函数用于将文本格式的时间转换为序列号。

【语法格式】TIMEVALUE(time_text)。

【参数说明】time_text 参数是文本字符串，代表以 Microsoft Excel 时间格式表示的时间（例如，代表时间具有引号的文本字符串"6:45 PM"和"18:45"）。time_text 中的日期信息将被忽略。

【例 5-29】 使用 TIMEVALUE 函数将时间转换为小数值。

1）如在 A2 单元格中输入公式"=TIMEVALUE("16:48:10")"，A2 单元格的数字类型为"常规"，返回值为 0.700 115 741。

2）如在 A3 单元格中输入公式"=TIMEVALUE("2:24 AM")"，A3 单元格的数字类型为"常规"，返回值为 0.1（时间按一天计算的小数表示形式）。

3）如在 A4 单元格中输入公式"=TIMEVALUE("22-Aug-2008 6:35 AM")"，A4 单元格的数字类型为"常规"，返回值为 0.274 305 556（时间按一天计算的小数表示形式）。

5.2.10 合并和拆分列

从外部数据源导入数据后，通常要将两列或多列合并为一列，或将一列拆分为两列或多列。例如，将包含姓名的列拆分为姓氏和名字，反之也可能需要将名字列和姓氏列合并为一个全名列，或者将单独的地址列合并为一列。关于拆分功能的函数，请见 5.2.5 节中的 LEFT、MID、RIGHT、SEARCH 和 LEN 函数，这些函数可以将一列拆分为两列或多列。Excel 中的 CONCATENATE 函数可以将两个或多个文本字符串连接成一个文本字符串，具体介绍如下。

【函数名称】CONCATENATE 函数。

【主要功能】CONCATENATE 函数用于将多个文本字符串合并成一个。

【语法格式】CONCATENATE (文本 1,文本 2, ...)。

【例 5-30】 CONCATENATE 函数应用示例如图 5-27 所示。

	A	B	C	D	E	F
1	列1	列2	列3	公式	返回值	
2	今天	天气	不错	=CONCATENATE(A2,B2,C2)	今天天气不错	
3	今天	天气	不错	=CONCATENATE(A2,A3,A4)	今天今天今天	
4	今天	天气	不错	=CONCATENATE(A4:C4)	#VALUE!	
5						

图 5-27　CONCATENATE 函数应用示例

5.2.11　数据的转置

数据清洗的过程中有时可能需要将行转换为列、将列转换为行，这就是转置操作。使用 TRANSPOSE 函数就可实现转置。

【函数名称】TRANSPOSE 函数。

【主要功能】TRANSPOSE 函数用于返回数组或单元格区域的转置（所谓转置就是将数组的第一行作为新数组的第一列，数组的第二行作为新数组的第二列，以此类推）。

【语法格式】=TRANSPOSE(array)。

【参数说明】参数 array 是需要转置的数组或工作表中的单元格区域。

【例 5-31】 在 A12: J13 单元格区域中输入一个数组公式并按〈Ctrl+Shift+Enter〉组合键，将原来的 10 行 2 列的数据转换为 2 行 10 列的数据。数组公式为"=TRANSPOSE(A1:B10)"。注意：在转换后的 B12:J12 单元格区域中，必须将单元格的格式设置为日期，否则将会显示日期的序列号。运行结果如图 5-28 所示。

A12			fx	{=TRANSPOSE(A1:B10)}							
	A	B	C	D	E	F	G	H	I	J	K
1	日期	销量									
2	9月7日	961									
3	9月8日	942									
4	9月9日	862									
5	9月10日	861									
6	9月11日	646									
7	9月12日	650									
8	9月13日	803									
9	9月14日	793									
10	9月15日	675									
11											
12	日期	9月7日	9月8日	9月9日	9月10日	9月11日	9月12日	9月13日	9月14日	9月15日	
13	销量	961	942	862	861	646	650	803	793	675	
14											

图 5-28　TRANSPOSE 函数应用示例

5.2.12　数据查询和引用

1. ROW(ROWS)和 COLUMN(COLUMNS)函数

关于行和列的函数有 4 个，即 ROW、ROWS、COLUMN 和 COLUMNS。它们的用法如表 5-8 所示。

表 5-8　关于行和列的函数的用法

函数	功能	举例	输入公式	返回值
ROW	返回单元格或单元格区域首行的行号	返回 C2:C4 区域首行的行号	=ROW(C2:C4)	2
ROWS	返回数据区域包含的行数	返回 A2:A10 区域包含的行数	=ROWS(A2:A10)	9

函数	功能	举例	输入公式	返回值
COLUMN	返回单元格或单元格区域首列的列号	返回 B3 的列号	=COLUMN(B3)	2
COLUMNS	返回数据区域包含的列数	返回 B:G 区域包含的列数	=COLUMNS(B:G)	6

2. OFFSET 函数

【主要功能】OFFSET 函数用于以指定的引用为参照系，通过给定偏移量得到新的引用。返回的引用可以是一个单元格，也可以是一个单元格区域，而且可以指定区域的大小。

【语法格式】OFFSET(reference, rows, cols, height, width)。

【参数说明】

- reference 是必选项，表示作为偏移量参照系的引用区域。reference 必须为对单元格或相连单元格区域的引用；否则，函数 OFFSET 返回错误值 "#VALUE!"。
- rows 是必选项，表示相对于偏移量参照系的左上角单元格，上（下）偏移的行数。行数可正可负，如果为正数，则表示在起始引用的下方；如果为负数，则表示在起始引用的上方。
- cols 是必选项，表示相对于偏移量参照系的左上角单元格，左（右）偏移的列数。列数可正可负，如果为正数，则表示在起始引用的右侧；如果为负数，则表示在起始引用的左侧。
- height 是可选项，表示所要返回的引用区域的行数，可正可负。如果为正数，则表示新区域的行数向下延伸；如果为负数，则表示新区域的行数向上延伸。
- width 是可选项，表示所要返回的引用区域的列数，可正可负。如果为正数，则表示新区域的列数向右延伸；如果为负数，则表示新区域的列数向左延伸。

OFFSET 函数通过以下两个阶段的操作来得到最终的单元格区域。

第 1 阶段：对原始基点（即 reference 的值，如果引用的是区域，则为区域左上角的单元格）进行偏移操作，偏移的方向和距离由 OFFSET 函数中的 rows 和 cols 这两个参数决定（正数则向下向右偏移，负数则向上向左偏移）。进行第一次偏移后，基点移动到了新的位置。

第 2 阶段：在确定了新基点位置后，利用 height 和 width 这两个参数来决定返回区域的大小。如果省略这两个参数，则仅返回基点所在的单元格。

例如，下面的公式将从 B2 单元格出发，原始基点由 B2 单元格移动到了 D5 单元格。然后以新基点为起点，组成一个 4 行 2 列的新区域，公式为 "=OFFSET(B2, 3, 2, 4, 2)"。运行结果如图 5-29 所示。

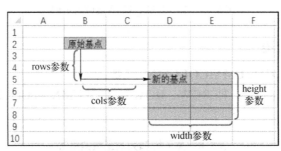

图 5-29　OFFSET 用法举例

【注意事项】

1）如果行数和列数偏移量超出了工作表的边缘，OFFSET 函数将返回错误值 "#REF!"。

2）如果省略 row 和 cols 参数，那么将其当作 0 来处理，即新基点与原始基点在同一位置上，OFFSET 函数不进行任何偏移操作。但是当省略 row 和 cols 参数时，要保留它们的逗号分隔，即类似于如下形式：OFFSET(B2, , , 3,4)。

3）如果省略 height 或 width 参数，则假设其高度或宽度与 reference 参数表示的区域相同。

【例 5-32】 实现对每日销量累积求和。如图 5-30 所示，在 C2:C10 单元格区域中输入一个公式并按〈Ctrl+Enter〉组合键，对每日销量累积求和。输入的公式为"=SUM(OFFSET($B$2,0,0,ROW()-1))"。本例首先使用 OFFSET 函数不偏移行也不偏移列，而从 B2 单元格开始向下扩展，动态引用一个区域，该区域的范围是从 B2 单元格开始一直到当前行减 1 位置。然后使用 SUM 函数对此区域进行求和，即可计算出到当前日期为止的所有销量之和。

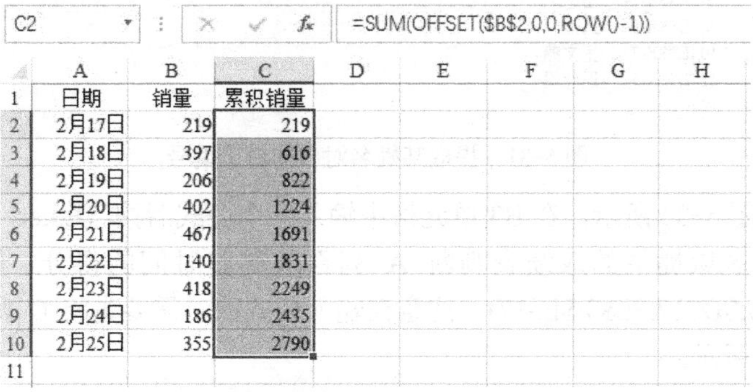

C2 =SUM(OFFSET($B$2,0,0,ROW()-1))

	A	B	C	D	E	F	G	H
1	日期	销量	累积销量					
2	2月17日	219	219					
3	2月18日	397	616					
4	2月19日	206	822					
5	2月20日	402	1224					
6	2月21日	467	1691					
7	2月22日	140	1831					
8	2月23日	418	2249					
9	2月24日	186	2435					
10	2月25日	355	2790					
11								

图 5-30　实现对每日销量累积求和

3．LOOKUP（向量形式）

【主要功能】向量形式的 LOOKUP 函数用于仅在单行单列中查找（向量形式），在工作表中的某一行或某一列区域或数组中查找指定的值，然后在另一行或另一列区域或数组中返回相同位置上的值。

【语法格式】LOOKUP(lookup_value, lookup_vector, result_vector)。

【参数说明】

- lookup_value 是必选项，为查找的值，可以为数字、文本、逻辑值或包含数值的名称或引用。如果在查找区域中找不到该值，则返回由 lookup_vector 参数指定的区域或数组中小于或等于查找值的最大值。
- lookup_vector 是必选项，表示要在其中查找的区域或数组。如果该参数指定的是区域，则必须为单行或单列；如果该参数指定的是数组，则必须为水平或垂直的一维数组。
- result_vector 是可选项，表示返回查找结果的区域或数组。如果该参数指定的是区域，则必须为单行或单列；如果该参数指定的是数组，则必须为水平或垂直的一维数组。无论是区域还是数组，其大小都必须与 lookup_vector 参数相同。

【注意事项】

1）lookup_vector 参数表示的查找区域或数组中的数据必须按升序排列，排列规则为：数字<字母<FALSE<TRUE。如果查找前未排序，那么 LOOKUP 函数可能会返回错误的结果。

2）如果要查找的值（lookup_value）小于查找区域或数组（lookup_vector）中的最小值，LOOKUP 函数将会返回错误值"#N/A"。

3）lookup_vector 参数和 result_vector 参数必须为同方向的，即如果查找区域为行方向上的，那么返回结果的区域就不能是列方向上的。

【例 5-33】 如图 5-31 所示，在 E2 单元格中输入一个公式并按〈Enter〉键，根据姓名查找员工编号。其中，A 列为员工编号，B 列为员工姓名。输入的公式如下：=LOOKUP(E1, B1:B11, A1:A11)，即在 A1:A11 区域中查找姓名为田志的员工的员工编号。运行结果如图 5-31 所示。

E2　　=LOOKUP(E1,B1:B11,A1:A11)

	A	B	C	D	E	F	G	H
1	员工编号	姓名		姓名	田志			
2	LSSX-1	董海峰		员工编号	LSSX-14			
3	LSSX-6	黄菊雯						
4	LSSX-2	李骏						
5	LSSX-15	刘继元						
6	LSSX-10	刘树梅						
7	LSSX-4	尚照华						
8	LSSX-14	田志						
9	LSSX-8	万杰						
10	LSSX-7	王文燕						
11	LSSX-5	殷佳妮						
12								

图 5-31　提取某姓名对应的员工编号

【例 5-34】 如图 5-32 所示，在 B3 单元格中输入一个公式后按〈Enter〉键并向下填充，根据 D3:E12 单元格区域提供的成绩表判断 A 列百米赛跑时间的得分。输入的公式如下：=LOOKUP(A3,$D$3:$D$17,$E$3:$E$17)。注意在输入公式前，需要先将 D 列数据按升序排列。评分标准如图 5-32 所示。

B3　　=LOOKUP(A3,$D$3:$D$17,$E$3:$E$17)

	A	B	C	D	E	F	G	H
1	实际得分			得分标准				
2	100米	分数		时间（秒）	分数			
3	13.9	85		0	100			
4	13.2	100		13.3	95			
5	15.3	65		13.6	90			
6	13.4	95		13.9	85			
7	16.3	55		14.2	80			
8	16.7	55		14.4	75			
9	14.2	80		14.8	70			
10	14.3	80		15.3	65			
11	15.4	65		15.8	60			
12	15.7	65		16.3	55			
13								

图 5-32　使用 LOOKUP 函数进行多条件判断

4. LOOKUP（数组形式）

【主要功能】数组形式的 LOOKUP 函数用于在区域或数组的第一行或第一列中查找指定的值，然后返回该区域或数组中最后一行或最后一列中相同位置上的值。

【语法格式】LOOKUP(lookup_value,array)。

【参数说明】

- lookup_value 是必选项，表示要在区域或数组中查找的值。如果找不到该值，则返回区域或数组中小于或等于查找值的最大值。
- array 是必选项，表示要在其中查找数据的区域或数组。

【注意事项】

1）array 参数表示的查找区域或数组中的数据必须按升序排列，排列规则为：数字<字母<FALSE<TRUE。如果查找前未排序，那么 LOOKUP 函数可能会返回错误的结果。

2）如果要查找的值（lookup_value）小于第 1 行或第 1 列中的最小值，LOOKUP 函数将会返回错误值“#N/A”。

3）如果单元格区域或数组中的列数大于行数，那么 LOOKUP 函数将在第 1 行查找 lookup_value 参数值；如果单元格区域或数组中的列数小于或等于行数，LOOKUP 函数将在单元格区域或数组的第 1 列中进行查找。

【例 5-35】 如图 5-33 所示，在 G2 单元格中输入一个公式并按〈Enter〉键，查找 G1 单元格中员工的工资。输入的公式如下：=LOOKUP(G1, A1:D10)。本例公式使用 LOOKUP 函数的数组形式，通过在 A1:D10 单元格区域中的第 1 列（A 列）查找 G1 单元格中的员工姓名，返回该区域 最后一列（D 列）中该员工的基本工资。运行结果如图 5-33 所示。

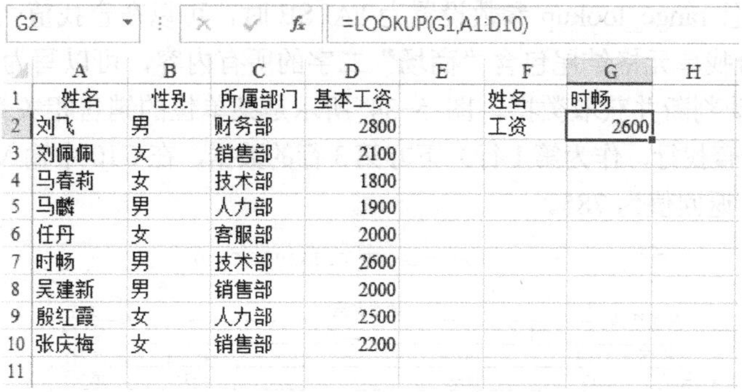

	A	B	C	D	E	F	G	H
1	姓名	性别	所属部门	基本工资		姓名	时畅	
2	刘飞	男	财务部	2800		工资	2600	
3	刘佩佩	女	销售部	2100				
4	马春莉	女	技术部	1800				
5	马麟	男	人力部	1900				
6	任丹	女	客服部	2000				
7	时畅	男	技术部	2600				
8	吴建新	男	销售部	2000				
9	殷红霞	女	人力部	2500				
10	张庆梅	女	销售部	2200				
11								

图 5-33　提取员工对应的工资

5. HLOOKUP 函数

【主要功能】HLOOKUP 函数用于在区域或数组的首行查找指定的值，返回与指定值同列的该区域或数组中其他行的值。

【语法格式】HLOOKUP(lookup_value, table_array, row_index_num, [range_lookup])。

【参数说明】

- lookup_value 是必选项，表示要在区域或数组的首行中查找的值，可以是直接输入的数据或单元格引用。
- table_array 是必选项，表示要在其中查找的区域或数组。
- col_index_num 是必选项，表示在区域或数组中要返回的值所在的行号。例如，要返回第 2 行中的某个值，则将该参数设置为 2；要返回第 5 行的值，则将该参数设置为 5，以此类推。
- range_lookup 是可选项，表示查找类型，用于指定精确查找或模糊查找，是一个逻辑值。HLOOKUP 函数在 range_lookup 参数取不同值时有不同的返回值，如表 5-9 所示。

表 5-9　HLOOKUP 函数的 range_lookup 参数值及其返回值

range_lookup 参数值	HLOOKUP 返回值
TRUE 或省略	模糊查找，返回小于或等于 lookup_value 参数值的最大值，且查找区域或数组（table_array）必须按升序排列
FALSE	精确查找，返回等于查找区域中第 1 个与 lookup_value 参数值相等的值，查找区域或数组（table_array）无须排序

【注意事项】

1）如果要查找的值（lookup_value）小于区域或数组（table_array）第 1 行中的最小值，HLOOKUP 函数将返回错误值“#N/A”。

2）如果 row_index_num 参数值小于 1，HLOOKUP 函数将返回错误值“#VALUE!”；如果 row_index_num 参数值大于区域或数组（table_array）中的行数，HLOOKUP 函数将返回错误值“#REF!”。

3）当使用模糊查找方式时，如果查找区域或数组未按升序排序，HLOOKUP 函数可能会返回错误的结果。

4）当使用精确查找方式时，如果在区域或数组中找到多个匹配的值，HLOOKUP 函数只返回第 1 个找到的值。如果在区域或数组中找不到匹配的值，HLOOKUP 函数将返回错误值“#N/A”。

5）当查找文本且 range_lookup 参数设置为 FALSE 时，可以在查找值（lookup_value）中使用通配符。例如，查找单元格结尾包含“商场”二字的所有内容，可以写为“"*商场"”。

【例 5-36】 自动判断并获取数据。图 5-34 所示是某单位的销售相关数据简表。为了查找二月（其中月份属于查找行，作为第 1 行）下方第 3 行的数据，在 C10 中输入公式：=HLOOKUP(C8,B$2:D$5,C9,0)，返回值为 785。

C10 =HLOOKUP(C8,B$2:D$5,C9,0)

	A	B	C	D	E
1	销售员	销售数据			备注
2		一月	二月	三月	第1行
3	王宏伟	1001	971	1081	第2行
4	张奕	809	785	984	第3行
5	黄江涛	930	902	874	第4行
6					
7					
8		销售月份	二月		
9		需要挑出的行	3		
10		销售数据	=HLOOKUP(C8,B$2:D$5,C9,0)		
11		返回值	785		
12					

图 5-34 自动判断并获取数据

【例 5-37】 实现查询功能。图 5-35 所示是销售人员各月的销售业绩统计表。现在建立一个查询表，查询指定月份的销售业绩，此时也可以使用 HLOOKUP 函数。运行结果如图 5-35 所示。

C10 二月

	A	B	C	D	E	F
1	销售员	一月	二月	三月	合计	第1行
2	王宏伟	1001	971	1081	3053	第2行
3	张奕	809	785	984	2578	第3行
4	黄江涛	930	902	874	2706	第4行
5	罗星	1201	1165	1297	=SUM(B5:D5)	第5行
6	吴欣	971	942	980	=SUM(B6:D6)	第6行
7	张贵芳	1116	1082	890	=SUM(B7:D7)	第7行
8						
9						
10		销售查询	二月			
11		王宏伟	=HLOOKUP($C$10,$B$1:$E$7,ROW(A2),0)			
12		张奕	=HLOOKUP($C$10,$B$1:$E$7,ROW(A3),0)			
13		黄江涛	=HLOOKUP($C$10,$B$1:$E$7,ROW(A4),0)			
14		罗星	=HLOOKUP($C$10,$B$1:$E$7,ROW(A5),0)			
15		吴欣	=HLOOKUP($C$10,$B$1:$E$7,ROW(A6),0)			
16		张贵芳	=HLOOKUP($C$10,$B$1:$E$7,ROW(A7),0)			
17						

图 5-35 实现查询功能

使用 HLOOKUP 函数实现查询功能的操作步骤如下。

1）给 C10 单元格制作下拉选项。制作方法为：在“数据”选项卡“数据工具”组中单击“数据有效性”按钮，在弹出的“数据有效性”对话框的“设置”选项卡中，在“允许”下拉列表框中选择“序列”，在“来源”框中输入“一月,二月,三月,合计”，单击“确定”按钮（注意：必须用半角的逗号隔开）。

2）选中 C11 单元格，输入公式"=HLOOKUP($C$10,$B$1:$E$7,ROW(A2),0)"，按〈Enter〉键，即可根据 C10 单元格的月份返回第一个销售业绩，向下填充公式，可依次得到其他销售员对应月份的销售业绩。

3）当需要查询其他月份的销售业绩或合计时，只需要在 C10 单元格中选择相应查询条件即可。

6. VLOOKUP 函数

【主要功能】VLOOKUP 函数用于在区域或数组的首列查找指定的值，返回与指定值同行的该区域或数组中其他列的值。

【语法格式】VLOOKUP(lookup_value,table_array,col_index_num,[range_lookup])。

【参数说明】

- lookup_value 是必选项，表示要在区域或数组的首列中查找的值，可以是直接输入的数据或单元格引用。
- table_array 是必选项，表示要在其中查找的区域或数组。
- col_index_num 是必选项，表示在区域或数组中要返回的值所在的列号。例如，要返回第 2 列中的某个值，则将该参数设置为 2；要返回第 5 列的值，则将该参数设置为 5，依此类推。
- range_lookup 是可选项，表示查找类型，用于指定精确查找或模糊查找，是一个逻辑值。VLOOKUP 函数在 range_lookup 参数取不同值时有不同的返回值，如表 5-10 所示。

表 5-10　VLOOKUP 函数的 range_lookup 参数值及其返回值

range_lookup 参数值	VLOOKUP 返回值
TRUE 或省略	模糊查找，返回小于或等于 lookup_value 参数值的最大值，且查找区域或数组（table_array）必须按升序排列
FALSE	精确查找，返回等于查找区域中第一个与 lookup_value 参数值相等的值，查找区域或数组（table_array）无须排序

【注意事项】

1）如果要查找的值（lookup_value）小于区域或数组（table_array）第一列中的最小值，VLOOKUP 函数将返回错误值"#N/A"。

2）如果 col_index_num 参数值小于 1，VLOOKUP 函数将返回错误值"#VALUE!"；如果 col_index_num 参数值大于区域或数组（table_array）中的列数，VLOOKUP 函数将返回错误值"#REF!"。

3）当使用模糊查找方式时，如果查找区域或数组未按升序排序，VLOOKUP 函数可能会返回错误的结果。

4）当使用精确查找方式时，如果在区域或数组中找到多个匹配的值，VLOOKUP 函数只返回第一个找到的值。如果在区域或数组中找不到匹配的值，VLOOKUP 函数将返回错误值"#N/A"。

5）当查找文本且 range_lookup 参数设置为 FALSE 时，可以在查找值（lookup_value）中使用通配符。

值得注意的是，VLOOKUP 函数是 Excel 中的一个纵向查找函数，它与 LOOKUP 函数和 HLOOKUP 函数属同一类函数。VLOOKUP 是按列（即垂直方向）查找，最终返回该列所需查询列序所对应的值；与之对应的 HLOOKUP 是按行（即水平方向）查找的。实际工作中，

VLOOKUP 函数较 LOOKUP 函数与 HLOOKUP 函数运用更广泛，它极大地提高了工作效率，尤其是对相邻的工作表取数非常方便，不用再重复录入或者复制。最重要的是，内容会随着数据源的变化而变化，这也是它功能强大之处，省去了改表的麻烦。

【**例 5-38**】 根据商品名称查找销量。在 F2 单元格中输入一个公式并按〈Enter〉键，根据 F1 单元格中的商品名称查找对应的销量。其中，A 列为商品名称，B 列为商品单价，C 列为商品的销量。输入的公式如下：=VLOOKUP(F1,A1:C10,3,FALSE)，由于本例的 VLOOKUP 函数的第 4 个参数设置为 FALSE，因此为精确查找，如果找不到所需的值，则会返回错误值"#N/A"。运行结果如图 5-36 所示。

F2				fx	=VLOOKUP(F1,A1:C10,3,FALSE)		
	A	B	C	D	E	F	G	H
1	商品	单价	销量		商品	空调		
2	电视	2300	862		销量	883		
3	冰箱	1800	796					
4	洗衣机	2100	929					
5	空调	1500	883					
6	音响	1100	549					
7	电脑	5900	943					
8	手机	1200	541					
9	微波炉	680	726					
10	电暖气	370	964					
11								

图 5-36 根据商品名称查找销量

【**例 5-39**】 根据销量对员工进行评定。在 C2 单元格中输入一个公式后按〈Enter〉键并向下填充，根据 B 列中的销量对员工进行评定。评定规则是：销量在 300 以下评定为"差"；销量在 300～600 之间评定为"一般"；销量在 600～900 之间评定为"良好"；销量在 900 以上评定为"优秀"。输入的公式如下：=VLOOKUP(B2,{0,"差";300,"一般";600,"良好";900,"优秀"},2)。运行结果如图 5-37 所示。

C2			fx	=VLOOKUP(B2,{0,"差";300,"一般";600,"良好";900,"优秀"},2)				
	A	B	C	D	E	F	G	H	I	J
1	姓名	销量	评定							
2	黄菊雯	204	差							
3	万杰	761	良好							
4	殷佳妮	815	良好							
5	刘继元	733	良好							
6	董海峰	289	差							
7	李骏	304	一般							
8	王文燕	397	一般							
9	尚照华	243	差							
10	田志	602	良好							
11										

图 5-37 根据销量对员工进行评定

【**例 5-40**】 从多个表中计算员工的年终奖。在 F2 单元格中输入一个公式后按〈Enter〉键并向下填充，计算每个员工的年终奖。其中，A1:E12 单元格区域为员工的基本数据，H1:I12 单元格区域为两种不同工龄下的员工年终奖发放标准。输入的公式如下：=VLOOKUP(C2,IF(E2<10,$H$3:$I$5,$H$10:$I$12),2)。首先使用 IF 函数对 E 列中的工龄进行判断，如果工龄不到 10 年，则返回 H3:I5 单元格区域；如果工龄为 10 年或 10 年以上，则返回 H10:I12 单元格区域。然后

使用 VLOOKUP 函数在 IF 函数的返回区域中查找 C 列员工所属职位的年终奖金。需要注意的是，在公式中对两个用于查找的表要使用绝对引用，否则当向下填充公式时会出现错误。运行结果如图 5-38 所示。

F2　`=VLOOKUP(C2,IF(E2<10,$H$3:$I$5,$H$10:$I$12),2)`

	A	B	C	D	E	F	G	H	I	J
1	姓名	部门	职位	年薪	工龄	年终奖		10年以下工龄		
2	蒋京	人力部	普通职员	14400	3	400		职位	年终奖金	
3	张静	销售部	高级职员	18000	9	600		部门经理	800	
4	于波	人力部	高级职员	25200	8	600		高级职员	600	
5	王平	人力部	部门经理	32400	5	800		普通职员	400	
6	郭林	销售部	部门经理	32400	10	1400				
7	王佩	后勤部	部门经理	32400	14	1400				
8	吴娟	后勤部	普通职员	32400	12	1000		10年以上工龄		
9	唐敏	工程部	普通职员	32400	4	400		职位	年终奖金	
10	李美	财务部	部门经理	34800	3	800		部门经理	1400	
11	吕伟	工程部	普通职员	36000	11	1000		高级职员	1200	
12	苏洋	工程部	高级职员	37200	5	600		普通职员	1000	
13										

图 5-38　从多个表中计算员工的年终奖

【例 5-41】 实现逆向查找功能。在 E2 单元格中输入一个公式并按〈Enter〉键，根据 E1 单元格中的姓名查找与其对应的员工编号。其中，A 列为员工编号，B 列为员工姓名。输入的公式如下：=VLOOKUP(E1,IF({1,0},B1:B11,A1:A11),2,0)。运行结果如图 5-39 所示。

E2　`=VLOOKUP(E1,IF({1,0},B1:B11,A1:A11),2,0)`

	A	B	C	D	E	F	G	H	I
1	员工编号	姓名		姓名	田志				
2	LSSX-6	黄菊雯		员工编号	LSSX-14				
3	LSSX-8	万杰							
4	LSSX-5	殷佳妮							
5	LSSX-15	刘继元							
6	LSSX-1	董海峰							
7	LSSX-2	李骏							
8	LSSX-7	王文燕							
9	LSSX-4	尚照华							
10	LSSX-14	田志							
11	LSSX-10	刘树梅							
12									

图 5-39　实现逆向查找功能

默认情况下，VLOOKUP 函数只能在区域或数组的第 1 列查找值，然后返回该区域或数组指定列的数据。但是本例中要查找的值在区域的第 2 列，所以默认情况下 VLOOKUP 函数无法实现。因此，使用一个 IF 函数，其中的判断条件为一个包含 1 和 0 的常量数组，而常量数组中的 1 等价于逻辑值 TRUE，0 等价于逻辑值 FALSE。条件为 TRUE 时返回 B1:B11 单元格区域，条件为 FALSE 时返回 A1:A11 单元格区域，所以通过 IF 函数可以使原区域中的 A 列和 B 列位置对调，这样就使得 B 列在左侧，A 列在右侧，即可使用 VLOOKUP 函数对其进行查找。

此外，还可以用 VLOOKUP 函数实现多条件查找功能。当它进行多条件查找时，将返回第一个查找到的值。多条件查找，就是查找条件在查找区域多次出现。对于多条件查询，首先要想办法将多条件转变成唯一条件，可以使用&符号，即像"条件 1 & 条件 2 & 条件 3"这样将多个条件连接起来，可以得到唯一的一个值，这样就可以用 VLOOKUP 函数写公式了：VLOOKUP（条件 1&条件 2&条件 3，IF({1,0}，条件 1 所在列&条件 2 所在列&条件 3 所在列，需返回的结果列),2,0)。在数据清洗过程中，可能在同一公司中出现姓名相同的职工，他们属于不同部门，但需要查找其相关数据时，就可以运用 VLOOKUP 函数的多条件查找功能。

【例 5-42】 查找财务部李芳的收入数据。由于公司中存在两个李芳，其中一个在财务部，一个在人力资源部，如果单纯利用“姓名”这个字段进行查找可能得出错误的数据，此时该如何用 VLOOKUP 函数进行收入数据的查找呢？同样将多个条件组合成两列数据，一列由多个条件组成，另一列是需要统计的数据。为实现查找财务部李芳收入的数据，在 G6 单元格中输入下列公式：=VLOOKUP(E6&F6,IF({1,0},$A$2:$A$12&$B$2:$B$12,$C$2:$C$12),2,0)，最后按〈Ctrl+Shift+Enter〉组合键完成数组公式编写。此例是通过以下 4 步完成多条件查找的。

1）通过“E6&F6”将把两个条件连接起来，对 VLOOKUP 函数来说，可以将其看作一个整体，形成单一条件进行查找。

2）通过“$A$2:$A$12&$B$2:$B$12”把对应的部门和姓名两个条件相连接，作为一个待查找的整体区域。

3）“IF({1,0},$A$2:$A$12&$B$2:$B$12,$C$2:$C$12)”运用 IF({1，0}条件 1 所在列&条件 2 所在列，需返回的结果列)的函数结构，把连接后的两列（A 列、B 列合并组成新列）与 C 列数据合并成一个两列的数组。

4）完成了查找值及查找范围的重构后，接下来就是 VLOOKUP 函数的基本查找功能了。因为公式是以数组方式计算的，所以必须以数组形式输入，最后按〈Ctrl+Shift+Enter〉组合键完成数组公式编写。

运行结果如图 5-40 所示。

G6 fx {=VLOOKUP(E6&F6,IF({1,0},$A$2:$A$12&$B$2:$B$12,$C$2:$C$12),2,0)}

	A	B	C	D	E	F	G	H	I	J
1	部门	姓名	收入							
2	财务部	李洪霞	3000							
3	财务部	王光明	3200							
4	财务部	李芳	3680							
5	销售部	尹华	3100		部门	姓名	收入			
6	销售部	马学虎	3080		财务部	李芳	3680			
7	行政部	张超	2980							
8	行政部	李怡	3150							
9	审计部	钟贵芳	3200							
10	审计部	石冬梅	3400							
11	人力资源部	李芳	2890							
12	人力资源部	胡伟	3150							
13										
14										

图 5-40 查找财务部李芳的收入数据

7. INDEX 函数（数组形式）

【主要功能】INDEX 函数用于返回单元格区域或数组中对应行列位置上的值。

【语法格式】INDEX(array, row_num, column_num)。

【参数说明】

- array 是必选项，表示要返回值的单元格区域或数组。
- row_num 是必选项，表示返回值所在的行号。
- column_num 是可选项，表示返回值所在的列号。

【注意事项】

1）row_num 和 column_num 参数只能省略其一，不能同时省略两个参数。

2）row_num 和 column_num 参数表示的引用必须位于 array 参数的范围内，否则 INDEX 函数将返回错误值“#REF!”。

例如，返回 D2: F11 区域中第 3 行第 3 列的值，输入的公式如下“=INDEX(D2:F11, 3, 3)”。需要注意的是，这里不是指 Excel 工作表中第 3 行第 3 列的值，而是 D2: F11 区域中第 3

行第 3 列的值。

8. INDEX 函数（引用形式）

【主要功能】引用形式的 INDEX 函数用于返回指定的行与列交叉处的单元格引用。如果引用包含多个不连续的区域，则可以选择用于返回值的区域。

【语法格式】 INDEX(reference,row_num,column_num,area_num)。

【参数说明】

● reference 是必选项，表示要返回值的单元格区域。如果引用一个不连续的区域，那么必须使用括号将其括起来。

● row_num 是必选项，表示返回值所在的行号。

● column_num 是可选项，表示返回值所在的列号。

● area_num 是可选项，表示要从多个区域中选择的区域。第 1 个区域编号为 1，第 2 个区域编号为 2，以此类推。省略该参数时，其默认值为 1。

【注意事项】

1）如果将 row_num 或 column_num 参数设置为 0，INDEX 函数将分别返回对整列或整行的引用。

2）row_num、column_num 和 area_num 参数表示的引用必须位于 reference 参数的范围内，否则 INDEX 函数将返回错误值"#REF!"。

例如，返回 B3:D6 区域和 F3:H6 区域中第二个区域的第 3 行第 1 列的值，输入的公式如下：=INDEX((B3:D6, F3:H6), 3, 1, 2)。

9. MATCH 函数

【主要功能】MATCH 函数用于返回按指定方式查找的值在区域或数组中的位置。

【语法格式】MATCH(lookup_value,lookup_array,match_type)。

【参数说明】

● lookup_value 是必选项，表示要在区域或数组中查找的值，可以是直接输入的数据或单元格引用。

● lookup_array 是必选项，表示可能包含所要查找的数值的连续单元格区域。lookup_array 应为数组或数组引用。

● match_type 是可选项，表示查找方式，用于指定精确查找或模糊查找，取值为-1、0 或 1。MATCH 函数在 match_type 参数取不同值时有不同的返回值，如表 5-11 所示。

表 5-11　MATCH 函数的 match_type 参数值及其返回值

match_type 参数值	MATCH 返回值
1 或省略	模糊查找，返回小于或等于 lookup_value 参数值的最大值的位置，查找区域或数组（lookup_array）必须按升序排列
0	精确查找，返回等于查找区域中第一个与 lookup_value 参数值相等值的位置，查找区域或数组（lookup_array）无须排序
-1	模糊查找，返回大于或等于 lookup_value 参数值的最小值的位置，查找区域或数组（lookup_array）必须按降序排列

【注意事项】

1）如果参数为文本，MATCH 函数将不区分大小写字母。如果需要严格匹配查找值，则需要使用 EXACT 函数。

2）如果在区域或数组中未找到要查找的值，MATCH 函数将返回错误值"#N/A"。

3）当使用模糊查找方式时，如果查找区域或数组未按顺序排序，MATCH 函数可能会返回错误的结果。

4）当查找文本且 match_type 参数设置为 0 时，可以在查找值（lookup_value）中使用通配符。

【例 5-43】 显示单元格对应的行号。要找到 90 位于第几行，并把行号在空单元格中显示出来，输入的公式如下：=MATCH(90, B1:B6,0)。运行结果如图 5-41 所示。

MATCH 函数用于查找一个值所在的位置，而 index 函数用于返回表或区域中的值或值的引用，两者结合使用可以实现更灵活的查找。

【例 5-44】 提取员工姓名对应的员工编号。在 E2 单元格中输入一个公式并按〈Enter〉键，查找 E1 单元格中与员工姓名对应的编号。输入的公式如下：=INDEX(A1:A11, MATCH(E1, B1:B11, 0))，该公式首先使用 MATCH 函数在 B 列中查找 E1 单元格的值所在的行号，然后使用 INDEX 函数返回 A 列中该行号位置上的值。运行结果如图 5-42 所示。

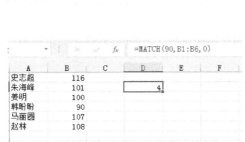

图 5-41　显示单元格对应的行号　　　　图 5-42　提取员工姓名对应的员工编号

【例 5-45】 提取某区域的销售数据。在 B10 单元格中输入一个公式并按〈Enter〉键，提取销售二区中销售员姓名为"田志"的销量。其中，A1:C7 单元格区域为销售一区，E1:G7 单元格区域为销售二区，I1:K7 单元格区域为销售三区。输入的公式如下：=INDEX((A1:C7,E1:G7,I1:K7), MATCH(B9,F1:F7,0),3,2)。本例首先使用 MATCH 函数在 F 列中查找 B9 单元格中姓名所在的行号。然后使用 INDEX 函数从联合区域的第 2 个区域中返回指定行与第 3 列交叉位置上的值。运行结果如图 5-43 所示。

图 5-43　提取某区域的销售数据

5.3　实训 1　清洗简单数据

图 5-44 所示为某公司的员工销售业绩数据，按如下要求完成相应数据的清洗操作。

1）评定员工业绩，对员工的业绩进行判断，条件为：如果业绩大于 30000，则评为优秀，否则评为一般。

操作步骤：在 E2 单元格中输入如下公式：=IF(D2>30000, "优秀", "一般")，按〈Enter〉键并向下填充，运行结果如图 5-45 所示。

A	B	C	D
姓名	部门	职位	业绩
刘树梅	人力部	普通职员	14400
袁芳	销售部	高级职员	18000
薛力	人力部	高级职员	25200
胡伟	人力部	部门经理	32400
蒋超	销售部	部门经理	32400
邓苗	工程部	普通职员	32400
郑华	工程部	普通职员	36000
何贝贝	工程部	高级职员	37200
郭静纯	销售部	高级职员	43200

图 5-44　某公司的员工销售业绩数据

E2　　=IF(D2>30000, "优秀", "一般")

A	B	C	D	E	F
姓名	部门	职位	业绩	业绩评定	
刘树梅	人力部	普通职员	14400	一般	
袁芳	销售部	高级职员	18000	一般	
薛力	人力部	高级职员	25200	一般	
胡伟	人力部	部门经理	32400	优秀	
蒋超	销售部	部门经理	32400	优秀	
邓苗	工程部	普通职员	32400	优秀	
郑华	工程部	普通职员	36000	优秀	
何贝贝	工程部	高级职员	37200	优秀	
郭静纯	销售部	高级职员	43200	优秀	

图 5-45　增加“业绩评定”列

2）计算需要向所有员工发放奖金的总额，判断条件是：如果是优秀员工，则发奖金 600 元，否则发奖金 300 元。

操作步骤：在 G1 单元格中输入如下公式：=SUM(IF(E2:E10="优秀", 600, 300))，并按〈Ctrl+Shift+Enter〉组合键计算总额，运行结果如图 5-46 所示。

G1　　{=SUM(IF(E2:E10="优秀",600,300))}

A	B	C	D	E	F	G
姓名	部门	职位	业绩	业绩评定	奖金的总额	4500
刘树梅	人力部	普通职员	14400	一般		
袁芳	销售部	高级职员	18000	一般		
薛力	人力部	高级职员	25200	一般		
胡伟	人力部	部门经理	32400	优秀		
蒋超	销售部	部门经理	32400	优秀		
邓苗	工程部	普通职员	32400	优秀		
郑华	工程部	普通职员	36000	优秀		
何贝贝	工程部	高级职员	37200	优秀		
郭静纯	销售部	高级职员	43200	优秀		

图 5-46　计算奖金总额

3）由于奖金的总额未超过 6500，现给部门经理每人增加 1000 元，要求列出各员工奖金明细。

操作步骤：在 F2 单元格中输入如下公式：=IF(C2="部门经理","1600",IF(E2="一般","600","300"))，按〈Enter〉键并向下填充，运行结果如图 5-47 所示。

F2　　=IF(C2="部门经理","1600",IF(E2="一般","600","300"))

A	B	C	D	E	F	G	H
姓名	部门	职位	业绩	业绩评定	奖金	奖金的总额	4500
刘树梅	人力部	普通职员	14400	一般	600		
袁芳	销售部	高级职员	18000	一般	600		
薛力	人力部	高级职员	25200	一般	600		
胡伟	人力部	部门经理	32400	优秀	1600		
蒋超	销售部	部门经理	32400	优秀	1600		
邓苗	工程部	普通职员	32400	优秀	300		
郑华	工程部	普通职员	36000	优秀	300		
何贝贝	工程部	高级职员	37200	优秀	300		
郭静纯	销售部	高级职员	43200	优秀	300		

图 5-47　增加“奖金”列

4）对员工的销售业绩进行排名。

操作步骤：在 G2 单元格中输入如下公式：=TEXT(RANK(D2,$D$2:$D$10),"第 0 名")，按

〈Ctrl+Enter〉键并向下填充，运行结果如图 5-48 所示。

图 5-48　增加业绩排名一列

5.4　实训 2　清洗复杂数据

图 5-49 所示为某公司员工人事考勤数据，按以下要求完成数据清洗。

图 5-49　某公司员工人事考勤数据

1）根据 B 列数据，按中国人的习惯判断该日期属于星期中的第几天（第 1 天是星期一，第 2 天是星期二，以此类推）。

将 C 列至 F 数据向右移一列，在 C2 单元格中输入公式"=WEEKDAY(B2,2)"，在 C2 单元格中输入公式：=WEEKDAY(B2,2)，将 C2 单元格中的公式向下填充复制。

2）根据 C 列数据，判断是工作还是休息。

将 D 列至 F 数据向右移一列，在 D2 单元格中输入公式"=IF(C2>=6,"休息","工作")"，公司规定星期六与星期天属于休息时间，星期一到星期五属于工作时间。然后将 C2 单元格中的公式向下填充复制。

3）公司规定，迟到半小时以上或者早退半小时以上均属于旷工，迟到半小时以内按"迟到"算；早退半小时以内按"早退"算。迟到与早退不累计，分别计算。如果当天既没有迟到又没有早退，属于"正常工作"。休息时间标明"休息"。

由于 1 天等于 24 小时，1 代表 1 天，半小时就是 1/24×0.5=0.020 833 3 天。在 I2 单元格中输入公式并向下填充复制即可。公式如下：

=IF(D2="休息",D2,IF(OR(N(G2)−N(E2)>0.0208333,N(F2)−N(H2)>0.0208333),"旷工",IF(AND(N(G2)−N(E2)>0,N(G2)−N(E2)<0.0208333),"迟到",IF(AND(N(F2)−N(H2)>0,N(F2)−N(H2)<0.0208333),"早退","工作正常"))))。

4）根据上班时间数据判断是否迟到，如果迟到，标示出来，如果没有迟到，则不显示（即显示为空）。

在 J2 单元格中输入公式 "=IF(I2="休息","",IF(G2>E2,"迟到",""))"，向下填充复制公式即可。J2 单元格中公式的意思是：如果 I2 值为"休息"，则返回空值；如果实际上班时间值大于规定上班时间值，则返回"迟到"；如果实际上班时间值小于或等于规定上班时间值，则返回空值（即""）。

5）根据上班时间数据计算具体的迟到时间。

在 K2 单元格中输入公式 "=IF(I2="休息","",IF(G2>E2,(G2?E2),""))"，向下填充复制公式即可。K2 单元格中公式的意思是：如果 IF 值为"休息"，则返回空值；如果实际上班时间值大于规定上班时间值，则返回迟到时间；如果实际上班时间值小于或等于规定上班时间值，则返回空值（即""）。注意此处单元格的格式设置为 h:mm。

6）根据下班时间数据判断是否早退。

在 L2 单元格中输入公式 "=IF(I2="休息","",IF(F2>H2,"早退",""))"，向下填充复制公式即可。L2 单元格中公式的意思是，如果 I2 值为"休息"，则返回空值；如果规定下班时间值大于实际下班时间值，则返回"早退"，如果规定下班时间值小于等于实际下班时间值，则返回空值（即""）。

7）根据下班时间数据计算具体的早退时间，如果早退，标示早退时间，如果没有早退，则不显示（即显示为空）。

在 M2 单元格中输入公式 "=IF(I2="休息","",IF(H2<F2,(F2?H2),""))"，向下填充复制公式即可。M2 单元格中公式的意思是，如果 I2 值为"休息"，则返回空值；如果规定下班时间值大于实际下班时间值，则返回早退时间；如果规定下班时间值小于或等于实际下班时间值，则返回空值（即""）。注意此处单元格的格式设置为 h:mm。

经过以上数据清洗操作后，最终的人事考勤数据如图 5-50 所示。其中，A 列是员工姓名；B 列是日期；C 列是星期数；D 列表示是工作还是休息；E 列是规定的上班时间；F 列是规定的下班时间；G 列是员工实际上班时间；H 列是员工实际下班时间；I 列是员工的状态（迟到、早退、旷工等）；J 列表示是否迟到；K 列表示迟到时间；L 列表示是否早退；M 列表示早退时间。

姓名	日期	星期数	是否休息	规定上班时间	规定下班时间	实际上班时间	实际下班时间	状态	是否迟到	迟到时间	是否早退	早退分钟数
高杰	2015-9-7	1	工作	8:30	17:30	8:10	17:25	早退			早退	0:05
高杰	2015-9-8	2	工作	8:30	17:30	8:31	17:40	迟到	迟到	0:01		
高杰	2015-9-9	3	工作	8:30	17:30	8:25	17:00	旷工			早退	0:30
高杰	2015-9-10	4	工作	8:30	17:30	8:30	18:00	工作正常				
高杰	2015-9-11	5	工作	8:30	17:30	8:20	17:34	工作正常				
高杰	2015-9-12	6	休息	8:30	17:30			休息				
高杰	2015-9-13	7	休息	8:30	17:30			休息				
高杰	2015-9-14	1	工作	8:30	17:30	8:50	18:40	迟到	迟到	20		
高杰	2015-9-15	2	工作	8:30	17:30	9:30	17:55	旷工	迟到	1:00		
高杰	2015-9-16	3	工作	8:30	17:30	8:28	17:42	工作正常				

图 5-50　清洗后的人事考勤数据

5.5　小结

1）Excel 主要用于日常办公和中小型数据集的处理，它难以处理海量数据的清理任务。

2）Excel 内置了大量的数据分析函数，比如 IS 类函数和计算统计类函数、SUM 类函数、

COUNT 类函数、RAND 随机数函数，这些函数能辅助实现数据的清洗。

3）Excel 同时也内置了许多数据清洗函数，这些函数能较好地实现数据和文本的查找和替换、字符截取、字母大小写转换、删除空格和非打印字符、日期和时间的处理和数据查询和引用等操作。

4）TEXT 函数和 LOOKUP 类函数的功能非常强大尤其是 VLOOKUP 函数，在数据清洗过程中经常会使用到。

习题 5

1．VLOOKUP 函数与 HLOOKUP 函数相比有何区别，尝试使用 VLOOKUP 函数完成查询操作。

2．根据某公司员工基本信息表，按如下要求完成相应数据的清洗和转换。

1）根据身份证号截取员工的出生日期。

2）根据身份证号判断员工的性别。

3）根据身份证号计算员工的年龄。

3．根据某公司员工工资数据，按如下要求完成相应数据的清洗和转换。

1）首先随机抽取一名员工的姓名。

2）再根据该员工的姓名，使用三种不同的公式查找出该员工的其他工资信息。

4．根据某公司员工打卡数据，按如下要求完成相应数据的清洗和转换。

1）公司规定上班时间为上午 9 点整，请使用三种不同的公式从卡机数据中提取打卡时间，并判断员工是否迟到。

2）员工所属的分公司名称和部门的编号，分别位于卡机数据中的前两位和第 3～5 位数据，请分别提取出分公司名称及部门名称对应的编号。

第6章　ETL 数据清洗与转换

本章学习目标
- 了解数据仓库的含义
- 了解 ETL 的含义
- 了解 ETL 的操作流程
- 掌握基本的 Kettle 数据清洗实现方法
- 掌握基本的 Kettle 数据转换实现方法

6.1　数据仓库与 ETL

6.1.1　数据仓库

1. 数据仓库介绍

16　数据仓库

顾名思义数据仓库（Data Warehouse，DW）是一个很大的数据存储集合，出于企业的分析性报告和决策支持目的而创建，并对多样的业务数据进行筛选与整合。数据仓库是决策支持系统和联机分析应用数据源的结构化数据环境，它研究和解决从数据库中获取信息的问题，并为企业所有级别的决策制定过程提供所有类型数据支持的战略集合。

值得注意的是，数据仓库是在数据库已经大量存在的情况下，为了进一步挖掘数据资源、为了决策需要而产生的，它并不是所谓的"大型数据库"。因此，数据仓库的输入方是各种各样的数据源，最终的输出用于企业的数据挖掘、数据分析、数据报表等方向。图 6-1 所示为数据仓库在企业中的应用。

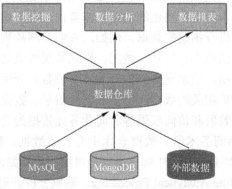

图 6-1　数据仓库在企业中的应用

从图 6-1 可以看出，数据仓库可以从各种数据源中提取所需的数据，并进行存储、整合与挖掘，从而最终帮助企业的高层管理者或者业务分析人员做出商业战略决策或制作商业报表。表 6-1 所示为数据库与数据仓库的区别。

表 6-1　数据库与数据仓库的区别

差异项	数据库	数据仓库
特征	操作处理	信息处理
面向	事务	分析
用户	开发人员	主管人员、分析人员
功能	日常基本操作	长期信息需求、决策支持
数据	当前的、最新的	历史的、跨时间维护
视图	详细、一般关系	汇总的、多维的
工作方式	简单事务	复杂查询
关注	数据读写	信息输出与分析
规模	GB 到 TB	大多为 TB 以上
度量	事务吞吐量	查询吞吐量、响应时间

2. 数据仓库术语

1）数据源：数据源是数据仓库的基础，在数据源中存储了所有建立数据库连接的信息，通常包含企业内部信息和企业外部信息。一般而言，企业内部信息存放于 RDBMS（Relational Data base Management System，关系数据库管理系统）中的各种业务处理数据库和各类文档数据库中，而企业外部信息则包括各类法律法规、市场信息和竞争对手信息等。

2）数据集市：数据集市（Data Mart，DM），也叫数据市场。它是在企业中为了满足特定的部门或者用户的需求，按照多维的方式进行存储数据，包括定义维度、需要计算的指标、维度的层次等，生成面向决策分析需求的数据立方体。在数据仓库的实施过程中往往可以从一个部门的数据集市着手，以后再用几个数据集市组成一个完整的数据仓库。此外，数据集市又分为独立数据集市与非独立数据集市。

3）元数据：元数据，又称中介数据、中继数据，是描述数据的数据，是数据仓库的重要构件，是数据仓库的导航图，在数据源抽取、数据仓库应用开发、业务分析以及数据仓库服务等过程中都发挥着重要的作用。一般来讲，元数据主要用来描述数据属性的信息，例如记录数据仓库中模型的定义、各层级间的映射关系、监控数据仓库的数据状态及 ETL 的任务运行状态等。因此，元数据是对数据本身进行描述的数据，或者说，它不是对象本身，它只描述对象的属性，就是一个对数据自身进行描绘的数据。例如，人们上网购物，想要买一件衣服，那么衣服就是数据，而挑选的衣服的色彩、尺寸、做工、样式等属性就是它的元数据。此外，元数据分为技术元数据和业务元数据。技术元数据为开发和管理数据仓库的 IT 人员使用，它描述了与数据仓库开发、管理和维护相关的数据，包括数据源信息、数据转换描述、数据仓库模型、数据清洗与更新规则、数据映射和访问权限等。而业务元数据为管理层和业务分析人员服务，从业务角度描述数据，包括商务术语、数据仓库中有什么数据、数据的位置和数据的可用性等，帮助业务人员更好地理解数据仓库中哪些数据是可用的以及如何使用。

4）OLAP：OLAP（Online Analytical Processing，联机分析处理）是一种软件技术，它使分析人员能够迅速、一致、交互地从各个方面观察信息，以达到深入理解数据的目的。因此它主要用于支持企业决策管理分析。

5）ODS：ODS（Operational Data Store，操作型数据仓储）是数据仓库体系结构中的一个可选部分，是"面向主题的、集成的、当前或接近当前的、不断变化的"数据。一般而言，

ODS 是作为数据库到数据仓库的一种过渡。因此，ODS 的数据结构一般与数据来源保持一致，便于降低 ETL 的工作复杂性，而且 ODS 的数据周期一般比较短。此外，在 ODS 中存储的是当前的数据情况，给使用者提供当前的状态，提供即时性的、操作性的、集成的全体信息的需求，因而 ODS 的数据最终会全部流入数据仓库中。

6）事务数据库：事务数据库也叫作数据库事务，它是数据库管理系统执行过程中的一个逻辑单位，由一个有限的数据库操作序列构成。数据库事务通常包含一个序列的对数据库的读/写操作，当事务被提交给 DBMS，DBMS 需要确保该事务中的所有操作都成功完成且其结果被永久保存在数据库中；如果事务中有的操作没有成功完成，则事务中的所有操作都需要被回滚，回到事务执行前的状态。

2. 数据仓库的用途

数据仓库主要有以下用途。

1）整合公司所有业务数据，建立统一的数据中心。

2）产生业务报表，用于做出决策。

3）为网站运营提供运营上的数据支持。

4）可以作为各个业务的数据源，形成业务数据互相反馈的良性循环。

5）分析用户行为数据，通过数据挖掘来降低投入成本，提高投入效果。

6）开发数据产品，直接或间接地为公司盈利。

3. 数据仓库的特点

数据仓库的特点如下。

1）数据仓库是集成的，数据仓库的数据有的来自分散的操作型数据库，将所需数据从原来的数据中抽取出来，进行加工与集成、统一与综合之后才能进入数据仓库。

2）数据仓库中的数据是在对原有分散的数据库数据抽取、清理的基础上经过系统加工、汇总和整理得到的。

3）数据仓库是在数据库已经大量存在的情况下，为了进一步挖掘数据资源、为了决策需要而产生的，数据仓库的方案建设的目的，是作为前端查询和分析的基础。

4. 数据仓库的建立

数据仓库的建立是一个漫长的过程，一般来讲包含以下几个步骤。

1）业务需求分析。

2）建立数据模型。

3）定义数据源。

4）选择数据仓库技术和相应的平台。

5）将处理后的数据存储到数据仓库中。

6）更新数据仓库。

6.1.2 ETL 概述

1. ETL 介绍

数据仓库中的数据来源十分复杂，既有可能位于不同的平台上，又有可能位于不同的操作系统中，同时数据模型也相差较大。因此，为了获取并向数据仓库中加载这些数据量大同时种类较多的数据，一般要使用专业的工具来完成这一操作。

ETL（Extract-Transform-Load）用来描述将数据从来源端经过抽取、转换、装载至目的端的过程。在数据仓库的语境下，ETL 基本上就是数据采集的代表，包括数据的抽取（Extract）、转换（Transform）和装载（Load）。在转换的过程中，需要针对具体的业务场景对数据进行治理，例如对外部抽取得到的数据进行监测与过滤、对数据进行格式转换和规范化、对数据进行替换以及保证数据完整性等。图 6-2 所示为 ETL 在数据仓库中的作用。

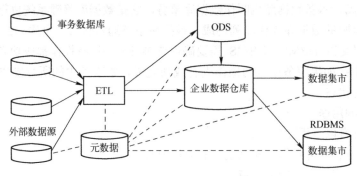

图 6-2　ETL 在数据仓库中的作用

从图 6-2 可以看出，在数据仓库中，ETL 就是调和数据的过程。

2．ETL 的流程

具体 ETL 流程如下所述。

1）数据抽取。数据抽取指把数据从数据源读出来，一般用于从源文件和源数据库中获取相关的数据。值得注意的是，数据抽取的两个常见类型分别是静态抽取和增量抽取。其中静态抽取常用于填充数据仓库，而增量抽取则用于进行数据仓库的维护。

2）数据转换。数据转换在数据的 ETL 中常处于中心位置，它把原始数据转换成期望的格式和维度。如果用在数据仓库的场景下，数据转换也包含数据清洗。值得注意的是，数据转换既可以包含简单的数据格式的转换，也可以包含复杂的数据组合的转换。此外，数据转换还包括许多功能，如常见的记录级功能和字段级功能。

3）数据加载。数据加载指把处理后的数据加载到目标处，比如数据仓库或数据集市中。加载数据到目标处的基本方式是刷新加载和更新加载。其中，刷新加载常用于数据仓库首次被创建时的填充，而更新加载则用于目标数据仓库的维护。值得注意的是，加载数据到数据仓库中通常意味着向数据仓库中的表添加新行，或者在数据仓库中清洗被识别为无效的或不正确的数据。

图 6-3 所示为 ETL 流程，图 6-4 所示为 ETL 在数据仓库中的实际应用。

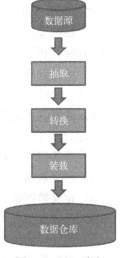

图 6-3　ETL 流程

3．ETL 常用工具

ETL 是数据仓库应用中非常重要的一环，是承前启后的必要的一步。ETL 负责将分布的、异构数据源中的数据，如关系数据、平面数据文件等，抽取到临时中间层后进行清洗、转换、集成，最后加载到数据仓库或数据集市中，成为联机分析处理、数据挖掘的基础。

目前在市场上常见的 ETL 工具有以下几种。

（1）Talend

Talend 是数据集成和数据治理解决方案领域的领袖企业，也是第一家针对数据集成工具市场的 ETL 开源软件供应商。Talend 以它的技术和商业双重模式为 ETL 服务提供了一个全新的远景。它打破了传统的独有封闭服务,提供了一个针对所有规模公司的公开的、创新的、强大的、灵活的软件解决方案。

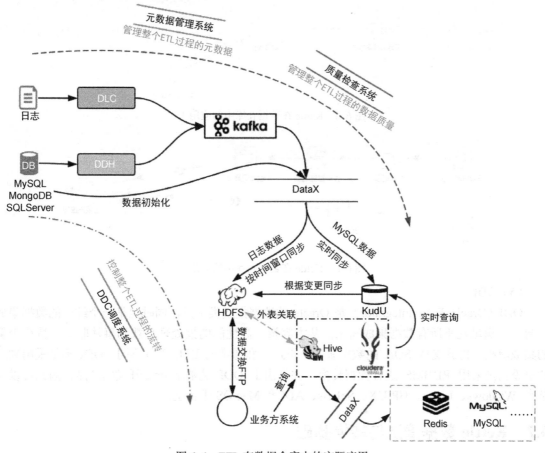

图 6-4 ETL 在数据仓库中的实际应用

(2) DataStage

DataStage 是 IBM 公司的商业软件,是一种数据集成软件平台,能够帮助企业从散布在各个系统中的复杂异构信息获得更多价值。DataStage 支持对数据结构从简单到高度复杂的大量数据进行收集、变换和分发操作。并且 DataStage 的全部操作在同一个界面中,不用切换界面就能够看到数据的来源以及整个操作的情况。

(3) Kettle

Kettle 的中文名称叫水壶,是一款国外开源的 ETL 工具,是用纯 Java 编写的,可以在Windows、Linux、UNIX 上运行,数据抽取高效稳定。Kettle 中有两种脚本文件,transformation和 job。transformation 完成针对数据的基础转换,job 则完成整个工作流的控制。本书主要讲述使用 Kettle 实现 ETL 的数据清洗与转换。图 6-5 和图 6-6 所示为 Kettle 在数据仓库中的应用。

(4) Informatica PowerCenter

Informatica PowerCenter 是一款功能非常强大的 ETL 工具,支持各种数据源之间的数据抽取、转换、装载等数据传输,多用于大数据和商业智能等领域。一般应用企业可根据自己的业务数据构建数据仓库,在业务数据和数据仓库间进行 ETL 操作,并在挖掘到的这些零碎无规律的原始数据的基础上进行维度的数据分析，寻找用户的习惯和需求以指导业务拓展及战略转移的方向。

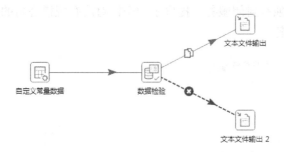

图 6-5　Kettle 在数据仓库中的应用 1

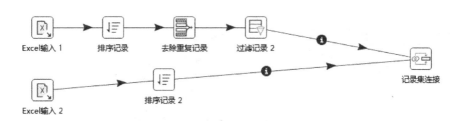

图 6-6　Kettle 在数据仓库中的应用 2

（5）ODI

ODI（Oracle Data Integrator）是 Oracle 的数据集成类工具，同时也是一个综合的数据集成平台，可满足几乎所有数据集成需求：从大容量、高性能的批处理负载到事件驱动、持续少量的集成流程，再到支持 SOA 的数据服务。不过，和通常的 ETL 工具不同，ODI 不是采用独立的引擎而是采用 RDBMS 进行数据转换，并且由于 ODI 是基于 Java 开发的产品，因此可以安装在 Windows、Linux、HP-UX、Solaris、AIX 和 Mac OS 平台上。

6.2　Kettle 数据清洗与转换基础

使用 Kettle 可以完成数据仓库中的数据清洗与数据转换工作，如数据值的修改与映射、数据排序、重复数据的清洗、超出范围的数据清洗、日志的写入、数据值的过滤和随机值的运算等。

本节主要讲述在 Kettle 中数据清洗与转换的基本操作。

6.2.1　Kettle 数据清洗

1．清洗简单数据

【例 6-1】　使用 Kettle 清洗简单数据。

1）成功运行 Kettle 后，在菜单栏中执行"文件"→"新建"→"转换"命令，选择"输入"下的"生成记录"选项，选择"转换"下的"值映射"选项，将其一一拖动到右侧工作区中，其中"值映射"选项拖动两次，并建立彼此之间的节点连接关系，最终生成的 Kettle 工作流程如图 6-7 所示。

图 6-7　Kettle 工作流程

2）双击"生成记录"图标，弹出"生成记录"对话框，在"限制"组合框中选择"1000"，在"字段"列表框中设置以下内容，从而生成需要的内容，如图 6-8 所示。

图 6-8　生成记录

3）单击"预览"按钮，弹出"预览数据"对话框，可查看到生成的记录，如图 6-9 所示。

图 6-9　预览记录

4）双击"值映射"图标，弹出"值映射"对话框，在"使用的字段名"下拉列表框中选择"name"，在"字段值"列表框中设置以下内容，从而生成需要的内容，如图 6-10 所示。

5）双击"值映射 2"图标，弹出"值映射"对话框，在"使用的字段名"下拉列表框中选择"value"，在"字段值"列表框中设置以下内容，从而生成需要的内容，如图 6-11 所示。

图 6-10　值映射

图 6-11　值映射 2

6）保存该转换并运行，在"执行结果"窗格的"Metrics"选项卡中可查看数据清洗的过程，在"Preview data"选项卡中查看已经清洗好的数据，运行如图 6-12 和图 6-13 所示。

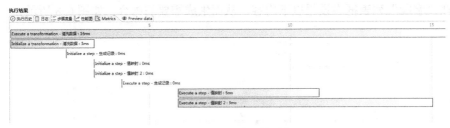

图 6-12　数据清洗的过程

图 6-13　执行结果的数据

2．数据排序

【例 6-2】　使用 Kettle 实现数据排序。

1）成功运行 Kettle 后，在菜单栏中执行"文件"→"新建"→"转换"菜单命令，选择"输入"下的"Excel 输入"选项，选择"转换"下的"排序记录"选项，将其一一拖动到右侧工作区中，并建立彼此之间的节点连接关系，最终生成的 Kettle 数据排序工作流程如图 6-14 所示。

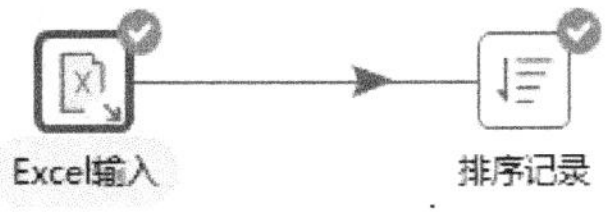

2）双击"Excel 输入"图标，弹出"Excel 输入"对话框，如图 6-15 所示，导入如图 6-16 所示的数据表。选择"字段"选项卡，单击"获取来自头部数据的字段"按钮，如图 6-17 所示。

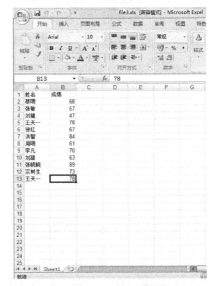

图 6-14　Kettle 数据排序工作流程

图 6-15　"Excel 输入"对话框

图 6-16　Excel 数据表内容

图 6-17　获取字段

3）双击"排序记录"图标，弹出"排序记录"对话框，对字段中的"成绩"设置按照降序排序，如图 6-18 所示。

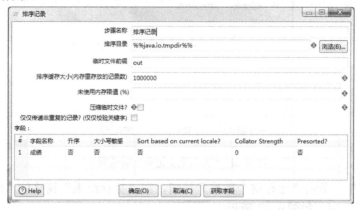

图 6-18　对"成绩"字段排序

4）保存该文件，单击"运行这个转换"按钮，在"执行结果"窗格的"Preview data"选项卡中预览生成的数据，如图 6-19 所示。

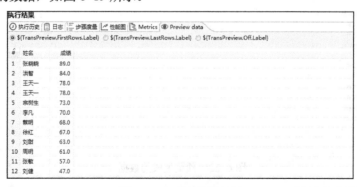

图 6-19　查看排序结果

3．去除重复数据

【例 6-3】　使用 Kettle 去除重复数据。

1）在【例 6-2】的基础上完成本例操作，选择"转换"下的"去除重复记录"选项，拖动到右侧工作区中，并建立彼此之间的节点连接关系，增加"去除重复记录"环节，最终生成的工作流程如图 6-20 所示。

图 6-20 增加"去除重复记录"环节

2）双击"去除重复记录"图标，弹出"去除重复记录"对话框，在"用来比较的字段"列表框中选择"字段名称"为"姓名"，如图 6-21 所示。

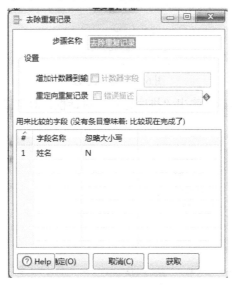

图 6-21 "去除重复记录"对话框

3）保存该文件，单击"运行这个转换"按钮，在"执行结果"窗格的"Preview data"选项卡中预览生成的数据，如图 6-22 所示。

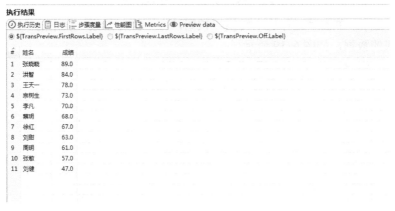

图 6-22 预览生成的数据

4. 清洗超出范围的数据

【例 6-4】 使用 Kettle 清洗超出范围的数据。

1）成功运行 Kettle 后，在菜单栏中执行"文件"→"新建"→"转换"菜单命令，选择"输入"下的"自定义常量数据"选项，选择"检验"下的"数据检验"选项，选择"输出"下的"文本文件输出"选项，将其一一拖动到右侧工作区中，"文本文件输出"选项拖动两次，分别命名为"文本文件输出"和"文本文件输出 2"，并建立彼此之间的节点连接关系，最终生成的工作流程如图 6-23 所示。值得注意的是，在"数据检验"与"文本文件输出 2"的节点连接中，需要在"数据检验"中设置错误处理步骤，如图 6-24 所示，勾选"启用错误处理"复选框即可。

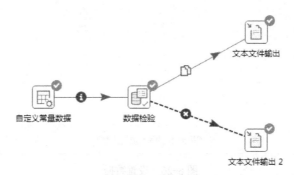

图 6-23　工作流程

图 6-24　设置错误处理步骤

2）双击"自定义常量数据"图标，弹出"自定义常量数据"对话框，分别在"元数据"和"数据"选项卡中进行设置，如图 6-25 和图 6-26 所示。

图 6-25　设置元数据

3）双击"数据检验"图标，弹出，"数据检验"对话框，在"检验描述"文本框中输入"sco"，在"要检验的字段名"下拉列表框中选择"score"，通过设置"最大值"和"最小值"将 score 类型的取值范围设置为 0~100，如图 6-27 所示。

图 6-26　设置数据

4）分别双击"文本文件输出""文本文件输出 2"图标，分别设置清洗后文件保存路径和文件名，保留数据为 file6，抛弃数据为 file7。保存该文件，单击"运行这个转换"按钮，并在最终保存的文本文件中查看清洗结果，如图 6-28 所示。

图 6-27　设置清洗规则

图 6-28　查看清洗结果

6.2.2　Kettle 数据转换

1．编写日志

【例 6-5】　使用 Kettle 编写日志。

18　编写日志

1）成功运行 Kettle 后，在菜单栏中执行"文件"→"新建"→"转换"菜单命令，选择"输入"下的"生成记录"选项，选择"应用"下的"写日志"选项，将其一一拖动到右侧工作区中，并建立彼此之间的节点连接关系，最终生成的工作流程如图 6-29 所示。

2）双击"生成记录"图标，弹出"生成记录"对话框，设置"限制"为 40，并分别设置"字段"选项卡中的名称、类型和值，如图 6-30 所示。

图 6-29　工作流程

图 6-30　设置生成记录

3）双击"写日志"图标，弹出"写日志"对话框，单击"获取字段"按钮，自动获取字段名称，并在"写日志"文本框中输入自定义内容，如图 6-31 所示。

图 6-31　设置写日志

4）保存该文件，单击"运行这个转换"按钮，在"执行结果"窗格的"日志"选项卡中查看写日志的状态，在"Preview data"选项卡中预览生成的数据，如图6-32和图6-33所示。

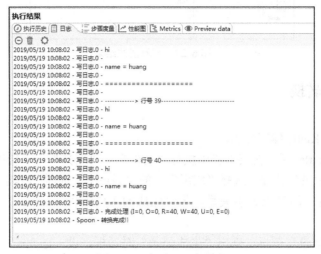

图6-32　查看写日志状态

图6-33　预览生成的数据

2. 在日志中写入常量

【例6-6】　使用Kettle自定义常量并将其输入日志。

1）成功运行Kettle后，在菜单栏中执行"文件"→"新建"→"转换"菜单命令，选择"输入"下的"自定义常量数据"选项，选择"应用"下的"写日志"选项，将其一一拖动到右侧工作区中，并建立彼此之间的节点连接关系，最终生成的工作流程如图6-34所示。

图6-34　工作流程

2）双击"自定义常量数据"图标，弹出"自定义常量数据"对话框，在"元数据"选项卡中设置"名称"和"类型"，并在"设为空串？"中将值设为否，如图6-35所示。

图 6-35　设置元数据

3）在"数据"选项卡中输入数据内容，如图 6-36 所示。

图 6-36　设置数据

4）双击"写日志"图标，弹出"写日志"对话框，单击"获取字段"按钮，自动获取字段名称，并在"写日志"文本框中输入自定义内容，如图 6-37 所示。

图 6-37　设置写日志

5）保存该文件，单击"运行这个转换"按钮，在"执行结果"窗格的"日志"选项卡中查看写日志的状态，在"Preview data"选项卡中预览生成的数据，如图 6-38 和图 6-39 所示。

图 6-38　查看写日志状态

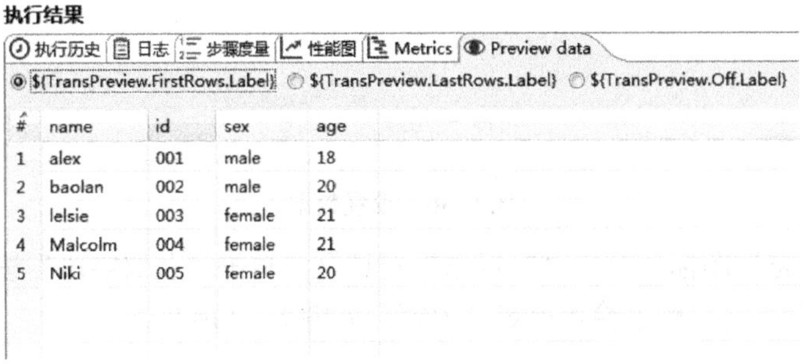

图 6-39　预览生成的数据

3．过滤记录

【例 6-7】 使用 Kettle 过滤记录。

1）成功运行 Kettle 后，在菜单栏中执行"文件"→"新建"→"转换"菜单命令，选择"输入"下的"自定义常量数据"选项，选择"流程"下的"过滤记录"和"空操作"选项，将其一一拖动到右侧工作区中，将两个"空操作"改名为"可以开车"和"不可以开车"，并建立彼此之间的节点连接关系，最终生成的工作流程如图 6-40 所示。

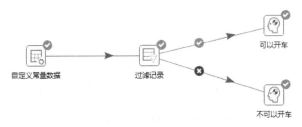

图 6-40　工作流程

2）双击"自定义常量数据"图标，弹出"自定义常量数据"对话框，在"元数据"和"数据"选项卡中分别设置以下内容，如图 6-41 和图 6-42 所示。

图 6-41　设置元数据

3）双击"过滤记录"图标，弹出"生成记录"对话框，设置以下内容，并将条件设置为"age<=60"，如图 6-43 所示。

图 6-42　设置数据

图 6-43　设置过滤记录

4）保存该文件，单击"运行这个转换"按钮，分别单击"可以开车"和"不可以开车"按钮，并在"执行结果"窗格中的"Preview data"选项卡中查看运行的结果，如图 6-44 和图 6-45 所示。

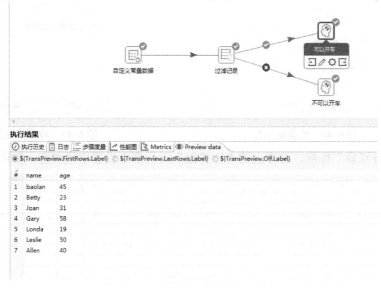

图 6-44　查看可以开车的结果

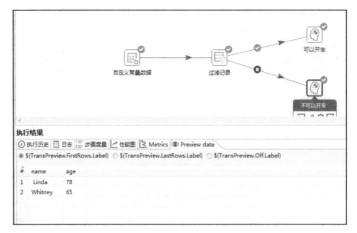

图 6-45　查看不可以开车的结果

4．随机数相加

【例 6-8】　使用 Kettle 生成多个随机数并相加。

1）成功运行 Kettle 后，在菜单栏中执行"文件"→"新建"→"转换"菜单命令，选择"输入"下的"生成随机数"选项，选择"转换"下的"计算器"选项，将其一一拖动到右侧工作区中，并建立彼此之间的节点连接关系，最终生成的工作流程如图 6-46 所示。

图 6-46　工作流程

2）双击"生成随机数"图标，在打开的对话框中设置字段，如图 6-47 所示。

3）单击"确定"按钮，在工作区中右击"生成随机数"图标，在弹出的快捷菜单中选择"开始改变复制的数量"命令，并在文本框中输入"10"，如图 6-48 所示。

图 6-47　设置随机数

图 6-48　设置复制的数量

4）双击"计算器"图标，在弹出的"计算器"对话框中设置字段内容，如图 6-49 所示。

图 6-49　设置计算器字段内容

5）保存该文件，单击"运行这个转换"按钮，结果如图6-50所示。

执行结果

#	s1	s2	s
1	0.6279723602	0.9851520323	1.6131243925
2	0.4378907364	0.7805451552	1.2184358916
3	0.2346375637	0.2394310026	0.4740685663
4	0.4925634385	0.1801250659	0.6726885045
5	0.0288913732	0.3734158085	0.4023071817
6	0.046106413	0.386030664	0.432137077
7	0.0703005189	0.6546878568	0.7249883756
8	0.6512795622	0.2416315923	0.8929111546
9	0.8534684345	0.433978393	1.2874468275
10	0.5421171954	0.1009980719	0.6431152674

图 6-50　保存并运行程序

5．统计分析

【例 6-9】 使用 Kettle 对数据进行统计分析。

1）成功运行 Kettle 后在菜单栏中执行"文件"→"新建"→"转换"菜单命令，选择"输入"下的"Excel 输入"选项，选择"统计"下的"单变量统计"选项，将其一一拖动到右侧工作区中，并建立彼此之间的节点连接关系，最终生成的工作流程如图 6-51 所示。

图 6-51　工作流程

2）双击"Excel 输入"图标，弹出"Excel 输入"对话框，在"文件"选项卡中添加外部 XLS 文件，数据表见【例 6-2】，如图 6-52 所示；"字段"选项卡的设置如图 6-53 所示。

图 6-52　添加外部 XLS 文件

图 6-53　设置字段

3）双击"单变量统计"图标，在弹出的"Univariate Stats"对话框中设置统计内容，如图 6-54 所示。

图 6-54　设置统计内容

4）保存该文件，单击"运行"这个转换按钮，结果如图 6-55 所示。

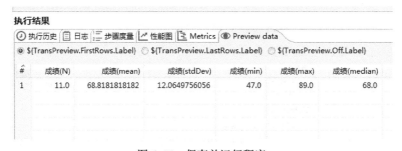

图 6-55　保存并运行程序

在本例中，成绩（N）表示数据个数，成绩（mean）表示平均成绩，成绩（stdDev）表示成绩的标准差，成绩（min）表示成绩的最小值，成绩（max）表示成绩的最大值，成绩（median）表示成绩的中位数。

6.3　Kettle 数据仓库高级应用

在使用 Kettle 进行 ETL 数据清洗与转换时，除了上述内容外，在更多的时候还要用 Kettle 连接数据库来实现更高级的操作。本节主要讲述使用 Kettle 连接并操作 MySQL 数据库，读者只需熟悉数据库的基本操作，掌握最基本的 SQL 语句即可。

MySQL 是一个小型的关系数据库管理系统，由于该软件体积小、运行速度快、操作方便等优点，目前被广泛地应用于 Web 上的中小企业网站的后台数据库中。读者在使用前须自行安装，如对 MySQL 不熟悉，可参考其他 MySQL 相关资料。

【例 6-10】 应用 Kettle 和 MySQL 进行数据查询。

1）在 MySQL 中建立数据库 test，新建表 xs，在表 xs 中建立字段 "xuehao" "xingming" "zhuanye" "xingbie" 和 "chengji"，将字段 "xuehao" 设置为主键并输入数据，如图 6-56 和图 6-57 所示。

```
+----------+------------+------+-----+---------+-------+
| Field    | Type       | Null | Key | Default | Extra |
+----------+------------+------+-----+---------+-------+
| xuehao   | char(6)    | NO   | PRI | NULL    |       |
| xingming | char(6)    | NO   |     | NULL    |       |
| zhuanye  | char(10)   | YES  |     | NULL    |       |
| xingbie  | tinyint(1) | NO   |     | 1       |       |
| chengji  | tinyint(1) | YES  |     | NULL    |       |
+----------+------------+------+-----+---------+-------+
```

图 6-56　在 MySQL 中新建表并新建字段

```
+--------+----------+----------+---------+---------+
| xuehao | xingming | zhuanye  | xingbie | chengji |
+--------+----------+----------+---------+---------+
| 001    | cheng    | jisuanji |       1 |      85 |
| 002    | leslie   | jisuanji |       1 |      99 |
| 003    | tom      | jisuanji |       1 |      71 |
| 004    | john     | jisuanji |       1 |      71 |
| 005    | lee      | jisuanji |       1 |      91 |
| 006    | owen     | jisuanji |       1 |      81 |
| 007    | jin      | jisuanji |       1 |      62 |
+--------+----------+----------+---------+---------+
7 rows in set (0.00 sec)
```

图 6-57　输入数据

2）运行 Kettle，新建 "转换"，并将 "表输入" 和 "文本文件输出" 拖动到工作区中，并建立连接，工作流程如图 6-58 所示。

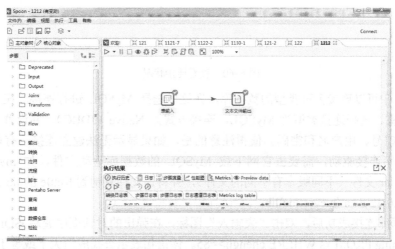

图 6-58　新建转换工作流程

3）双击 "表输入" 图标，在弹出的 "表输入" 对话框中单击 "编辑" 按钮，建立 Kettle 与 MySQL 数据库的连接，设置完成以后可以单击 "测试" 按钮，查看连接状况，如图 6-59 和图 6-60 所示。

图 6-59　建立 Kettle 与 MySQL 数据库的连接

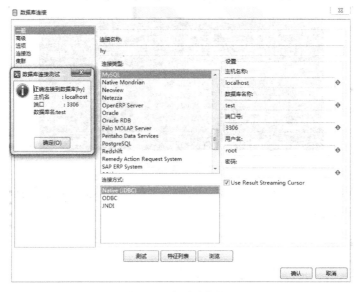

图 6-60　查看连接状况

在 Kettle 中可以连接多种类型的数据库，在这里选择 MySQL 进行连接。在连接时，需要自定义连接名称，选择连接类型为 MySQL，连接方式为 Native（JDBC），并设置主机名称、数据库名称、端口号、用户名和密码。值得注意的是，如果显示无法建立连接，有可能是没有安装对应的数据库连接驱动，需要去官网下载 MySQL 的数据库驱动文件，如 mysql-connector-java-5.1.46-bin.jar 文件（不同版本有不同的文件），并将该文件复制到 Kettle 的 lib 目录下，例如 D:\pdi-ce-7.1.0.0-12\data-integration\lib。

4）在数据库连接成功后，双击"表输入"图标，在弹出的对话框中编写 SQL 查询语句：SELECT xingming FROM xs WHERE chengji>=85。该语句表示查找成绩大于或等于 85 分的学生姓名，并单击"确定"按钮，如图 6-61 所示。

5）保存该文件，单击"运行这个转换"按钮，右击"文本文件输出"图标，在弹出的快捷菜单中执行"Preview"命令，在弹出的对话框中选择"文本文件输出"选项，并单击"快读启动"按钮，即可查看运行结果，如图 6-62 所示。

图 6-61　编写 SQL 语句

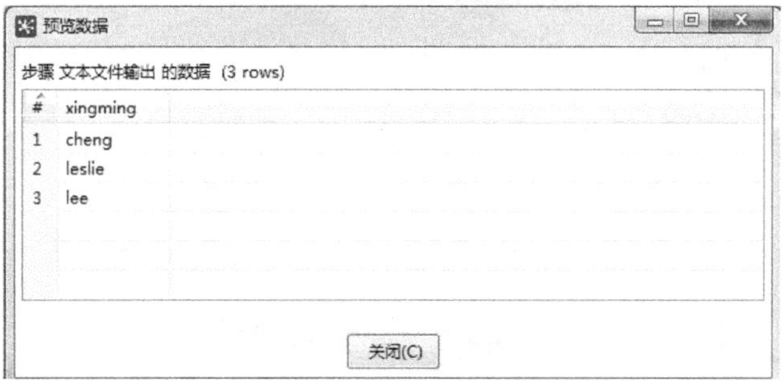

图 6-62　查看运行结果

该运行结果与之前图 6-57 中的学生数据信息对应，学生成绩大于或等于 85 分的有三个，分别是 cheng 85 分，leslie 99 分，lee 91 分。

使用 Kettle，除了可以操作 MySQL 外，还可以操作其他数据库，例如 Oracle、Access 等。其他数据库的操作与 MySQL 操作相类似，因此，读者还可以自行练习使用 Kettle 连接其他数据库的操作。

6.4　实训 1　在 Kettle 中识别流的最后一行并写入日志

1）成功运行 Kettle 后，在菜单栏执行"文件"→"新建"→"转换"菜单命令，选择"输入"下的"自定义常量数据"选项，选择"流程"下的"识别流的最后一行"选项，选择"应用"下的"写日志"选项，将其一一拖动到右侧工作区中，并建立彼此之间的节点连接关系，最终生成的工作流程如图 6-63 所示。

图 6-63　工作流程

2）双击"自定义常量数据"图标，弹出"自定义常量数据"对话框，在"元数据"和"数据"选项卡中分别进行设置，如图 6-64 和图 6-65 所示。

图 6-64　设置元数据

3）双击"识别流的最后一行"图标，弹出"识别流的最后一行"对话框，在"结果字段名"组合框中输入新的字段名称"Last"，如图 6-66 所示。

图 6-65　设置数据

4）双击"写日志"图标，弹出"写日志"对话框，单击"获取字段"按钮，自动获取字段名称，并在"写日志"对话框中输入自定义内容，如图 6-67 所示。

图 6-66　设置识别流的最后一行　　　　　　　图 6-67　设置写日志

5）保存该文件，单击"运行这个转换"按钮，在"执行结果"窗格的"日志"选项卡中查看写日志的状态，如图 6-68 所示。

图 6-68　查看写日志状态

6.5　实训 2　在 Kettle 中用正则表达式清洗数据

1）成功运行 Kettle 后，在菜单栏中执行"文件"→"新建"→"转换"菜单命令，选择"输入"下的"自定义常量数据"选项，选择"检验"下的"数据检验"选项，选择"输出"下的"文本文件输出"选项，将其一一拖动到右侧工作区中。"文本文件输出"选项拖动两次，分别命名为"文本文件输出"和"文本文件输出 2"，并建立彼此之间的节点连接关系，最终生成的工作流程如图 6-69 所示。值得注意的是，在"数据检验"与"文本文件输出 2"的节点连接中，需要在"数据检验"中设置错误处理步骤。

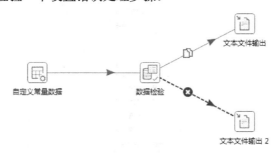

图 6-69　工作流程

2）双击"自定义常量数据"图标，在弹出对话框的"元数据"和"数据"选项卡中设置内容，如图 6-70 和图 6-71 所示。

图 6-70　设置元数据

图 6-71　设置数据

3）双击"数据检验"图标，在弹出的"数据检验"对话框中，将"检验描述"设置为"day"，"要检验的字段名"设置为"num"，并在"合法数据的正则表达式"组合框中输入"\d{3,6}"，即设置该表达式只输出数字长度为 3～6 位的数据，如图 6-72 所示。

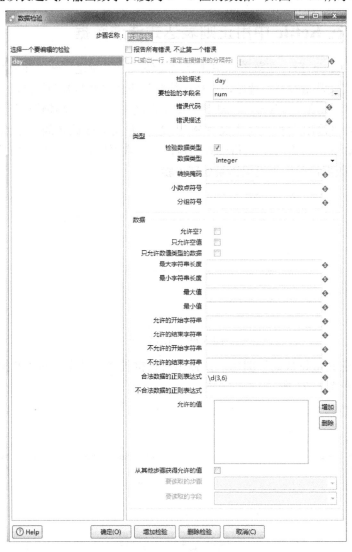

图 6-72　设置数据检验内容

4）保存该文件，单击"运行这个转换"按钮，分别单击"文本文件输出"按钮和"文本文件输出1"按钮，在"执行结果"中的"Preview data"选项卡中查看运行的结果，如图6-73和图6-74所示。

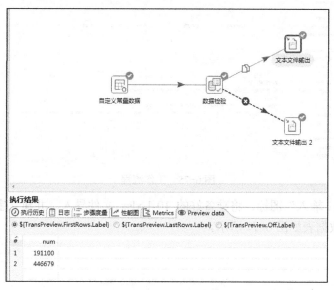

图 6-73　查看结果

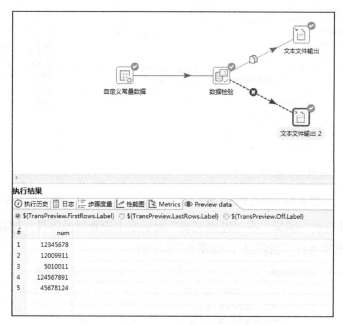

图 6-74　查看结果

6.6　实训 3　使用 Kettle 过滤数据表

1）运行 Kettle，新建转换，将"Excel 输入""过滤记录""值映射"和"文本文件输出"选项拖动到工作区中，并建立连接，工作流程如图6-75所示。

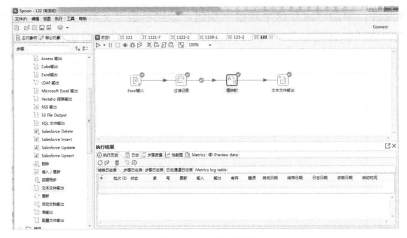

图 6-75 工作流程

2）双击"Excel 输入"图标，将准备好的 10-1.xlsx 文件导入，并建立字段，如图 6-76 所示。导入的 Excel 数据表如图 6-77 所示。

图 6-76 导入 Excel 表

图 6-77 导入的 Excel 数据表

3）双击"过滤记录"图标，在"过滤记录"对话框中设置过滤条件，即在"发送 true 数据给步骤"下拉列表框中选择"值映射"，如图 6-78 所示。

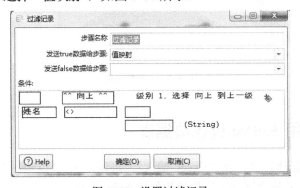

图 6-78 设置过滤记录

4）双击"值映射"图标，在"值映射"对话框中设置要使用的字段名和字段值，即在"使用的字段名"下拉列表框中选择"性别"，在"字段值"列表框中将性别中的"男"和"女"转换为"male"和"female"，如图6-79所示。

图6-79　设置值映射

5）双击"文本文件输出"图标，在"文本文件输出"对话框中设置输出文件的文件名称和格式，如图6-80所示。

图6-80　设置文本文件输出

6）保存该文件，单击"运行这个转换"按钮，如图6-81所示。

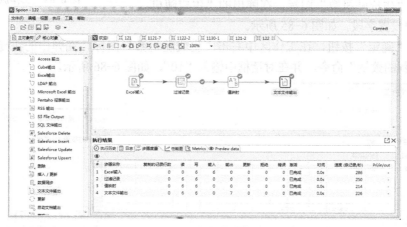

图6-81　保存并运行程序

7）右击"文本文件输出"图标，在弹出的快捷菜单中选择"Preview"命令，弹出"转换调试窗口"对话框，选择"文本文件输出"选项，并单击"快速启动"按钮，即可查看运行结果，如图 6-82 和图 6-83 所示。

图 6-82 选中文本文件输出并执行启动

图 6-83 查看结果

6.7 实训 4 使用 Kettle 生成随机数并相加

1）成功运行 Kettle 后，在菜单栏中执行"文件"→"新建"→"转换"菜单命令，选择"输入"下的"生成随机数"选项，选择"转换"下的"计算器"选项，将其一一拖动到右侧工作区中，并建立彼此之间的节点连接关系，最终生成的工作流程如图 6-84 所示。

图 6-84 工作流程

2）双击"生成随机数"图标，在弹出的"生成随机数"对话框中设置字段，如图 6-85 所示。

3）单击"确定"按钮，在工作区中右击"生成随机数"图标，在弹出的快捷菜单中选择"开始改变复制的数量"命令，并在对话框中输入"10"，如图 6-86 所示。

图 6-85 设置随机数

图 6-86 设置复制数量

4）双击"计算器"图标，在弹出的"计算器"对话框中设置字段内容，如图 6-87 所示。

图 6-87　设置计算器字段内容

5）保存该文件，单击"运行这个转换"按钮，结果如图 6-88 所示。

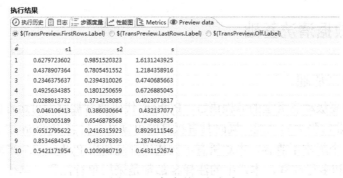

图 6-88　保存并运行程序

6.8　小结

1）数据仓库是决策支持系统和联机分析应用数据源的结构化数据环境，它研究和解决从数据库中获取信息的问题，并为企业所有级别的决策制定过程提供所有类型数据支持的战略集合。

2）数据仓库中的数据来源十分复杂，既有可能位于不同的平台上，又有可能位于不同的操作系统中，同时数据模型也相差较大。因此，为了获取并向数据仓库中加载这些数据量大同时种类较多的数据，一般要使用专业的工具来完成这一操作。

3）Kettle 的中文名称叫水壶，是一款国外开源的 ETL 工具，是用纯 Java 编写的，可以在 Windows、Linux、UNIX 上运行。可以使用 Kettle 实现 ETL 的数据清洗与转换。

习题 6

（1）请阐述数据仓库的含义。
（2）请阐述数 ETL 的实现流程。
（3）请阐述如何使用 Kettle 实现数据清洗与转换。
（4）请阐述如何使用 Kettle 连接 MySQL 数据库。

第7章 Python 数据清洗

本章学习目标
- 掌握 Python 语言的基本语法
- 掌握 NumPy 数组的用法和 Pandas 的两种数据结构
- 掌握 Pandas 数据的读写、选择和描述方法
- 掌握 Pandas 的数据分组和字符串处理操作
- 了解 Pandas 时间序列和缺失值处理操作
- 了解 Pandas 数据清洗的常见思路

7.1 Python 数据清洗基础

7.1.1 Python 语言基础

    Python 是一种高级动态类型的编程语言。Python 代码通常被称为可运行的伪代码，可以用非常少的代码实现非常强大的功能，同时具有极高的可读性。目前 Python 语言有两种版本，分别是 2.x 和 3.x，两个版本不兼容，本章所有示例代码都是使用 Python 3.7 来编写的。Python 中的注释有单行注释和多行注释，本章中的注释全部都是采用单行注释，单行注释以#开头，#后面为注释内容。

    1. 基本数据类型

    与大多数语言一样，Python 有许多基本类型，包括整数型、浮点型、布尔型和字符串型。

    （1）数字类型

    数字类型包括整数型和浮点型。

    【例 7-1】 分别用 3 和 2.5 完成乘法和乘方运算，并输出结果。

```
x = 3
print(type(x))      # 运行结果为：<class 'int'>
print(x)            # 运行结果为：3
print(x * 2)        # 乘法运算 x*2；运行结果为：6
print(x ** 2)       # 乘方运算；运行结果为：9
y = 2.5
print(type(y))      # 运行结果为：<class 'float'>
print(y, y + 1, y * 2, y ** 2)  # 运行结果为：2.5 3.5 5.0 6.25
```

    （2）布尔型

    Python 实现了所有常用的布尔逻辑运算符，但它使用的是英文单词而不是符号。

    【例 7-2】 将 True 和 False 分别执行 AND、OR、NOT 和 XOR 逻辑运算，并输出结果。

```
t = True
f = False
```

```
print(type(t))        # 运行结果为：<class 'bool'>
print(t and f)        # 逻辑 AND 运算；运行结果为：False
print(t or f)         # 逻辑 OR 运算；运行结果为：True
print(not t)          # 运算 NOT 运算；运行结果为：False
print(t != f)         # 运算 XOR 运算；运行结果为：True
```

（3）字符串型

字符串型数据是用一对单引号、双引号或三单引号、三双引号括起来的字符序列。

【例 7-3】 用空字符将 hello 和 world 字符串进行连接，并按格式输出。

```
hello = 'hello'                  # 字符串的字符使用单引号
world = "world"                  # 字符串的字符使用双引号.
print(len(hello))               # len()函数表示获取字符串的长度；运行结果为：5
hw = hello + ' ' + world        # 字符串的连接
print(hw)                       # 运行结果为：hello world
hw12 = '%s %s %d' % (hello, world, 12)   # 按格式输出字符串
print(hw12)                     # 运行结果为：hello world 12
```

字符串型有许多字符处理函数，例如：

```
s = "hello"
print(s.capitalize())           # 字符串开头字母大写；运行结果为：Hello
print(s.rjust(7))               # 右对齐字符串，位数不够用空格填充；运行结果为：□□hello
print(s.center(7))              # 将字符串居中，位数不够用空格填充；运行结果为：□hello□
print(s.replace('l', '(ell)'))  # 替换字符串中的子串；运行结果为：he(ell)(ell)o
print('  world '.strip())       # 去掉字符串中开始和末尾空格；运行结果为：world
```

2. 控制语句

（1）条件语句

Python 条件语句是通过一条或多条语句的执行结果（True 或者 False）来决定执行哪个代码块的。在 Python 编程中，if 语句用于控制程序的执行，其基本形式如下。

```
if 条件表达式：
    执行语句组 1
else：
    执行语句组 2
```

值得注意的是，其中条件表达式和 else 末尾须用冒号，执行语句组 1 和执行语句组 2 前面必须缩进一个占位符的空位。

【例 7-4】 使用条件语句判断 a 与 b 的大小。

```
a= 4；  b=3
if a > b:
    print("a 比 b 大")
else:
    print("b 比 a 大")
```

运行结果为：a 比 b 大

（2）循环语句

Python 提供了 for 和 while 两种循环语句，for 语句一般用来遍历字符串、列表、元组、字

典等序列对象中的每个元素，并对每个元素执行循环体。

for 循环的常用格式如下。

```
for x in y:
    循环体
```

执行流程为：依次取 y 中的元素 x，执行循环体，直至 y 中所有元素全都执行完循环体，循环结束。

while 循环的常用格式如下。

```
while 条件表达式:
    循环体
```

执行流程为：如果条件表达式为 True，就执行循环体；然后再次执行条件表达式，如果为 True，再次执行循环体；然后再次执行条件表达式，直至条件表达式为 False，跳出循环，循环结束。

值得注意的是，其中循环语句第一行末尾要跟冒号，循环体前面必须缩进一个占位符的空位。Python 对代码的缩进要求非常严格，如果不采用合理的代码缩进，将抛出异常。

【例 7-5】 利用 for 循环和 while 循环实现 1~5 的求和运算。

```
sum=0            #使用 for 循环实现
for i in [1,2,3,4,5]:
    sum=sum+i
sum              ## 运行结果为：15

i=0；sum=0        #使用 while 循环实现
while i < 5:
    i=i+1
    sum=sum+i
sum              ## 运行结果为：15
```

3．容器

Python 提供了几种内置的容器类型：列表、字典、集合和元组。

（1）列表

列表（List）是一组有序的数据结构，它可以动态调整大小并且可以包含不同类型的元素。

```
xs = [3, 1, 2]          # 创建一个列表
print(xs, xs[2])        # 运行结果为：[3, 1, 2] 2
print(xs[-1])           # 负号表示从列表末尾开始计算；运行结果为：2
xs[2] = 'foo'           # 列表可以包含不同类型的元素
print(xs)               # 运行结果为：[3, 1, 'foo']
xs.append('bar')        # 将新元素添加到列表的末尾
print(xs)               # 运行结果为：[3, 1, 'foo', 'bar']
x = xs.pop()            # 删除并返回列表的最后一个元素
print(x, xs)            # 运行结果为：bar [3, 1, 'foo']
```

除了可以访问列表中的单个元素之外，Python 还提供了访问列表中的子列表（被称为切片）的简明语法。

```
nums = list(range(5))      # range(x)函数用于创建 0~x-1 的整数列表
print(nums)                # 运行结果为：[0, 1, 2, 3, 4]
print(nums[2:4])           # 获取索引从[2,4)的切片，4 排除在外；运行结果为：[2, 3]
print(nums[2:])            # 获取索引从 2 到末尾的切片；运行结果为：[2, 3, 4]
print(nums[:2])            # 获取索引从开头到 2 的切片，2 排除在外；运行结果为：[0, 1]
print(nums[:])             # 获取列表所有元素；运行结果为：[0, 1, 2, 3, 4]
print(nums[:-1])           # 切片的索引可以是负数，表示去除；运行结果为：[0, 1, 2, 3]
nums[2:4] = [8, 9]         # 给子列表添加元素
print(nums)                # 运行结果为：[0, 1, 8, 9, 4]
```

【例 7-6】 用 for 循环依次输出列表中的三个元素 cat、dog 和 monkey。

```
animals = ['cat', 'dog', 'monkey']
for animal in animals:
    print(animal)
```

运行结果为：

```
cat
dog
monkey
```

如果要访问循环体内每个元素的索引，要使用内置的 enumerate 函数。

可以从一个数据序列，构建出另一个新的数据序列，这就是列表推导式，参见【例 7-7】。

【例 7-7】 依次对列表中的每个元素执行平方运算并输出结果。

```
nums = [0, 1, 2, 3, 4]
squares = [x ** 2 for x in nums]
print(squares)             # 运行结果为：[0, 1, 4, 9, 16]
```

列表推导式还可以包含条件，参见【例 7-8】。

【例 7-8】 依次对列表中的每个偶数执行平方运算并输出结果。

```
nums = [0, 1, 2, 3, 4]
even_squares = [x ** 2 for x in nums if x % 2 == 0]
print(even_squares)  # 运行结果为：[0, 4, 16]
```

（2）字典

字典（dict）是一种可变的容器模型，可以存储任意类型的对象。字典的每个键和对应的值用冒号分割，每个键值对之间用逗号分隔，整个字典包括在花括号{}中，格式为"dict = {key1: value1, key2 : value2 }"。

```
d = {'cat': 'cute', 'dog': 'furry'}  # 创建一个新的字典
print(d['cat'])            # 访问字典中相应的键对应的值；运行结果为：cute
print('cat' in d)          # 检查键是否在字典中；运行结果为：True
d['fish'] = 'wet'          # 在字典中添加新的键值对
print(d['fish'])           # 运行结果为：wet
# print(d['monkey'])       # monkey 键不在字典中；运行结果为：KeyError: 'monkey'
print(d.get('monkey', 'N/A'))  #运行结果为：N/A
print(d.get('fish', 'N/A'))    # 运行结果为：wet
del d['fish']              # 从字典中删除键
```

```
print(d.get('fish', 'N/A'))        # "fish"不再是字典中的键；运行结果为：N/A
```

【例 7-9】 按格式依次输出字典中的每个键值。

```
d = {'person': 2, 'cat': 4, 'spider': 8}
for animal in d:
    legs = d[animal]
    print('A %s has %d legs' % (animal, legs))
```

运行结果为：

```
A person has 2 legs
A cat has 4 legs
A spider has 8 legs
```

如果要访问键及其对应的值，可以使用 items 方法：

```
d = {'person': 2, 'cat': 4, 'spider': 8}
for animal, legs in d.items():
    print('A %s has %d legs' % (animal, legs))    # 运行结果和上面相同
```

字典推导式类似于列表推导式，可以更方便地构建字典数据类型，参见【例 7-10】。

【例 7-10】 依次对列表中的每个偶数执行平方运算，并按键值对应关系输出结果。

```
nums = [0, 1, 2, 3, 4]
square = {x: x ** 2 for x in nums if x % 2 == 0}
print(square)    # 运行结果为：{0: 0, 2: 4, 4: 16}
```

（3）集合

集合是包含不同元素的无序集合。

```
animals = {'cat', 'dog'}
print('cat' in animals)        # 检查元素是否在集合中；运行结果为：True
print('fish' in animals)       # 运行结果为：False
animals.add('fish')            # 向集合中添加元素
print('fish' in animals)       # 运行结果为：True
print(len(animals))            # 集合中元素的数量；运行结果为：3
animals.add('cat')             # 向集合添加元素，如果元素已在集合中，则不执行任何操作
print(len(animals))            # 运行结果为：3
animals.remove('cat')          # 清除集合中的元素
print(len(animals))            # 运行结果为：2
```

集合推导式与列表推导式和字典推导式类似，参见【例 7-11】。

【例 7-11】 依次输出 30 以内开平方后为整数的数值。

```
from math import sqrt
nums = {int(sqrt(x)) for x in range(30)};        print(nums)
# 运行结果为：{0, 1, 2, 3, 4, 5}
```

（4）元组

元组是不可变的有序列表。元组和列表类似，区别在于元组使用小括号，列表使用方括号；元组可以用作字典中的键和集合的元素，而列表则不能。

【例7-12】 使用元组创建字典。

```
d = {(x, x + 1): x for x in range(10)}    #使用元组创建字典
t = (5, 6)                 # 创建元组
print(type(t))             # 运行结果为：<class 'tuple'>
print(d[t])                # 运行结果为：5
print(d[(1, 2)])           # 运行结果为：1
```

4. 函数

Python 使用 def 关键字定义函数。定义函数的语法结构如下。

```
def 函数名(参数):
    函数体
```

其中：

● 函数以 def 关键词开头，后接函数名和参数，参数必须放在圆括号内。
● 圆括号后面要用冒号结尾，函数体所有语句相对第一行必须缩进一个占位符的空位。
● 函数可以没有返回值，如果有返回值，可以在函数体内使用 return 语句返回结果。

【例7-13】 自定义一个函数，实现符号函数的功能。

```
def sign(x):        ## sign 为自定义的函数名，x 为参数
    if x > 0:
        return 'positive'
    elif x < 0:
        return 'negative'
    else:
        return 'zero'
print(sign(-1))     ##运行结果为：negative
```

7.1.2 Python 数据清洗所用库

1. NumPy 介绍

NumPy 是 Python 中关于科学计算的第三方库，代表"Numeric Python"。它提供多维数组对象、多种派生对象（如掩码数组、矩阵）以及用于快速操作数组的函数及 API。NumPy 包括数学、逻辑、数组形状变换、排序、选择、I/O、离散傅里叶变换、基本线性代数、基本统计运算、随机模拟等。NumPy 最重要的一个特色是其 N 维数组对象 ndarray。ndarray 是一系列相同类型数据的集合，其元素可用从零开始的索引来访问。

（1）数组创建

可以从 Python 列表初始化 numpy 数组，并使用方括号访问元素。

```
import numpy as np
a = np.array([1, 2, 3])        # 创建一维数组
print(type(a))                 # 运行结果为：<class 'numpy.ndarray'>
print(a.shape)                 # 运行结果为：(3,)
print(a[0], a[1], a[2])        # 运行结果为：1 2 3
a[0] = 5                       # 更改数组中的元素
print(a)                       # 运行结果为：[5, 2, 3]
b = np.array([[1,2,3],[4,5,6]])    # 创建二维数组
```

```
print(b.shape)                # 运行结果为：(2, 3)
print(b[0, 0], b[0, 1], b[1, 0])   # 运行结果为：1 2 4
```

NumPy 还提供了许多创建数组的函数，如下所述。

- zeros((m, n))：生成一个 *m×n* 的全零矩阵。
- ones((m, n))：生成一个 *m×n* 的全 1 矩阵。
- eye(m)：生成一个 *m×m* 的单位矩阵。
- full((m, n), c)：生成一个 *m×n* 的元素全为 *c* 的矩阵。
- random.random((m, n))：生成一个 *m×n* 的元素为 0~1 之间随机值的矩阵。
- random.randint(i, j, (m, n))：生成一个 *m×n* 的元素为 *i~j* 之间随机整数的矩阵。

【例 7-14】 分别使用 zeros、ones、full、eye 和 random 函数创建 2 行 2 列的数组。

```
import numpy as np
a = np.zeros((2,2))          # 创建一个 2 行 2 列的全零数组
print(a)                     # 运行结果为：[[ 0.  0.]
                             #              [ 0.  0.]]
b = np.ones((1,2))           # 创建一个 1 行 2 列的全 1 数组
print(b)                     # 运行结果为：[[ 1.  1.]]
c = np.full((2,2), 7)        # 创建一个 2 行 2 列元素全为 7 的数组
print(c)                     # 运行结果为：[[ 7.  7.]
                             #              [ 7.  7.]]
d = np.eye(2)                # 创建一个 2×2 的单位矩阵
print(d)                     # 运行结果为：[[ 1.  0.]
                             #              [ 0.  1.]]
e = np.random.random((2,2))  # 创建一个 2×2 的 0 到 1 之间随机值的数组
print(e)                     # 运行结果为：[[ 0.91940167   0.08143941]
                             #              [ 0.68744134   0.87236687]]
```

（2）数组索引

与 Python 列表类似，可以对 NumPy 数组进行切片。由于数组可能是多维的，因此必须为数组的每个维度指定一个切片。

【例 7-15】 创建一个 3×4 的数组，并输出和更新数组中的元素。

```
import numpy as np
a = np.array([[1,2,3,4], [5,6,7,8], [9,10,11,12]])   # 创建一个 3×4 的数组
a
#结果：
array([[ 1,   2,   3,   4],
       [ 5,   6,   7,   8],
       [ 9,   10, 11, 12]])
b = a[:2, 1:3]        #取数组中第 0,1 行，第 1,2 列的元素
b
#结果：
array([[2, 3],
       [6, 7]])
print(a[0, 1])        # 运行结果为：2
b[0, 0] = 77          #将 b[0, 0]的值更新为 77，同时 a[0, 1]元素的值也更新为 77
```

158

```
print(a[0, 1])      # 运行结果为：77
```

还可以将整数索引与切片索引混合使用。

```
import numpy as np
row_r1 = a[1, :]
row_r2 = a[1:2, :]
print(row_r1, row_r1.shape)   # 运行结果为：[5 6 7 8] (4,)
print(row_r2, row_r2.shape)   # 运行结果为：[[5 6 7 8]] (1, 4)

col_r1 = a[:, 1]
col_r2 = a[:, 1:2]
print(col_r1, col_r1.shape)   # 运行结果为：[ 2 6 10] (3,)
print(col_r2, col_r2.shape)   # 运行结果为：[[ 2]
                                            [ 6]
                                            [10]] (3, 1)
```

（3）整数数组索引

使用切片索引到 NumPy 数组时，生成的数组视图将始终是原始数组的子数组。相反，整数数组索引允许使用另一个数组中的数据构造任意数组。

【例 7-16】 创建 3×2 数组，并输出其中的元素。

```
import numpy as np
a = np.array([[1,2], [3, 4], [5, 6]])
print(a[[0, 1, 2], [0, 1, 0]])                # 运行结果为：[1 4 5]
print(np.array([a[0, 0], a[1, 1], a[2, 0]]))  # 运行结果为：[1 4 5]
print(a[[0, 0], [1, 1]])                      # 运行结果为：[2 2]
print(np.array([a[0, 1], a[0, 1]]))           # 运行结果为：[2 2]
```

关于整数数组索引的一个有用技巧是从矩阵的每一行中选择或改变一个元素。

【例 7-17】 创建一个 4×3 的数组 a 和一个 1×4 的数组 b，利用数组 b 读取数组 a 中的元素。

```
import numpy as np
a = np.array([[1,2,3], [4,5,6], [7,8,9], [10, 11, 12]])
print(a)   # 运行结果为：array([[ 1,  2,  3],
                                [ 4,  5,  6],
                                [ 7,  8,  9],
                                [10, 11, 12]])
b = np.array([0, 2, 0, 1])
print(a[np.arange(4), b])   # 运行结果为：[ 1  6  7  11]
a[np.arange(4), b] += 10
print(a)   # 运行结果为：array([[11,  2,  3],
                                [ 4,  5, 16],
                                [17,  8,  9],
                                [10, 21,  12]])
```

（4）布尔数组索引

布尔数组索引允许选择数组的任意元素，通常用来选择满足某些条件的数组元素。

【例 7-18】 创建一个 3×2 的数组，并输出大于 2 的元素。

```
import numpy as np
a = np.array([[1,2], [3, 4], [5, 6]])
print(a)
# 运行结果为：array([ [1, 2],
                     [3, 4],
                     [5, 6]])
bool_idx = (a > 2)
print(bool_idx)         # 运行结果为：[[False False]
                                    [ True True]
                                    [ True True]]
print(a[bool_idx])      # 运行结果为：[3 4 5 6]
print(a[a > 2])         # 获取数组 a 中元素大于 2 的元素；运行结果为：[3 4 5 6]
```

（5）数据类型

NumPy 提供了可用于构造数组的大量数值数据类型。NumPy 在创建数组时尝试猜测数据类型，但构造数组的函数通常还包含一个可选参数来显式指定数据类型。

```
import numpy as np
x = np.array([1, 2])
print(x.dtype)              # 运行结果为：int64
x = np.array([1.0, 2.0])
print(x.dtype)              # 运行结果为：float64
x = np.array([1, 2], dtype=np.int64)
print(x.dtype)              # 运行结果为：int64
```

（6）数组运算

数组运算实质是数组对应位置的元素进行运算，常见的是加、减、乘、除、开方运算等。

【例 7-19】 创建两个 2×2 的数组，实现并输出数组的加、减、乘、除、开方运算结果。

```
import numpy as np
x = np.array([[1,2],[3,4]], dtype=np.float64)
y = np.array([[5,6],[7,8]], dtype=np.float64)
print(x + y)    #使用 print(np.add(x, y))，输出结果相同
#运行结果为：[[ 6.  8.]
             [10. 12.]]
print(x - y)            #使用 print(np.subtract(x, y))，输出结果相同
print(x * y)            #使用 print(np.multiply(x, y))，输出结果相同
print(x / y)            #使用 print(np.divide(x, y))，输出结果相同
print(np.sqrt(x))       #输出结果：[[1.         1.41421356]
                                  [1.73205081 2.         ]]
```

注意：*是元素乘法，而不是矩阵乘法。使用 dot 函数可以计算向量的内积、矩阵的乘法和矩阵与向量的乘法。dot 既可以作为 NumPy 模块中的函数，也可以作为数组对象的实例方法。

NumPy 为数组运算提供了许多有用的函数，如求和函数 sum()。

```
import numpy as np
x = np.array([[1,2],[3,4]])
print(x)    # 运行结果为：[[1 2]
                         [3 4]]
```

```
print(np.sum(x))                # 对数组所有元素求和；运行结果为：10
print(np.sum(x, axis=0))        # 对数组的每列求和；运行结果为：[4 6]
print(np.sum(x, axis=1))        # 对数组的每行求和；运行结果为：[3 7]
print(x.T)    #矩阵的转置，运行结果为：[[1 3]
                                        [2 4]]
```

2．Pandas 简介

Pandas 是在 NumPy 基础上建立的程序库，可以看成是增强版的 NumPy 结构化数组。它提供了两种高效的数据结构，即 Series 和 DataFrame。DataFrame 本质上是一种带行标签和列标签、支持相同类型数据和缺失值的多维数组。Pandas 不仅为带各种标签的数据提供了便利的存储界面，还实现了许多强大的数据操作，尤其是它的 Series 和 DataFrame 对象，为数据处理过程中处理那些消耗大量时间的"数据清理"（Data Munging）任务提供了便利。

（1）使用数组创建 Series 对象

Pandas 的 Series 对象是一个带索引的一维数组，因此可以用一个数组创建 Series 对象。

如果数据是 ndarray，则传递的索引必须具有相同的长度。如果没有传递索引值，那么默认的索引将是 0, 1, 2, …, (n-1)，其中 n 是数组长度。

【例 7-20】 创建一个 Series，并更新 Series 的索引。

```
import pandas as pd
data = np.array(['a','b','c','d'])
s = pd.Series(data)
print(s)
```

运行结果为：

```
0      a
1      b
2      c
3      d
dtype: object
```

```
data = np.array(['a','b','c','d'])
s = pd.Series(data,index=[100,101,102,103])
print(s)
```

运行结果为：

```
100    a
101    b
102    c
103    d
dtype: object
```

```
s.index
```

运行结果为：

```
Int64Index([100, 101, 102, 103], dtype='int64')
```

（2）使用字典创建 Series 对象

字典可以作为输入传递，如果没有指定索引，则按排序顺序取得字典键以构造索引。如果传递了索引，索引中与标签对应的元素的值将被取出。

【例 7-21】 使用字典创建一个 Series，并更新 Series 的索引。

```
import pandas as pd
data = {'a' : 0., 'b' : 1., 'c' : 2.}
s = pd.Series(data)
print(s)
```

运行结果为：

```
a    0.0
b    1.0
c    2.0
dtype: float64
```

```
data = {'a' : 0., 'b' : 1., 'c' : 2.}
s = pd.Series(data, index=['b','c','d','a'])
print(s)
```

运行结果为：

```
b    1.0
c    2.0
d    NaN
a    0.0
dtype: float64
```

其中，NaN 是"Not a Number"的缩写，意思是"不是一个数字"，通常表示空值。

如果数据是标量值，则必须提供索引，将重复该值以匹配索引的长度。

【例 7-22】 使用常数创建一个 Series。

```
s = pd.Series(5, index=[0, 1, 2, 3])
print(s)
```

运行结果为：

```
0    5
1    5
2    5
3    5
dtype: int64
```

（3）访问 Series 对象

当访问 Series 对象时，Series 和数组的处理方式非常相似，只是 index 和数据会同时被操作。

【例 7-23】 创建一个 Series，并按要求读取 Series 中的元素。

```
s = pd.Series(range(5), index=['a', 'b', 'c', 'd', 'e'])
print(s)
```

运行结果为:

```
a    0
b    1
c    2
d    3
e    4
dtype: int64
```

s[1]   #运行结果为: 1
s[s > s.mean()]

运行结果为:

```
d    3
e    4
dtype: int64
```

s[[4, 3, 1]]

运行结果为:

```
e    4
d    3
b    1
dtype: int64
```

（4）创建 DataFrame 对象

如果将 Series 类比为带灵活索引的一维数组，那么 DataFrame 就可以看作是一种既有灵活的行索引，又有灵活列名的二维数组。就像把二维数组看成有序排列的一维数组一样，也可以把 DataFrame 看成有序排列的若干 Series 对象，这里的"排列"指的是它们拥有共同的索引。DataFrame 是二维数据结构，即数据以行和列的表格方式排列。

1）从列表（list）创建 DataFrame。

```
import pandas as pd
data = [1,2,3]
df = pd.DataFrame(data)    #使用列表创建 DataFrame
df
```

运行结果为:

```
     0
0    1
1    2
2    3
```

```
data = [['Alex', 10], ['Bob', 12], ['Clarke', 13]]
df = pd.DataFrame(data,columns=['Name', 'Age'])    #使用列表创建 DataFrame
df
```

运行结果为:

```
     Name   Age
0    Alex   10
1    Bob    12
2    Clarke 13
```

2）从字典创建 DataFrame，index 和列名都可以通过参数来选择。

```
d = {'one': pd.Series([1., 2., 3.], index=['a', 'b', 'c']),
     'two': pd.Series([1., 2., 3., 4.], index=['a', 'b', 'c', 'd'])}
pd.DataFrame(d)      #使用字典创建 DataFrame
```

运行结果为：

```
     one   two
a    1.0   1.0
b    2.0   2.0
c    3.0   3.0
d    NaN   4.0
pd.DataFrame(d, index=['d', 'b', 'a'])   #使用字典中的部分元素创建 DataFrame
```

运行结果为：

```
     one    two
d    NaN    4.0
b    2.0    2.0
a    1.0    1.0
```

pd.DataFrame(d, index=['d', 'b', 'a'], columns=['two', 'three']) #使用字典中的部分元素创建 DataFrame，其中 three 列的元素为空

运行结果为：

```
     two   three
d    4.0   NaN
b    2.0   NaN
a    1.0   NaN
```

3）从数组或者列表的字典创建 DataFrame

```
d = {'one': [1., 2., 3., 4.],
     'two': [4., 3., 2., 1.]}
pd.DataFrame(d)            #使用数组的字典创建 DataFrame
```

运行结果为：

```
     one   two
0    1.0   4.0
1    2.0   3.0
2    3.0   2.0
3    4.0   1.0
```

pd.DataFrame(d, index=['a', 'b', 'c', 'd'])   #使用数组的字典创建 DataFrame，并更新索引

运行结果为：

```
     one   two
a    1.0   4.0
b    2.0   3.0
c    3.0   2.0
d    4.0   1.0
```

从字典的列表创建 DataFrame，列表的一个元素代表了 DataFrame 的一行，字典的 key 会转换成 DataFrame 的列名

```
data = [{'a': 1, 'b': 2}, {'a': 5, 'b': 10, 'c': 20}]
pd.DataFrame(data)        #使用字典的列表创建 DataFrame
```

运行结果为：

```
    a    b    c
0   1    2    NaN
1   5    10   20.0
pd.DataFrame(data, index=['first', 'second'], columns=['a', 'b'])    #使用字典的列表部分元素创建 DataFrame
```

运行结果为：

```
         a    b
first    1    2
second   5    10
```

（5）数据取值和选择

1）列的选择、删除和增加

```
d = {'one' : pd.Series([1, 2, 3], index=['a', 'b', 'c']),
     'two' : pd.Series([1, 2, 3, 4], index=['a', 'b', 'c', 'd'])}
df = pd.DataFrame(d)                         #创建 DataFrame
df['three']=pd.Series([10,20,30],index=['a','b','d'])    #增加 DataFrame 的第三列
df
```

运行结果为：

```
     one   two   three
a    1.0   1     10.0
b    2.0   2     20.0
c    3.0   3     NaN
d    NaN   4     30.0
```

```
df['four']=df['one']+df['three']      #DataFrame 的 one 和 three 列相加组成 DataFrame 的第四列
df
```

运行结果为：

```
     one   two   three   four
a    1.0   1     10.0    11.0
b    2.0   2     20.0    22.0
c    3.0   3     NaN     NaN
d    NaN   4     30.0    NaN
```

```
del df['one']        #使用 del 命令删除列
df
```

运行结果为：

	two	three	four
a	1	10.0	11.0
b	2	20.0	22.0
c	3	NaN	NaN
d	4	30.0	NaN

```
In [39]: df.pop('two')    #使用 pop 函数弹出式删除：先输出要删除的列，然后删除该列
```

运行结果为：

```
a    1
b    2
c    3
d    4
Name: two, dtype: int64
```

```
df
```

运行结果为：

	Three	four
a	10.0	11.0
b	20.0	22.0
c	NaN	NaN
d	30.0	NaN

2）行的选择、添加和删除

在进行行的选择时，loc 传递索引（index）的值，iloc 传递行号。

```
In [49]:
d = {'one' : pd.Series([1, 2], index=['a', 'b']),
     'two' : pd.Series([1, 2, 3], index=['a', 'b', 'c'])}
df = pd.DataFrame(d)
print(df)
```

输出结果为：

	one	two
a	1.0	1
b	2.0	2
c	NaN	3

```
df.loc['b']         #  loc 传递索引的值
```

输出结果为：

```
one     2.0
```

two   2.0
Name: b, dtype: float64

```
df.iloc[1]            #  iloc 传递行号
```

输出结果为：

one   2.0
two   2.0
Name: b, dtype: float64

```
df[2:4]               #行切片
```

输出结果为：

          one   two
c   NaN   3

【例 7-24】 分别向 DataFrame 中添加和删除一行元素。

```
df2 = pd.DataFrame([[5, 6], [7, 8]], columns = ['one','two'])
df = df.append(df2)      #向 DataFrame 中添加一行元素
print(df)
```

输出结果为：

          one two
a   1.0   1
b   2.0   2
c   3.0   3
d   NaN 4
0   5.0   6
1   7.0   8

```
df = df.drop(0)          #使用 drop 函数按索引删除行，0 为索引值
print(df)
```

输出结果为：

          one   two
a   1.0   1
b   2.0   2
c   3.0   3
d   NaN 4
1   7.0   8

7.2 数据读写、选择、整理和描述

7.2.1 从 CSV 文件读取数据

Pandas 中的 read_csv 函数可以用来读取 CSV 文件，它的基本格式如下。

```
df = pd.read_csv('csv_path', delimiter=', ', encoding=' ', header=True)
```

其中：

- "csv_path" 表示要读取的 CSV 文件的路径。
- "delimiter=', '" 表示分隔方式。
- "encoding=' '" 表示文件的编码格式。
- "header" 表示是否读取列名，设置为 True 表示读取列名，设置为 None，则不读取列名。

【例 7-25】 读取当前目录下的 jobinfo.csv 文件。

```
data = pd.read_csv('jobinfo.csv', encoding='gbk')
```

7.2.2 写入数据到 CSV 文件

可以用 read_csv 函数将 DataFrame 中的数据写入 CSV 文件，它的基本格式如下。

```
df.to_csv('csv_path',columns=['value1', 'value2'], index=False，header=True)
```

其中：

- "csv_path" 表示要写入的 CSV 文件的路径。
- "columns=['value1', 'value2']" 表示需要写入 DataFrame 的列。
- "index=False" 表示将 DataFrame 保存成文件，并忽略索引信息（True 为默认值，保存索引信）。
- "header=True" 表示写入列名。

【例 7-26】 将 DataFrame 中的 one 列数据写入 user.csv 文件。

```
d = {'one' : pd.Series([1, 2], index=['a', 'b']),
     'two' : pd.Series([1, 2, 3], index=['a', 'b', 'c'])}
df = pd.DataFrame(d)
df.to_csv('user.csv',columns=['one'], index=True, header=True)
```

7.2.3 数据整理和描述

```
#创建一个 DataFrame
arr=np.array([[19, 58, 25, 77], [16, 26, 40, 42], [63, 11, 2, 87],
             [80, 33, 17, 88], [63, 36, 6, 20], [14, 87, 18, 74]])
df=pd.DataFrame(arr, index=range(6), columns=list('ABCD'))
print(df)
```

19　数据整理和
描述

输出结果为：

```
    A   B   C   D
0   19  58  25  77
1   16  26  40  42
2   63  11   2  87
3   80  33  17  88
4   63  36   6  20
5   14  87  18  74
```

（1）查看头尾的行数据

【例 7-27】 分别查看 DataFrame 的前 5 行和尾 3 行的数据。

```
print(df.head())        # 查看 DataFrame 的前 5 行数据
```

输出结果为：

```
    A   B   C   D
0  25  13  53   9
1  12  20   8  31
2  84  94  83  92
3  38  79  95  36
4  49  55  25  10
```

```
print(df.tail(3))        # 查看 DataFrame 的尾 3 行数据
```

输出结果为：

```
    A   B   C   D
3  80  33  17  88
4  63  36   6  20
5  14  87  18  74
```

（2）显示索引、列、底层的数据

```
df.index          # 显示 DataFrame 的索引
```

输出结果为：RangeIndex(start=0, stop=6, step=1)

```
df.columns        # 显示 DataFrame 的列名
```

输出结果为：Index(['A', 'B', 'C', 'D'], dtype='object')

```
df.values
```

输出结果为：array([[19, 58, 25, 77], [16, 26, 40, 42], [63, 11,   2, 87],
                [80, 33, 17, 88], [63, 36, 6, 20], [14, 87, 18, 74]])

（3）统计

1）查看 DataFrame 的行数与列数，其中 shape[0]表示行数，shape[1]表示列数。

```
df.shape     #输出结果为: (6, 4)
```

2）查看 DataFrame 的索引、数据类型及内存信息。

```
df.info()
```

输出结果为：

```
<class 'pandas.core.frame.DataFrame'>
RangeIndex: 6 entries, 0 to 5
Data columns (total 4 columns):
A      6 non-null int32
B      6 non-null int32
C      6 non-null int32
```

D   6 non-null int32
dtypes: int32(4)
memory usage: 176.0 bytes

3）统计每一列中非空数据的个数。

```
df.count()
```

输出结果为：

```
A    6
B    6
C    6
D    6
dtype: int64
```

4）统计某列中有多少个不同的类时用 nunique() 或者 len(set())，统计某列中每个类出现的次数用 value_counts() 函数。例如，统计数据 1, 2, 3, 3, 2, 3 中出现的不同数字用 nunique() 函数，统计数据 1, 2, 3, 3, 2, 3 中每个数字出现的次数则用 value_counts() 函数。

```
df.A.nunique()      #输出结果为: 5
len(set(df.A))      #输出结果为: 5
```

5）统计某列有哪些不同的类（使用 value_counts() 也可以显示，同时会显示各个类的个数）。

```
df.A.unique()       #输出结果为: array([19, 16, 63, 80, 14], dtype=int64)
```

6）统计某列是否有重复数据。

```
df.A.is_unique      #输出结果为: False
```

7）对于数据类型为数值型的列，查询其描述性统计的内容。

```
df. describe()
```

输出结果为：

	A	B	C	D
count	6.000000	6.000000	6.00000	6.000000
mean	42.500000	41.833333	18.00000	64.666667
std	29.371755	26.888039	13.66748	27.536642
min	14.000000	11.000000	2.00000	20.000000
25%	16.750000	27.750000	8.75000	50.000000
50%	41.000000	34.500000	17.50000	75.500000
75%	63.000000	52.500000	23.25000	84.500000
max	80.000000	87.000000	40.00000	88.000000

（4）转置

```
df.T
```

输出结果为：

	0	1	2	3	4	5
A	19	16	63	80	63	14

```
B   58   26   11   33   36   87
C   25   40   2   17   6   18
D   77   42   87   88   20   74
```

（5）按轴排序

df.sort_index(0)表示按索引序列排序，df.sort_index(1)表示按列名序列排序。

【例 7-28】 将 DataFrame 按列名降序排列。

```
print(df.sort_index(axis=1,ascending=False))
```

输出结果为：

```
    D    C    B    A
0   77   25   58   19
1   42   40   26   16
2   87   2    11   63
3   88   17   33   80
4   20   6    36   63
5   74   18   87   14
```

（6）按值排序

【例 7-29】 将 DataFrame 先按第三行和 B 列进行升序排序，再同时按 A 列和 B 列进行降序排序。

```
df.sort_values(by=2, axis=1)                #按行排序
```

输出结果为：

```
    C    B    A    D
0   25   58   19   77
1   40   26   16   42
2   2    11   63   87
3   17   33   80   88
4   6    36   63   20
5   18   87   14   74
```

```
df.sort_values(by='B')                      #按列排序
```

输出结果为：

```
    A    B    C    D
2   63   11   2    87
1   16   26   40   42
3   80   33   17   88
4   63   36   6    20
0   19   58   25   77
5   14   87   18   74
```

```
df.sort_values(['A','B'], ascending=False)    #按顺序将多列进行降序排列
```

输出结果为：

```
    A    B    C    D
```

```
3   80   33   17   88
4   63   36    6   20
2   63   11    2   87
0   19   58   25   77
1   16   26   40   42
5   14   87   18   74
```

7.3 数据分组、分割、合并和变形

7.3.1 数据分组

（1）GroupBy 对象

在数据处理的过程中经常需要对某些列或索引的局部进行累计分析，比如求平均值、最小值、最大值或求和等，这时就需要用到 groupby 函数。groupby 函数执行分割-应用-组合操作的过程如图 7-1 所示。其中，分割步骤是将 DataFrame 按照指定的键分割成若干组；应用步骤是对每个组应用累计、转换或过滤函数进行计算，图 7-1 中的"应用"是进行求和计算；组合步骤是将每一组的结果进行合并输出。

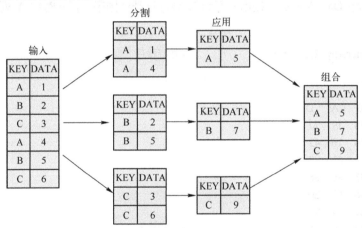

图 7-1 演示 groupby 函数的过程

从图 7-1 可以看出，GroupBy 对象是一种非常灵活的抽象类型。在大多数场景中可以将它看成 DataFrame 的集合。

【例 7-30】将 DataFrame 同时按 key1 列和 key2 列进行分组求均值。

```
# 创建一个 DataFrame
dict = {'key1' : ['a', 'b', 'a', 'b', 'a', 'b', 'a', 'a'],
            'key2' : ['one', 'one', 'two', 'three','two', 'two', 'one', 'three'],
            'data1': np.random.randint(1,8,8),
            'data2': np.random.randint(1,8,8)}
df = pd.DataFrame(dict);    print(df)
```

输出结果为：

```
        key1    key2    data1   data2
```

0	a	one	2	1
1	b	one	6	1
2	a	two	4	2
3	b	three	7	2
4	a	two	2	5
5	b	two	4	6
6	a	one	3	3
7	a	three	2	2

```
# 对多列进行分组求均值
print(df.groupby(['key1', 'key2']).mean())
```

输出结果为:

		data1	data2
key1	key2		
a	one	2	2
	three	1	1
	two	2	2
b	one	1	1
	three	1	1
	two	1	1

```
# 按数据类型分组
print(df.groupby(df.dtypes, axis=1).size())
```

输出结果为:

```
int32      2
object     2
dtype: int64
```

（2）累计操作

目前比较常用的 GroupBy 统计方法都是 sum()、mean()和 median()之类的简单函数，其实 aggregate()可以支持更复杂的操作，比如字符串、函数或者函数列表，并且能一次性计算所有累计值。

【例 7-31】 将 DataFrame 按 key1 列分组求最小值、中间值和最大值。

```
df.groupby('key1').aggregate(['min', np.median, max])
```

输出结果为:

	data1			data2		
	min	median	max	min	median	max
key1						
a	2	2	4	1	2	5
b	4	6	7	1	2	6

另一种用法就是通过 Python 的字典形式指定不同列需要累计的函数。

```
df.groupby('key1').aggregate({'data1': 'min', 'data2': 'max'})
```

输出结果为：

```
        data1   data2
key1
a         2       5
b         4       6
```

（3）过滤操作

过滤操作可以按照分组的属性丢弃若干数据，filter()函数会返回一个布尔值，表示过滤满足条件的元素。

【例 7-32】 将 DataFrame 按 key2 列分组，然后过滤掉 key2 列长度小于 3 的元素所在的行。

```
df.groupby('key2').filter(lambda x: len(x)==2)
```

输出结果为：

```
    key1   key2    data1   data2
3    b    three      7       2
7    a    three      2       2
```

（4）转换操作

累计操作返回的是对组内全量数据缩减过的结果，而转换操作会返回一个新的全量数据。数据经过转换之后，其形状与原来的输入数据是一样的。

【例 7-33】 将 DataFrame 按 key1 列分组求均值，然后把这个均值赋值给整个组。

```
df.groupby('key1').transform(np.mean)
```

输出结果为：

```
      data1       data2
0    2.600000      2.6
1    5.666667      3.0
2    2.600000      2.6
3    5.666667      3.0
4    2.600000      2.6
5    5.666667      3.0
6    2.600000      2.6
7    2.600000      2.6
```

（5）apply()方法

apply()方法可以在每个组上应用任意方法。这个函数的输入为一个 DataFrame，返回一个 Pandas 对象或一个标量。

【例 7-34】 将 DataFrame 按 key1 列分组求最小值和均值，然后求其和。

```
df.groupby('key1').min()
```

输出结果为：

```
       key2   data1   data2
key1
a      one      2       1
b      one      4       1
```

174

```
df.groupby('key1').mean()
```

输出结果为：

```
         data1    data2
key1
a        2.600000  2.6
b        5.666667  3.0
```

```
df.groupby('key1').apply(lambda x: x.mean()+x.min())
```

输出结果为：

```
         data1    data2  key1  key2
key1
a        4.600000  3.6   NaN   NaN
b        9.666667  4.0   NaN   NaN
```

7.3.2 数据分割

数据分割实质是对数据进行分段或者分箱切割，经常用于连续变量的特征处理。如图 7-2 所示，对 DataFrame 进行数据分割，选择 DataFrame 的第 1～3 行，只保留'a'和'c'两列，最后结果如图 7-2 右图所示。

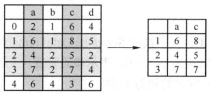

图 7-2 演示数据分割的过程

【例 7-35】 访问 DataFrame 中第 3、4 行 key1、data1 列的元素。

```
df1 = df[3:5][['key1', 'data1']]
print(df1)
```

输出结果为：

```
    key1   data1
3    b      7
4    a      2
```

7.3.3 数据合并

1. NumPy 数组的合并

NumPy 数组的合并是通过 np.concatenate 函数完成的，其用法如下。

```
np.concatenate((a1, a2, ...), axis=0)
```

其中第一个参数（a1, a2, ...）为需要合并的数组列表或元组，axis 参数为合并的坐标轴方向，默认是 axis=0，表示按照垂直（上下）方向进行拼接，axis=1 表示按照水平（左右）方向进行拼接；axis=None 表示按数组元素进行平铺。用这个函数可以将两个或两个以上的数组合并为一个数组。

【例 7-36】 利用 np.concatenate 函数将三个列表合并为一个数组。

```
import pandas as pd
import numpy as np
a = np.array([[1, 2], [3, 4]])
b = np.array([[5, 6]])
np.concatenate((a, b), axis=0)
输出结果为:array([[1, 2],
[3, 4],
 [5, 6]])
    np.concatenate((a, b.T), axis=1)
输出结果为:array([[1, 2, 5],
                       [3, 4, 6]])
np.concatenate((a, b), axis=None)
输出结果为:array([1, 2, 3, 4, 5, 6])
```

2. Series 的合并

Pandas 中的 concat()函数与 np.concatenate 方法类似，但是参数更多，功能也更强大，其语法如下。

```
pd.concat(objs, axis=0, join='outer', join_axes=None, …)
```

其中：

- objs 表示需要合并的对象，如一维的 Series 或 DataFrame 对象。
- axis 表示合并的方向，默认为 axis = 0，表示按照垂直（上下）方向进行合并，axis = 1，表示按照水平（左右）方向的进行合并。
- join 表示连接的方式为'inner'或者'outer'。
- join_axes 表示根据指定的索引对齐数据。

pd.concat()可以简单地合并一维的 Series 或 DataFrame 对象，与 np.concatenate()合并数组是一样的，两者主要的区别就是 pd.concat 在合并时会保留索引。

【例 7-37】 将两个 Series 分别按行和列合并。

```
import pandas as pd
ser1 = pd.Series(['A', 'B', 'C'], index=[1, 2, 3])
ser2 = pd.Series(['D', 'E', 'F'], index=[3, 4, 5])
pd.concat([ser1, ser2])   # 参数 axis 默认为 0，按垂直方向合并
```

输出结果为：

```
1    A
2    B
3    C
3    D
4    E
5    F
dtype: object
```

```
pd.concat([ser1, ser2], axis=1)    # 参数 axis=为 1，按水平方向合并
```

输出结果为：

```
      0      1
1     A    NaN
2     B    NaN
3     C    D
4   NaN    E
5   NaN    F
```

3. DataFrame 的合并

merge()函数可以实现数据框的合并，其用法如下：

```
pd.merge(left, right, how='inner', on=None, left_on=None, right_on=None,
         left_index=False, right_index=False, …)
```

其中：

- left 表示合并的左侧 DataFrame 对象。
- right 表示合并的右侧 DataFrame 对象。
- on 表示按指定的列或索引合并。
- left_on 表示左侧 DataFrame 中指定的列或索引。
- right_on 表示右侧 DataFrame 中指定的列或索引。
- 如果 left_index 为 True，表示使用左侧 DataFrame 中的索引进行合并。
- 如果 right_index 为 True，表示使用右侧 DataFrame 中的索引进行合并。

【例 7-38】 将两个 DataFrame 按照相同的列进行合并。

```
import pandas as pd
df1 = pd.DataFrame({'name': ['Li', 'Han', 'Zhao', 'Su'],
                    'job': ['Teacher', 'Worker', 'Doctor', 'Boss']})
df2 = pd.DataFrame({'name': ['Li', 'Han', 'Pu', 'Chen'],
                    'date': [2004, 2008, 2012, 2014]})
print(df1);    print(df2)
```

输出结果为：

```
    name      job
0    Li   Teacher
1   Han    Worker
2  Zhao    Doctor
3    Su      Boss
    name   date
0    Li   2004
1   Han   2008
2    Pu   2012
3  Chen   2014
```

```
df3 = pd.merge(df1, df2)    #合并 df1 和 df2 数据框
```

df3

输出结果为:

	name	job	date
0	Li	Teacher	2004
1	Han	Worker	2008

1）用参数 on 指定列名。

```
pd.merge(df1, df2, on='name')    #按 name 列合并 df1 和 df2
```

输出结果为:

	name	job	date
0	Li	Teacher	2004
1	Han	Worker	2008

2）用 left_on 和 right_on 参数来指定列名。

```
df3 = pd.DataFrame({'NO': ['Li', 'Han', 'Zhao', 'Su'],
                    'Salary': [70000, 80000, 120000, 90000]})
df3
```

输出结果为:

	NO	Salary
0	Li	70000
1	Han	80000
2	Zhao	120000
3	Su	90000

```
pd.merge(df1, df3, left_on="name", right_on="NO")    #按 df1 的 name 列和 df3 的 NO 列合并 df1 和 df3
```

输出结果为:

	name	job	NO	Salary
0	Li	Teacher	Li	70000
1	Han	Worker	Han	80000
2	Zhao	Doctor	Zhao	120000
3	Su	Boss	Su	90000

3）用 left_index 与 right_index 参数合并索引。

```
df1a = df1.set_index('name');    df2a = df2.set_index('name')
df1a
```

输出结果为:

	job
name	
Li	Teacher
Han	Worker
Zhao	Doctor
Su	Boss

```
df2a
```

输出结果为:

```
        date
name
Li      2004
Han     2008
Pu      2012
Chen    2014
```

```
df4=pd.merge(df1a, df2a, left_index=True, right_index=True)    #将 df1a 和 df2a 按索引进行合并
df4
```

输出结果为:

```
            job    date
name
Li      Teacher    2004
Han     Worker     2008
```

4）还可以使用 join()函数方法按照索引进行数据合并。

```
df1a.join(df2a)
```

输出结果为:

```
            job        date
name
Li      Teacher    2004.0
Han     Worker     2008.0
Zhao    Doctor     NaN
Su      Boss       NaN
```

7.3.4 数据变形

数据变形常用函数有 stack() 和 unstack()，其中 stack 是堆叠的意思，stack() 函数的作用是将列旋转到行，返回的是 Series；unstack()为 stack() 的反操作，即将行旋转到列，返回的是 DataFrame。

【例 7-39】 分别使用 stack()和 unstack()函数对 DataFrame 进行变形操作。

```
import pandas as pd
df = pd.DataFrame({'水果':['苹果','梨子','草莓'],  '数量':[3,4,5],  '价格':[4,5,6]})
print(df)
```

输出结果为:

```
    水果  数量  价格
0   苹果   3    4
1   梨子   4    5
2   草莓   5    6
```

```
stack_df = df.stack()          #把列转化为行
print(stack_df)
```

输出结果为：

```
0    水果    苹果
     数量    3
     价格    4
1    水果    梨子
     数量    4
     价格    5
2    水果    草莓
     数量    5
     价格    6
dtype: object
type(stack_df)                 #输出结果为：pandas.core.series.Series

print(stack_df.unstack())      #将行旋转到列
```

输出结果为：

```
     水果  数量  价格
0    苹果   3    4
1    梨子   4    5
2    草莓   5    6
type(stack_df.unstack())       #输出结果为：pandas.core.frame.DataFrame
```

7.4 缺失值、异常值和重复值处理

21 缺失值处理

7.4.1 缺失值处理

Pandas 的缺失值主要有三种形式：null、NaN 或 NA。Pandas 用标签方法表示缺失值，包括两种 Python 原有的缺失值：浮点数据类型的 NaN 值和 Python 的 None 对象。

1．None 表示 Python 中 object 对象类型的缺失值

Pandas 第一种表示缺失值的方法是用 None。由于 None 是一个 Python 对象，因此它只能用于 object 类型数组（即由 Python 对象构成的数组）。

```
import numpy as np
import pandas as pd
test1 = np.array([1, None, 3, 4])
test1                  #输出结果为: array([1, None, 3, 4], dtype=object)
```

2．NaN 表示数值类型的缺失值

Pandas 另一种表示缺失值的方法是用 NaN（全称 Not a Number，不是一个数字），它是在任何系统中都兼容的**特殊浮点数**。

```
test2 = np.array([1, np.nan, 3, 4])
test2.dtype            #输出结果为: dtype('float64')
```

注意：NumPy 会把这个数组转换为浮点类型，这和之前的 object 类型数组不同。无论和 NaN 进行何种操作，最终结果都是 NaN。

```
1 + np.nan          #输出结果为: nan
0 *np.nan           #输出结果为: nan
```

注意，NaN 是一种特殊的浮点数，不是整数、字符串或其他数据类型。

3．NaN 与 None 的差异

虽然 NaN 与 None 各有各的用处，但在适当的时候两者可互换。

```
pd.Series([1, np.nan, None])          #此处是将 None 替换为 NaN
```

输出结果为：

```
0      1.0
1      NaN
2      NaN
dtype: float64
```

Pandas 会将没有标签值的数据类型自动转换为 NA。例如，当将整型数组中的一个值设置为 np.nan 时，这个值就会强制转换成浮点数缺失值 NA。

```
x = pd.Series([0,1], dtype=int)
x
```

输出结果为：

```
0      0
1      1
dtype: int32
```

```
x[0] = None
```

输出结果为：

```
x
0      NaN
1      1.0
dtype: float64
```

除了将整型数组的缺失值强制转换为浮点数，Pandas 还会自动将 None 转换为 NaN，它们是可以等价交换的。

4．缺失值的处理方法

Pandas 提供了一些方法来发现、剔除、替换数据结构中的缺失值，主要包括以下几种。

（1）isnull()：判断是否为缺失值

【例 7-40】 查看每一列中有多少缺失值。

```
# 创建数据框
import numpy as np
import pandas as pd
arr = np.array([[19, 58, 25, 77, 1], [16, 26, 40, 42, np.NaN], [63, 11, np.NaN, 87, np.NaN],
```

```
[80, 33, 17, np.NaN, np.NaN], [63, 36,    6, 20, np.NaN], [14, 87, 18, 74, 65]])
df = pd.DataFrame (arr, index=range(6), columns=list('ABCDE'))
print(df)
```

输出结果为:

```
      A     B     C     D     E
0  19.0  58.0  25.0  77.0   1.0
1  16.0  26.0  40.0  42.0   NaN
2  63.0  11.0   NaN  87.0   NaN
3  80.0  33.0  17.0   NaN   NaN
4  63.0  36.0   6.0  20.0   NaN
5  14.0  87.0  18.0  74.0  65.0
```

```
df.isnull().sum()
```

输出结果为:

```
A    0
B    0
C    1
D    1
E    4
dtype: int64
```

（2）drop()：通过删除列的方法处理缺失值

【例 7-41】 删除 DataFrame 中包含缺失值的 C、D 和 E 列

```
df.drop(df.columns[2:5], axis=1, inplace=True)   ##根据列名删除列，如果填充后需要更新 DataFrame，
须将 inplace 参数设置为 True
##  df.drop(['C', 'D', 'E'], axis=1, inplace=True)      ##根据列名删除列，结果相同
df
```

输出结果为:

```
      A     B
0  19.0  58.0
1  16.0  26.0
2  63.0  11.0
3  80.0  33.0
4  63.0  36.0
5  14.0  87.0
```

（3）dropna()：移除 DataFrame 中含有缺失值的行或列

【例 7-42】 分别移除 df 中含有缺失值的行和列

```
#移除 DataFrame 中含有缺失值的行
df.dropna(axis=0)    ## axis 参数默认为 0，dropna()函数默认不会更新 DataFrame，如果需要更新
DataFrame，要将 inplace 参数设置为 True
```

输出结果为:

```
      A     B     C     D     E
```

```
0  19.0  58.0  25.0  77.0  1.0
5  14.0  87.0  18.0  74.0  65.0
```

df.dropna(how='all')　　#删除所有元素均为空值的行

#移除 DataFrame 中含有缺失值的列
df.dropna(axis=1)　　##将 axis 参数设置为 1

输出结果为：

```
      A     B
0  19.0  58.0
1  16.0  26.0
2  63.0  11.0
3  80.0  33.0
4  63.0  36.0
5  14.0  87.0
```

（4）fillna()：对缺失值进行填充

【例 7-43】 分别用常数 5、列的均值、forward-fill 和 back-fill 方法对 DataFrame 中的缺失值进行填充。

　　df.fillna(value=5)　　#将所有 NaN 缺失值替换为固定值

输出结果为：

```
      A     B     C     D     E
0  19.0  58.0  25.0  77.0   1.0
1  16.0  26.0  40.0  42.0   5.0
2  63.0  11.0   5.0  87.0   5.0
3  80.0  33.0  17.0   5.0   5.0
4  63.0  36.0   6.0  20.0   5.0
5  14.0  87.0  18.0  74.0  65.0
```

　　df.fillna(method='ffill')　　#用缺失值前面的有效值来从前往后填充(forward-fill)

输出结果为：

```
      A     B     C     D     E
0  19.0  58.0  25.0  77.0   1.0
1  16.0  26.0  40.0  42.0   1.0
2  63.0  11.0  40.0  87.0   1.0
3  80.0  33.0  17.0  87.0   1.0
4  63.0  36.0   6.0  20.0   1.0
5  14.0  87.0  18.0  74.0  65.0
```

　　df.fillna(method='bfill')　　#用缺失值后面的有效值来从后往前填充(back-fill)

输出结果为：

```
      A     B     C     D     E
0  19.0  58.0  25.0  77.0   1.0
```

```
1    16.0   26.0   40.0   42.0   65.0
2    63.0   11.0   17.0   87.0   65.0
3    80.0   33.0   17.0   20.0   65.0
4    63.0   36.0    6.0   20.0   65.0
5    14.0   87.0   18.0   74.0   65.0
```

df.fillna(df.mean())　#将所有 NaN 缺失值替换为所在列的平均值

输出结果为：

```
      A      B      C      D      E
0    19.0   58.0   25.0   77.0    1.0
1    16.0   26.0   40.0   42.0   33.0
2    63.0   11.0   21.2   87.0   33.0
3    80.0   33.0   17.0   60.0   33.0
4    63.0   36.0    6.0   20.0   33.0
5    14.0   87.0   18.0   74.0   65.0
```

（5）对数据进行布尔填充

【例 7-44】　用布尔方法对 DataFrame 中的缺失值进行填充。

pd.isnull(df)

输出结果为：

```
      A       B       C       D       E
0   False   False   False   False   False
1   False   False   False   False   True
2   False   False   True    False   True
3   False   False   False   True    True
4   False   False   False   False   True
5   False   False   False   False   False
```

7.4.2　异常值检测和过滤

1. 根据 3σ 原则检测异常值

如果数据服从正态分布，在 3σ 原则下，观测值与平均值的差值超过 3 倍标准差，那么可以将其视为异常值。这是因为在距离平均值 3σ 之内的范围出现的概率是 99.7%，那么在距离平均值 3σ 之外的范围出现的概率为 $P(|x-\mu| > 3\sigma) \leqslant 0.003$，属于小概率事件。如果数据不服从正态分布，则可以用远离平均值的多少倍标准差来描述。

【例 7-45】　利用 3σ 原则根据 df 中的 A 列过滤异常值。

df[np.abs(df.A-df.A.mean())>(3*df. A.std())]　　#使用 3σ 原则检测出的异常值
df[np.abs(df.A-df.A.mean())<=(3*df. A.std())]　　#使用 3σ 原则过滤异常值后的 df

2. 根据箱形图检测异常值

另外一种经典的检测数据异常值的方法是箱形图法，也称 Tukey 法。箱形图又称为盒形图、盒式图或箱线图，是一种用来显示一组数据分散情况的统计图，因形状如箱子而得名。该方法先计算出数据集的下四位数（Q_1）和上四分位数（Q_3），用 Q_3 减去 Q_1 计算出四分位数间距（IQR），然后将小于 Q_1-1.5×IQR 或者大于 Q_3+1.5×IQR 的数据点当作异常值。可以借助这种方法检测 DataFrame 中的异常值。

【例 7-46】 利用箱形图根据 df 中的 A 列过滤异常值。

```
def filter_outlier(df, col_name):          # col_name 通常要加引号，比如'A'
    q1 = df[col_name].quantile(0.25)
    q3 = df[col_name].quantile(0.75)
    iqr = q3-q1
    fence_low = q1-1.5*iqr
    fence_high = q3+1.5*iqr
    df_out = df.loc[(df[col_name] > fence_low) & (df[col_name] < fence_high)]
    return df_out
filter_outlier(df, 'A')        #根据 df 中的 A 列使用箱形图过滤异常值后的 DataFrame
```

7.4.3 移除重复数据

duplicated() 函数用于判断 DataFrame 中的重复数据，drop_duplicates() 函数用于删除 DataFrame 中的重复数据，它们的用法如下。

```
duplicated(self, subset=None, keep='first')
drop_duplicates(self, subset=None, keep='first', inplace=False)
```

其中：

- subset 参数用于指定的列，当 subset=None 时，表示默认为所有列。
- keep 参数可以取值'first'、'last'或 False，'first'表示删除重复数据并保留第一次出现的数据，'last'表示删除重复数据并保留最后一次出现的数据，False 表示将所有重复数据标记为 True。
- inplace 参数用于指定是在原来的 DataFrame 上修改还是保留一个副本。当 inplace=True 时，表示在原来的 DataFrame 上删除重复项；当 inplace=False 时，表示生成一个 DataFrame 的副本。

【例 7-47】 判断和删除数据框中的重复数据。

```
data=pd.DataFrame({'A':[1, 1, 2],'B':['b', 'a', 'b']})
data.duplicated('A')          #判断重复值
```

输出结果为：

```
0      False
1      True
2      False
dtype: bool
```

```
data.drop_duplicates('A')     # 按 A 列删除重复数据
```

输出结果为：

```
   A  B
0  1  b
2  2  b
```

```
data.drop_duplicates('A', keep=False)    #按 A 列将重复数据全都删除
```

输出结果为：

```
  A  B
2 2  b
```

data.drop_duplicates('B', keep='last') #按 B 列删除重复数据, 保留最后一次出现的数据

输出结果为：

```
  A  B
1 1  a
2 2  b
```

7.5 时间序列处理

Pandas 拥有功能强大的日期、时间和带时间索引数据的处理工具。本节介绍的日期与时间数据主要包含以下三类。

1）时间点：表示某个具体的时刻。

2）时间段与周期：时间段表示开始时间点与结束时间点之间的时间长度。周期通常是指一种特殊形式的时间间隔，每个间隔长度相同，彼此之间不会重叠。

3）时间增量（Time Delta）或持续时间（Duration）：表示精确的时间长度，例如某程序运行持续时间为 22.56 s。

7.5.1 Python 的日期与时间工具

1. Python 的日期与时间工具

Python 的标准库 datetime 和第三方库 dateutil 模块搭配使用，可以快速处理许多日期与时间数据。

【例 7-48】 输出 2019 年 8 月 8 日为星期几。

```
from datetime import datetime
date=datetime(year=2019, month=8, day=18)  #用 datetime 类型创建一个日期
date                       # 输出结果为: datetime.datetime(2019, 8, 18, 0, 0)
date.strftime('%A')        # 输出结果为: 'Sunday'
```

（1）时间类型数组：NumPy 的 datetime64 类型

NumPy 的 datetime64 类型将日期编码为 64 位整数，这样可以让日期数组非常紧凑（以节省内存）。注意 datetime64 需要在设置日期时确定具体的类型。

【例 7-49】 输出 2019 年 7 月 4 日接下来两天的日期，包括当天。

```
import numpy as np
date = np.array('2019-07-04', dtype=np.datetime64)
date
```

输出结果为：

```
array(datetime.date(2019, 7, 4), dtype='datetime64[D]')
date + np.arange(3)   ## 输出 date 接下来三天的日期, 不包括第三天
```

输出结果为：

```
array(['2019-07-04', '2019-07-05', '2019-07-06'], dtype='datetime64[D]')
```

（2）Pandas 的日期与时间工具

Pandas 通过一组 Timestamp 对象就可以创建一个可以作为 Series 或 DataFrame 索引的 DatetimeIndex。

【例 7-50】 利用 Pandas 获取某一天是星期几。

```
import pandas as pd
date = pd.to_datetime("4th of July, 2019")
date
```

输出结果为：

```
Timestamp('2019-07-04 00:00:00')
date.strftime('%A')
```

输出结果为：

```
'Thursday'
```

另外，也可以直接进行 NumPy 类型的向量化运算。

```
date + pd.to_timedelta(np.arange(3), 'D')
##DatetimeIndex(['2019-07-04', '2019-07-05', '2019-07-06'], dtype='datetime64[ns]',  freq=None)
```

（3）Pandas 时间序列：用时间作索引

Pandas 时间序列工具非常适合用来处理带时间点的索引数据。

【例 7-51】 通过一个时间索引数据创建一个 Series 对象。

```
index = pd.DatetimeIndex(['2018-07-04', '2018-08-04', '2019-07-04'])
data = pd.Series([0, 1, 2], index=index)
data
```

输出结果为：

```
2018-07-04    0
2018-08-04    1
2019-07-04    2
dtype: int64
data['2018-07-04': '2019-07-04']
```

输出结果为：

```
2018-07-04    0
2018-08-04    1
2019-07-04    2
dtype: int64
data['2019']
```

输出结果为：

```
2019-07-04    2
dtype: int64
```

7.5.2　Pandas 时间序列数据结构

Pandas 用来处理时间序列的基础数据类型如下。

1）针对时间点数据，Pandas 提供了 Timestamp 类型，对应的索引数据结构是 DatetimeIndex。

2）针对时间周期数据，Pandas 提供了 Period 类型，对应的索引数据结构是 PeriodIndex。

3）针对时间增量或持续时间，Pandas 提供了 Timedelta 类型，对应的索引数据结构是 TimedeltaIndex。

Timestamp 和 DatetimeIndex 是 Pandas 中最基础的两个日期和时间对象。利用 to_datetime() 函数可以将许多日期与时间数据转换为相应格式的日期和时间类型数据。对 pd.to_datetime()传递一个日期会返回一个 Timestamp 类型，传递一个时间序列会返回一个 DatetimeIndex 类型。

> dates = pd.to_datetime([datetime(2019, 7, 3), '4th of July, 2019', '07-07-2019', '20190708'])
> dates

输出结果为：

> DatetimeIndex(['2019-07-03', '2019-07-04', '2019-07-07', '2019-07-08'], dtype='datetime64
> [ns]', freq=None)

任何 DatetimeIndex 类型都可以通过 to_period()方法和一个频率代码转换成 PeriodIndex 类型。

【例 7-52】 用'D'将数据转换成单日的时间序列。

> dates.to_period('D')

输出结果为：

> PeriodIndex(['2019-07-03', '2019-07-04', '2019-07-07', '2019-07-08'], dtype='period[D]', freq='D')

当用一个日期减去另一个日期时，返回的结果是 TimedeltaIndex 类型。

> dates - dates[0]

输出结果为：

> TimedeltaIndex(['0 days', '1 days', '4 days', '5 days'], dtype='timedelta64[ns]', freq=None)

pd.date_range()可以处理时间点数据，pd.period_range()可以处理周期数据，pd.timedelta_range() 可以处理时间段数据。

pd.date_range()可以通过开始日期、结束日期和频率代码，创建一个有规律的日期序列，默认的频率是天。

> pd.date_range('2019-07-03', '2019-07-07')

输出结果为：

> DatetimeIndex(['2019-07-03', '2019-07-04', '2019-07-05', '2019-07-06',
>   '2019-07-07'],dtype='datetime64[ns]', freq='D'))

此外，日期范围不一定是开始时间与结束时间，也可以是开始时间与周期数 periods。

```
pd.date_range('2019-07-03', periods=5)
```

输出结果为：

```
DatetimeIndex(['2019-07-03', '2019-07-04', '2019-07-05', '2019-07-06',
               '2019-07-07'], dtype='datetime64[ns]', freq='D')
```

7.6 字符串处理

Python 的一个优势就体现在字符串处理起来比较容易。在此基础上创建的 Pandas 同样提供了一系列向量化字符串操作（Vectorized String Operation），它们在数据处理和清洗过程中使用起来十分便利。

7.6.1 Python 字符串方法列表

Python 内置的几乎所有字符串方法都可以被复制到 Pandas 的向量化字符串方法中。表 7-1 列举了常见的 Pandas 字符串函数及其功能。

表 7-1 Pandas 的字符串函数及其功能

函数	功能	函数	功能
upper()	全部大写	split()	按指定字符分割字符串
lower()	全部小写	startswith()	是否以指定字符开头
swapcase()	大小写互换	endswith()	是否以指定字符结尾
capitalize()	首字母大写，其余小写	isalnum()	是否全为字母或数字
title()	首字母大写	isalpha()	是否全字母
ljust()	返回指定长度的字符串，左对齐，右边不够用空格补齐	isdigit()	是否全数字
rjust()	返回指定长度的字符串，右对齐，左边不够用空格补齐	islower()	是否全小写
center()	返回指定长度的字符串，中间对齐，两边不够用空格补齐	isupper()	是否全大写
zfill()	返回指定长度的字符串，右对齐，左边不足用 0 补齐	istitle()	判断首字母是否为大写
find()	搜索指定字符串，没有则返回-1	isspace()	判断字符是否为空格
index()	搜索指定字符串，没有则会报错	bin()	十进制数转八进制
rfind()	从右边开始查找	hex()	十进制数转十六进制
count()	统计指定的字符串出现的次数	range()	生成一个整数序列
strip()	去两边空格	type()	查看数据类型
lstrip()	去左边空格	len()	计算字符串长度
rstrip()	去右边空格	format()	格式化字符串

【例 7-53】　搜索子串是否在字符串中。

```
str = 'hello world'
print( str.find('wo') )      #搜索'wo'是否在字符串 str 中，如果在就返回位置，输出结果为 6
```

```
print( str.find('wc') )     #搜索'wc'是否在字符串 str 中，不在就返回-1，输出结果为-1
print(str.split(' '))       #用空格分割字符串，此处返回的是包含两个字符串'hello'和'world'的列表，列
表元素用逗号间隔，
```

输出结果为：['hello', 'world']

7.6.2　Python 正则表达式

正则表达式是使用特定规则来描述、匹配一系列符合某个语法规则的字符串，它告诉程序从字符串中搜索特定的文本，然后返回相应的结果。表 7-2 列出了 Python 中常见的正则表达式匹配规则。

表 7-2　Python 中常见的正则表达式匹配规则

模式	描述	模式	描述
^	匹配字符串的开头	\W	匹配非字母、数字及下画线
$	匹配字符串的末尾	\s	匹配任意空白字符，等价于[\t\n\r\f]
.	匹配任意字符，换行符除外	\S	匹配任意非空白字符
*	匹配前一个字符 0 次或者多次	\d	匹配任意数字，等价于[0-9]
+	匹配前一个字符 1 次或者多次	\D	匹配任意非数字，等价于[^0-9]
[…]	匹配[ ]字符中的任意一个字符	\A	匹配字符串开始
[^…]	除[ ]中的字符外其他字符都能匹配	\Z	匹配字符串结束，如果存在换行，只匹配到换行前的结束字符串
[a-z]	任意小写字母之一	\z	匹配字符串结束
[A-Z]	任意大写字母之一	\G	匹配最后匹配完成的位置
?	匹配 0 个或 1 个由前面正则表达式定义的片段，非贪婪方式.	\b	匹配一个单词边界。例如，'er\b' 可以匹配 "never" 中的'er'，但不能匹配 'verb' 中的'er'
{m}	匹配前一个字符 m 次	\B	匹配非单词边界。'er\B' 能匹配 'verb' 中的 'er'，但不能匹配 "never" 中的'er'
{m,n}	匹配前一个字符 m~n 次	\	\表示转义字符，\n 表示换行符，表示\t 制表符
(…)	匹配括号内的表达式，也表示一个组	[0-9]	匹配 0~9 中的任意一个数字
\w	匹配任意字母、数字及下画线	[\u4e00-\u9fa5]	匹配任意一个汉字

正则表达式常见用法如下。

- 'runboo+b'：可以匹配 runboob、runbooooob，+代表前面的字符出现一次或多次。
- 'runboo*b'：可以匹配 runbob、runboob、runbooob，*代表前面的字符出现 0 次或多次。
- 'colou?r'：可以匹配 color 或者 colour，?代表前面的字符最多可以出现 0 次或 1 次。
- 'm[abc]n'：可以匹配 man、mbn 或 mcn，字符串 m 与 n 的中间有'a'或'b'或'c'就匹配成功。
- '^abc'：字符串由'abc'开头就匹配成功。
- '[^abc]'：匹配 a、b、c 之外的字符。如果某个字符串是由'a'、'b'、'c'组合起来的，匹配结果就为假。

7.6.3　Pandas 的字符串方法

Pandas 中有一些支持正则表达式的方法可以用来处理每个字符串元素。表 7-3 列出了 Pandas 中的字符串处理函数。

表 7-3 Pandas 中的字符串处理函数

方法	描述	方法	描述
match()	对每个元素调用 re.match()，返回布尔类型值	slice()	对元素进行切片取值
extract()	对每个元素调用 re.match()，返回匹配的字符串组（groups）	slice_replace()	对元素进行切片替换
findall()	对每个元素调用 re.findall()	cat()	连接字符串
replace()	用正则模式替换字符串	repeat()	重复元素
contains()	对每个元素调用 re.search()，返回布尔类型值	normalize()	将字符串转换为 Unicode 规范形式
count()	计算符合正则模式的字符串的数量	pad()	在字符串的左边、右边或两边增加空格
split()	等价于 str.split()，支持正则表达式	wrap()	将字符串按照指定的宽度换行
rsplit()	等价于 str.rsplit()，支持正则表达式	join()	用分隔符连接 Series 的每个元素
get()	获取元素索引位置上的值，索引从 0 开始	get_dummies()	按照分隔符提取每个元素的 dummy 变量，转换 0 或 1 编码的 DataFrame

【例 7-54】 使用正则表达式对字符串进行分割和提取子串。

name = pd.Series(['Li li', 'Han liang', 'Cheng ming','Liang jun'])

name.str.split("\s+")   #使用空字符对 name 进行分割，其中\s+表示一个或多个空格符

输出结果为：

```
0          [Li, li]
1        [Han,liang]
2        [Cheng,ming]
3        [Liang,jun]
dtype: object
```

name.str.extract('([LH])')   #使用 extract 函数提取开头字母为 L 或 H 的一个子串

输出结果为：

```
       0
0      L
1      H
2    NaN
3      L
```

7.7 实训 1 清洗企业员工信息

本实训的数据来源于某企业的员工信息数据，其中包含了员工的，年龄、城市、性别和出生日期，要求利用该数据完成数据的清洗。数据如下：

```
index = pd.Index(data=["Lilei", "Hanmei", "Zhangsan", "Lisi", "Wangwu", "Zhaoliu"], name="name")
data = {"age": [18, 30, np.nan, 40, np.nan, 30],
    "city": ["Bei Jing ", "Shang Hai ", "Guang Zhou", "Shen Zhen", np.nan, " "],
    "sex": [None, "male", "female", "male", np.nan, "unknown"],
    "birth": ["2000-02-10", "4th of July, 1988", None, "08-07-1978", np.nan, "1988-10-17"]}
user= pd.DataFrame(data=data, index=index)
```

输出结果为：

```
          age          city          sex                    birth
```

name				
Lilei	18.0	Bei Jing	None	2000-02-10
Hanmei	30.0	Shang Hai	male	4th of July, 1988
Zhangsan	NaN	Guang Zhou	female	None
Lisi	40.0	Shen Zhen	male	08-07-1978
Wangwu	NaN	NaN	NaN	NaN
Zhaoliu	30.0		unknown	1988-10-17

1）利用 to_datetime()函数将出生日期转为时间点格式。

```
user["birth"] = pd.to_datetime(user.birth)
user
```

输出结果为：

	age	city	sex	birth
name				
Lilei	18.0	Bei Jing	None	2000-02-10
Hanmei	30.0	Shang Hai	male	1988-07-04
Zhangsan	NaN	Guang Zhou	female	NaT
Lisi	40.0	Shen Zhen	male	08-07-1978
Wangwu	NaN	NaN	NaN	NaT
Zhaoliu	30.0		unknown	1988-10-17

2）利用 capitalize()函数将文本转为开头字母大写。

```
user.city.str.capitalize()
```

输出结果为：

name	
Lilei	Bei jing
Hanmei	Shang hai
Zhangsan	Guang zhou
Lisi	Shen zhen
Wangwu	NaN
Zhaoliu	

Name: city, dtype: object

3）利用字符串的 len()函数统计文本每个字符串的长度。

```
user.city.str.len()
```

输出结果为：

name	
Lilei	9.0
Hanmei	10.0
Zhangsan	10.0
Lisi	9.0
Wangwu	NaN
Zhaoliu	1.0

Name: city, dtype: float64

4）利用字符串的 replace() 函数将所有开头为 S 的城市替换为空字符串。

```
user.city.str.replace("^S.*", " ")        #利用正则表达式
```

输出结果为：

```
name
Lilei            Bei Jing
Hanmei
Zhangsan         Guang Zhou
Lisi
Wangwu               NaN
Zhaoliu
Name: city, dtype: object
```

5）利用字符串的 split () 函数将 city 列用空字符串进行分割。

```
user.city.str.split(" ")
```

输出结果为：

```
name
Lilei          [Bei, Jing, ]
Hanmei         [Shang, Hai, ]
Zhangsan       [Guang, Zhou]
Lisi           [Shen, Zhen]
Wangwu             NaN
Zhaoliu            [, ]
Name: city, dtype: object
```

6）使用 get 或 [] 符号获取分割列表中的元素。

```
user.city.str.split(" ").str.get(1)     # 使用 user.city.str.split(" ").str[1]，输出结果相同
```

输出结果为：

```
Lilei            Jing
Hanmei           Hai
Zhangsan         Zhou
Lisi             Zhen
Wangwu           NaN
Zhaoliu
Name: city, dtype: object
```

7）设置参数 expand=True，返回一个 DataFrame。

```
user.city.str.split(" ", expand=True)
```

输出结果为：

```
                  0      1      2
name
Lilei            Bei    Jing
Hanmei           Shang  Hai
Zhangsan         Guang  Zhou   None
```

Lisi	Shen	Zhen	None
Wangwu	NaN	NaN	NaN
Zhaoliu			None

8）提取子串，利用 extract()函数和正则表达式提取上一步中空字符串前面的所有字母。

```
user.city.str.extract("(\w+)\s+", expand=True)
```

输出结果为：

	0
name	
Lilei	Bei
Hanmei	Shang
Zhangsan	Guang
Lisi	Shen
Wangwu	NaN
Zhaoliu	NaN

9）利用 extract()函数和正则表达式，提取空字符串前面和后面的所有字母。

```
user.city.str.extract("(\w+)\s+(\w+)", expand=True)
```

输出结果为：

	0	1
name		
Lilei	Bei	Jing
Hanmei	Shang	Hai
Zhangsan	Guang	Zhou
Lisi	Shen	Zhen
Wangwu	NaN	NaN
Zhaoliu	NaN	NaN

10）使用 extractall 函数提取 city 列中空白字符串前面的字母，extract 函数只能够匹配出第一个子串，extractall 函数可以匹配出所有的子串。

```
user.city.str.extractall("(\w+)\s+")
```

输出结果为：

		0
name	match	
Lilei	0	Bei
	1	Jing
Hanmei	0	Shang
	1	Hai
Zhangsan	0	Guang
Lisi	0	Shen

11）使用 contains 函数判断 city 列是否包含子串 "Zh"。

```
user.city.str.contains("Zh")
```

输出结果为：

```
name
Lilei          False
Hanmei         False
Zhangsan       True
Lisi           True
Wangwu         NaN
Zhaoliu        False
Name: city, dtype: object
```

12）生成哑变量，即使用 get_dummies()可以快速将这些指标变量分割成每个元素都是 0 或 1 编码的 DataFrame。

user.city.str.get_dummies(sep=" ") # get_dummies()能提取 Bei、Guang、Hai、Jing、Shang、Shen、Zhen、Zhou 这些哑变量，并对每个变量使用 0 或 1 来表达。

输出结果为：

```
          Bei  Guang  Hai  Jing  Shang  Shen  Zhen  Zhou
name
Lilei       1      0    0     1      0     0     0     0
Hanmei      0      0    1     0      1     0     0     0
Zhangsan    0      1    0     0      0     0     0     1
Lisi        0      0    0     0      0     1     1     0
Wangwu      0      0    0     0      0     0     0     0
Zhaoliu     0      0    0     0      0     0     0     0
```

7.8 实训 2 清洗在校生饮酒消费数据

在校生饮酒消费数据来源于国外某中学的一次调查结果。它包含了很多学生的家庭、社会和学习等相关信息。该数据表部分内容如图 7-3 所示。

A1 fx school

	A	B	C	D	E	F	G	H	I	J	K	L	M	N	O	P	Q	R
1	school	sex	age	address	famsize	Pstatus	Medu	Fedu	Mjob	Fjob	reason	guardian	traveltim	studytime	failures	schoolsu	famsup	paid
2	GP	F	18	U	GT3	A	4	4	at_home	teacher	course	mother	2	2	0	yes	no	no
3	GP	F	17	U	GT3	T	1	1	at_home	other	course	father	1	2	0	no	yes	no
4	GP	F	15	U	LE3	T	1	1	at_home	other	other	mother	1	2	3	yes	no	yes
5	GP	F	15	U	GT3	T	4	2	health	services	home	mother	1	3	0	no	yes	yes
6	GP	F	16	U	GT3	T	3	3	other	other	home	father	1	2	0	no	yes	yes
7	GP	M	16	U	LE3	T	4	3	services	other	reputati	mother	1	2	0	no	yes	yes
8	GP	M	16	U	LE3	T	2	2	other	other	home	mother	1	2	0	no	no	no
9	GP	F	17	U	GT3	A	4	4	other	teacher	home	mother	2	2	0	yes	yes	no
10	GP	M	15	U	LE3	A	3	2	services	other	home	mother	1	2	0	no	yes	yes
11	GP	M	15	U	GT3	T	3	4	other	other	home	mother	1	2	0	no	yes	yes
12	GP	F	15	U	GT3	T	4	4	teacher	health	reputati	mother	1	2	0	no	yes	yes
13	GP	F	15	U	GT3	T	2	1	services	other	reputati	father	3	3	0	no	yes	no
14	GP	M	15	U	LE3	T	4	4	health	services	course	father	1	1	0	no	yes	yes
15	GP	M	15	U	GT3	T	4	3	teacher	other	course	mother	2	2	0	no	yes	yes
16	GP	M	15	U	GT3	A	2	2	other	other	home	other	1	3	0	no	yes	no
17	GP	F	16	U	GT3	T	4	4	health	other	home	mother	1	1	0	no	yes	no
18	GP	F	16	U	GT3	T	4	4	services	services	reputati	mother	1	3	0	no	yes	yes
19	GP	F	16	U	GT3	T	3	3	other	other	reputati	mother	3	2	0	yes	yes	no
20	GP	M	17	U	GT3	T	3	2	services	services	course	mother	1	1	3	no	yes	no
21	GP	M	16	U	LE3	T	4	3	health	other	home	father	1	1	0	no	no	yes
22	GP	M	15	U	GT3	T	4	3	teacher	other	reputati	mother	1	2	0	no	no	no
23	GP	M	15	U	GT3	T	4	4	health	health	other	father	1	1	0	no	yes	yes
24	GP	M	16	U	LE3	T	4	2	teacher	other	course	mother	1	2	0	no	no	no
25	GP	M	16	U	LE3	T	2	2	other	other	reputati	mother	2	2	0	no	yes	no
26	GP	F	15	R	GT3	T	2	4	services	health	course	mother	1	3	0	yes	yes	yes
27	GP	F	16	U	GT3	T	2	2	services	services	home	mother	1	1	2	no	yes	yes
28	GP	M	15	U	GT3	T	2	2	other	other	home	mother	1	1	0	no	yes	yes
29	GP	M	15	U	GT3	T	4	2	health	services	other	mother	1	1	0	no	no	yes
30	GP	M	16	U	LE3	A	3	4	services	other	home	mother	1	2	0	yes	yes	no
31	GP	M	16	U	GT3	T	4	4	teacher	teacher	home	mother	1	2	0	no	yes	yes
32	GP	M	15	U	GT3	T	4	4	health	services	home	mother	1	2	0	no	yes	yes
33	GP	M	15	U	GT3	T	4	4	services	services	reputati	mother	2	2	0	no	yes	no
34	GP	M	15	R	GT3	T	4	3	teacher	at_home	course	mother	1	2	0	no	yes	no
35	GP	M	15	U	LE3	T	3	3	other	other	course	mother	1	2	0	no	no	no
36	GP	M	16	U	GT3	T	3	2	other	other	home	mother	1	1	0	no	yes	yes
37	GP	F	15	U	GT3	T	2	3	other	other	other	father	2	1	0	no	yes	no
38	GP	M	15	U	LE3	T	4	3	teacher	services	home	mother	1	3	0	no	yes	no
39	GP	M	16	R	GT3	A	4	4	other	teacher	reputati	mother	2	3	0	no	yes	no

图 7-3 在校生饮酒消费数据表部分内容

本实训利用该数据表按如下要求完成数据的清洗。

1）导入相关的模块。

```
import pandas as pd
import numpy as np
```

2）导入数据，赋值给变量 df。

```
df = pd.read_csv("Student_Alcohol.csv")
df.shape
```

输出结果为：

```
(395, 33)
```

输出 DataFrame 的前 3 行。

```
df.head(3)
```

输出结果为：

	school	sex	age	address	famsize	Pstatus	...	Walc	health	absences	G1	G2	G3
0	GP	F	18	U	GT3	A	...	1	3	6	5	6	6
1	GP	F	17	U	GT3	T	...	1	3	4	5	5	6
2	GP	F	15	U	LE3	T	...	3	3	10	7	8	10

3）获取 DataFrame 中从 school 列到 guardian 列之间的所有数据。

```
data=df.loc[:,'school':'guardian']
data.head(3)
```

输出结果为：

	school	sex	age	address	famsize	...	Fedu	Mjob	Fjob	reason	guardian
0	GP	F	18	U	GT3	...	4	at_home	teacher	course	mother
1	GP	F	17	U	GT3	...	1	at_home	other	course	father
2	GP	F	**15**	U	LE3	...	1	at_home	other	other	mother

4）创建一个能实现字符串首字母大写的 lambda 匿名函数，应用到 guardian 列。

```
data1=df['guardian'].apply(lambda x:x.title())   # 与用 df['guardian'].apply(str.title)的结果相同
data1.head(3)
```

输出结果为：

```
0    Mother
1    Father
2    Mother
Name: guardian, dtype: object
```

5）将 Mjob 列和 Fjob 列中的所有数据实现首字母大写。

```
df.Mjob. str.capitalize()
df.Fjob. str.capitalize()
```

6）此时发现原来的 Mjob 列和 Fjob 列的数据仍然是小写的。这是因为第 5 步函数操作不影响原数据。如果要更新原 DataFrame 中的数据，就需要将新数据赋值给原 DataFrame 中的相应行或列，如下面代码所示。

```
df.Mjob =df.Mjob. str. capitalize()
df.Fjob = df.Fjob. str. capitalize()
df[['Mjob','Fjob']].head(3)
```

输出结果为：

	Mjob	Fjob
0	At_Home	Teacher
1	At_Home	Other
2	At_Home	Other

7）添加一个新列，列名为 legal_drinker，根据年龄（age 列）判断是否为合法饮酒者（假设规定年龄大于等于 18 岁为合法饮酒者）

```
df['legal_drinker'] = df['age'] >= 18
df.head(3)
```

输出结果为：

	school	sex	age	address	famsize	...	absences	G1	G2	G3	legal_drinker
0	GP	F	18	U	GT3	...	6	5	6	6	True
1	GP	F	17	U	GT3	...	4	5	5	6	False
2	GP	F	15	U	LE3	...	10	7	8	10	False

7.9 小结

1）本章介绍了 Python 语言的基本语法知识，主要包括语法规则、注释、输入和输出等内容。NumPy 是 Python 中关于科学计算的第三方库，其最主要的特点是以数组为对象。

2）Pandas 是 Python 的一个数据分析包，提供了大量的快速便捷处理数据的函数和方法。它是在 NumPy 基础上建立的增强版结构化数组。它提供了两种高效的数据结构：Series 和 DataFrame。Series 是一种一维的数据结构，类似于将列表数据值与索引值相结合。DataFrame 是一种二维的数据结构，类似于电子表格或数据库中数据表的形式，本质上是一种带行标签和列标签、支持相同类型数据和缺失值的多维数组。

3）本章还介绍了 Pandas 中数据的读写、选择和描述，以及数据的分组。数据的分组主要使用 groupby 函数。groupby 对象的 aggregate()、filter()、transform()和 apply()方法实现了更高效的数据清洗操作。另外还介绍了时间序列和缺失值处理操作，这些为数据的清洗提供了极大的便捷。

习题 7

1. 数据文件 jobinfo.csv 中的数据是来自某招聘网站的招聘信息，其字段信息如下，要求对此数据集进行分析，并得出相关结论。

数据文件名：jobinfo.csv

数据集的字段介绍：

● 'company_industrial'：公司行业。

● 'company_name'：公司名称。

- 'company_nature'：公司属性（民营、国企……）。
- 'company_scale'：公司规模。
- 'company_webpage'：公司网站主页。
- 'demand_number'：招聘人数。
- 'education_degree'：学历要求（本科、大专……）。
- 'feedback_rate'：反馈率。
- 'job_category'：岗位类别（开发、运维）。
- 'job_name'：岗位名称。
- 'job_nature'：工作性质（全职、兼职）。
- 'job_url'：工作网址链接。
- 'publish_date'：信息发布日期。
- 'salary'：薪资水平。
- 'scrape_time'：信息的获取时间。
- 'work_experience'：工作经验。
- 'work_position'：工作地点。

该数据表部分内容如图 7-4 所示。

1）数据的读取和预处理。

提示：

a．读取数据，去除无效的列，包括公司网站主页、反馈率、工作网址链接、信息的获取时间和信息发布日期。

b．使用众数（df[列名].mode()[0]）填充这些列：'company_industrial'、'company_scale'、'education_degree'、'work_experience'、'work_position','salary'。

c．删除以下列中含有空值的行数据：'company_nature'、'company_name'、'job_category'、'job_name'、'job_nature'、'demand_number'。

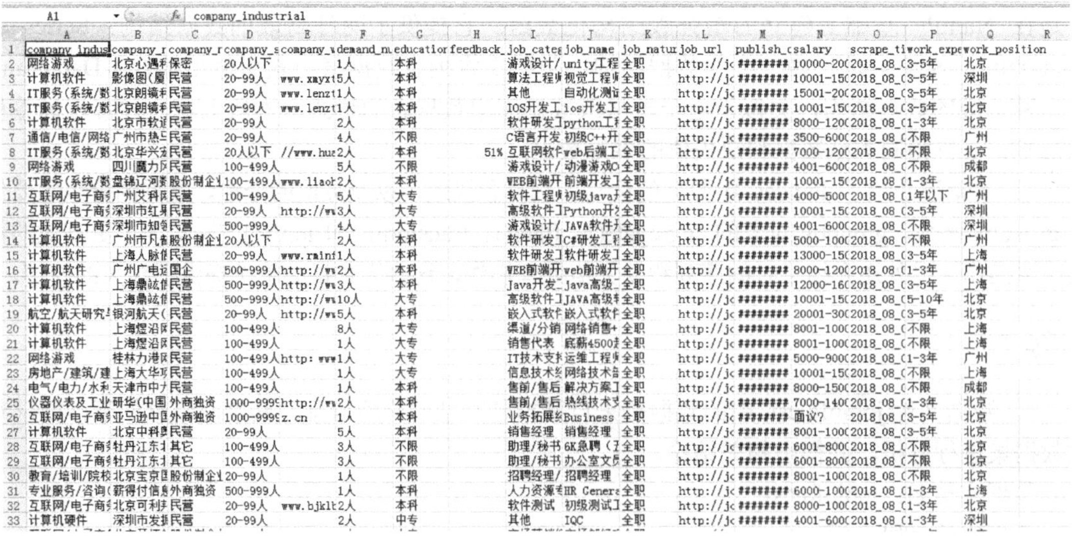

A1 company_industrial

	A	B	C	D	E	F	G	H	I	J	K	L	M	N	O	P	Q	R
1	company_indus	company_r	company_r	company_s	company_v	demand_nu	educatior	feedback_	job_categ	job_name	job_natur	job_url	publish_c	salary	scrape_ti	work_expe	work_position	
2	网络游戏	北京心遇和	保密	20人以下		1人	本科		游戏设计/	unity工程	全职	http://jc	########	10000-20(	2018_08_(	3-5年	北京	
3	计算机软件	影像图(厦	民营	20-99人	www.xmyxt	5人	本科		算法工程师	视觉工程师	全职	http://jc	########	10001-15(	2018_08_(	3-5年	深圳	
4	IT服务(系统/数	北京朗镜科	民营	20-99人	www.lenzt	1人	本科		其他	自动化测试	全职	http://jc	########	15001-20(	2018_08_(	3-5年	北京	
5	IT服务(系统/数	北京朗镜科	民营	20-99人	www.lenzt	1人	本科		IOS开发工	ios开发工	全职	http://jc	########	10001-15(	2018_08_(	3-5年	北京	
6	计算机软件	北京市软证	民营	20-99人		2人	本科		软件研发工	python工程	全职	http://jc	########	8000-120(	2018_08_(	1-3年	北京	
7	通信/电信/网络	广州市热云	民营	20-99人		4人	不限		C语言开发	初级C++开	全职	http://jc	########	3500-600(	2018_08_(	不限	广州	
8	IT服务(系统/数	北京华兴宏	民营	20人以下	//www.hua	2人	本科	51%	互联网软件	web后端工	全职	http://jc	########	7000-120(	2018_08_(	不限	北京	
9	网络游戏	四川魔力网	民营	100-499人		5人	不限		游戏设计/	动漫游戏C	全职	http://jc	########	4001-600(	2018_08_(	不限	成都	
10	IT服务(系统/数	盘锦辽河数	股份制企业	100-499人	www.liaoh	2人	本科		WEB前端开	前端开发工	全职	http://jc	########	10001-15(	2018_08_(	1-3年	北京	
11	互联网/电子商务	广州艾科网	民营	100-499人		5人	大专		软件工程师	初级java开	全职	http://jc	########	4000-500(	2018_08_(	1年以下	广州	
12	互联网/电子商务	深圳市红身	民营	20-99人	http://ww	3人	大专		高级软件工	Python开发	全职	http://jc	########	10001-15(	2018_08_(	3-5年	深圳	
13	互联网/电子商务	深圳市知领	民营	500-999人		4人	大专		游戏设计/	JAVA软件开	全职	http://jc	########	4001-600(	2018_08_(	不限	深圳	
14	计算机软件	广州市凡普	股份制企业	20人以下		2人	本科		软件研发工	C#研发工程	全职	http://jc	########	5000-100(	2018_08_(	不限	广州	
15	计算机软件	上海人脉信	民营	20-99人	www.rainf	1人	本科		软件研发工	软件研发工	全职	http://jc	########	13000-15(	2018_08_(	3-5年	上海	
16	计算机软件	广州广电运	国企	500-999人	http://ww	2人	本科		WEB前端开	web前端开	全职	http://jc	########	8000-120(	2018_08_(	1-3年	广州	
17	计算机软件	上海鼎竑信	民营	500-999人	http://ww	3人	本科		Java开发工	java高级工	全职	http://jc	########	12000-16(	2018_08_(	3-5年	上海	
18	计算机软件	上海鼎竑信	民营	500-999人	http://ww	10人	大专		高级软件工	JAVA高级软	全职	http://jc	########	10001-15(	2018_08_(	5-10年	北京	
19	航空/航天研究与	银河航天(	民营	20-99人	http://ww	5人	本科		嵌入式软件	嵌入式软件	全职	http://jc	########	20001-30(	2018_08_(	3-5年	北京	
20	计算机软件	上海煜沿网	民营	100-499人		8人	大专		渠道/分销	网络销售+	全职	http://jc	########	8001-100(	2018_08_(	不限	上海	
21	计算机软件	上海煜沿网	民营	100-499人		1人	大专		销售代表	底薪4500起	全职	http://jc	########	8001-100(	2018_08_(	不限	上海	
22	网络游戏	桂林力港网	民营	100-499人	http:www	1人	大专		IT技术支持	运维工程师	全职	http://jc	########	5000-900(	2018_08_(	1-3年	广州	
23	房地产/建筑/建	上海大华环	民营	100-499人		1人	大专		信息技术经	网络技术部	全职	http://jc	########	10001-15(	2018_08_(	不限	上海	
24	电气/电力/水利	天津市中力	民营	100-499人		1人	本科		售前/售后	解决方案工	全职	http://jc	########	8000-150(	2018_08_(	不限	成都	
25	仪器仪表及工业	研华(中国	外商独资	1000-9999	http://ww	2人	本科		售前/售后	热线技术支	全职	http://jc	########	7000-140(	2018_08_(	1-3年	北京	
26	互联网/电子商务	亚马逊中国	外商独资	1000-9999	z.cn	1人	本科		业务拓展经	Business	全职	http://jc	########	面议?	2018_08_(	3-5年	北京	
27	计算机软件	北京中科奥	民营	20-99人		5人	本科		销售经理	销售经理	全职	http://jc	########	8001-100(	2018_08_(	3-5年	北京	
28	互联网/电子商务	牡丹江东北	其它	100-499人		3人	不限		助理/秘书	6K急聘（夏	全职	http://jc	########	6001-800(	2018_08_(	不限	北京	
29	互联网/电子商务	牡丹江东北	其它	100-499人		3人	不限		助理/秘书	办公室文员	全职	http://jc	########	6001-800(	2018_08_(	不限	北京	
30	教育/培训/院校	北京宝京国	股份制企业	20-99人		1人	不限		招聘经理/	招聘经理	全职	http://jc	########	8001-100(	2018_08_(	不限	北京	
31	专业服务/咨询(	薪得付信息	外商独资	500-999人		1人	本科		人力资源专	HR Genera	全职	http://jc	########	6000-100(	2018_08_(	1-3年	上海	
32	互联网/电子商务	北京可利邦	民营	20-99人	www.bjklt	2人	本科		软件测试	初级测试工	全职	http://jc	########	8000-100(	2018_08_(	1-3年	北京	
33	计算机硬件	深圳市发掘	民营	20-99人		2人	中专		其他	IQC	全职	http://jc	########	4001-600(	2018_08_(	1-3年	深圳	

图 7-4　某招聘网站的招聘信息数据表部分内容

2）对 salary 列进行处理，得到最低工资、最高工资和平均工资。

提示：

a. 去掉 salary 列中的"元/月"。

b. 将数据分成两列，一列为最小值，另一列为最大值，将其类型改为 float 类型。

c. 计算出最低工资的平均值和最高工资的平均值。

d. 新添一列，用来保存上述两列的平均值。

3）探究不同岗位的求职人员数量及平均工资，进行分析并得出结论。

提示：

a. 对 job_category 列进行分析，判断该工作属于以下类别中的哪种，将其归类。

['开发','算法','数据','运维','维护','销售','测试','产品','UI','研发','运营','网络']

b. 统计每一类人员的数量。

c. 计算每类人员的平均工资（使用"平均工资"列进行计算），并将其按照从高到低的顺序进行排列。

4）探究岗位类别和工作经验与薪资水平的关系，进行分析并得出结论。

提示：统计每个类别的岗位不同工作年限的薪资水平。

5）探究学历要求和工作经验与薪资水平的关系。

6）探究互联网行业薪资水平分布。

提示：将薪资水平分为几种['5k 以下','5k-1w','1w-2w','2w-5w','5w 以上']。

7）将经过上述处理的数据保存为新文件"jobinfo_afterPandas.csv"。

2．练习数据过滤与排序。Euro2012.csv 数据集包含了 2012 年欧洲杯各球队的相关信息数据，按照以下要求完成 2012 年欧洲杯数据的清洗。

1）导入 Python 语言库。

2）导入数据集（Euro2012.csv）。

3）将数据集命名为 euro12。

4）只选取 Goals 这一列。

5）有多少球队参与了 2012 欧洲杯？

6）该数据集中一共有多少列？

7）提取数据集中的 Team 列、Yellow Cards 列和 Red Cards 列并将单独存为一个名叫 discipline 的 DataFrame。

8）对 discipline 按照先 Red Cards 再 Yellow Cards 进行排序。

9）计算每个球队的黄牌数（Yellow Cards）的平均值。

10）找到进球数 Goals 超过 6 的球队数据。

11）选取以字母 G 开头的球队数据。

12）选取前 7 列。

13）选取除了最后 3 列之外的全部列。

14）找到英格兰（England）、意大利（Italy）和俄罗斯（Russia）三支球队的命中率（Shooting Accuracy）。

3．练习 Apply 函数。按照以下要求完成 1960—2014 年美国犯罪数据的清洗，此数据集的字段信息如下。

字段	Year	Population	Total	Violent	Property	Murder
解释	年份	人口	合计	暴力	财产	谋杀
字段	Forcible	Robbery	Aggravated_assault	Burglary	Larceny_Theft	Vehicle_Theft
解释	强暴	抢劫	严重攻击	盗窃	盗窃罪	车辆盗窃

1）导入必要的 Python 库。

2）导入数据集（US_Crime_Rates_1960_2014.csv）。

3）将 DataFrame 命名为 crime。

4）每一列的数据类型是什么样的？

5）将 Year 的数据类型转换为 datetime64。

6）将 Year 列设置为 DataFrame 的索引。

7）删除名为 Total 的列。

8）按照 Year 对 DataFrame 进行分组并求和。

9）何时是美国历史上生存最危险的年代？

4．练习时间序列。按照以下要求完成 Apple 公司股价数据的清洗。

1）导入 Python 库。

2）导入数据集（appl_1980_2014.csv）。

3）读取数据并存为一个名叫 apple 的 DataFrame。

4）查看每一列的数据类型。

5）将 Date 列转换为 datetime 类型。

6）将 Date 列设置为索引。

7）此数据集有重复的日期吗？

8）将 index 列设置为升序。

9）找到每个月的最后一个交易日（business. day）。

10）该数据集中最早的日期和最晚的日期相差多少天？

11）该数据集中一共有多少个月？

第8章 R语言数据清洗

本章学习目标
- 掌握 R 语言的基本语法
- 掌握 data.table 数据包的常用函数及其用法
- 掌握 dplyr 数据包的常用函数及其用法
- 掌握 tidyr 数据包的常用函数及其用法
- 了解 lubridate 数据包和 stringr 数据包的基本函数及其用法
- 了解用 R 语言进行数据清洗的常见思路

8.1 R 语言简介

1. R 语言概述

R 语言是用于统计分析的、用图形表示报告的编程语言和软件环境。R 语言是由新西兰奥克兰大学的 Ross Ihaka 和 Robert Gentleman 创建的，目前由 R Development Core Team 开发和维护。R 语言的核心是一种解释型的计算机语言，允许使用分支和循环结构以及函数的模块化编程。

2. R 语言特点

R 语言的特点如下。
- R 语言是一套完善、简单、有效的编程语言（包括条件和循环结构、自定义函数和输入和输出功能等）。
- R 语言提供了一组运算符，用于对数组、列表、向量和矩阵进行计算。
- R 语言提供了大量免费的数据分析工具包。截止到 2018 年，CRAN（Comprehensive R Archive Network，R 综合档案网络）已经收录超过 13000 个 R 包。
- R 语言提供用于数据分析和直接显示在计算机上或在文档中打印的图形化工具。

3. R 语言环境安装

R 语言在 Windows 平台上的安装非常简单，具体步骤如下。

1）首先需要安装 R 语言程序包。打开 R 语言官网（https://cran.r-project.org/bin/windows/base/）页面，如图 8-1 所示。

2）单击"Download R 3.6.0 for Windows"链接即可进行下载。下载完后双击安装文件进行安装，安装时一般使用默认设置，连续单击"下一步"按钮直至安装结束。R 语言安装向导界面如图 8-2 所示。

22　R 语言
环境安装

3）R 语言安装完成后，在桌面上会出现一个 R 语言的图标，双击该图标就可以进入 R 语言命令行窗口，如图 8-3 所示。

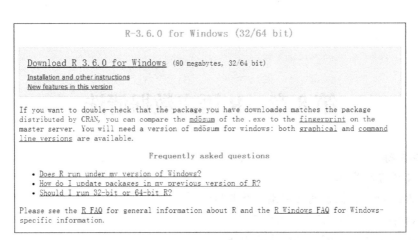

图 8-1　R 语言官网页面

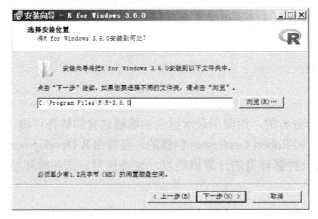

图 8-2　R 语言安装向导界面

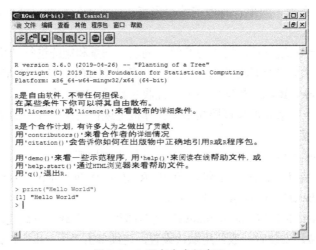

图 8-3　R 语言命令行窗口

图 8-3 是 R 语言最主要的交互界面，也是运行、调试大部分代码的地方。这里要注意的是，界面中每行最开始的>符号表示在此输入代码，输入代码之后，按〈Enter〉键执行代码。代码运行结果将会在代码的下一行中显示出来，开头没有>符号。图 8-3 中的"[1] "Hello World""就是代码运行结果。

8.2 R语言基础

8.2.1 R语言运算符号

R语言运算符号有如下几类。

1）运算符号：+（加）、-（减）、*（乘）、/（除）、^（乘方）、%/%（整除）、%%（求余）。

2）逻辑判断符号：>（大于）、<（小于）、>=（大于等于）、<=（小于等于）、!=（不等）、==（相等）。

3）逻辑运算符号：&（逻辑与）、|（逻辑或，〈Enter〉键上边的竖线）。

4）赋值符号：<-或->。

在命令行窗口输入"a<-2"，表示将2赋值给变量a。"2->a"的功能与"a<-2"一样。赋值符号也可以用=替代，但是在某些情况下会出错，所以不建议在R语言中使用"="符号进行赋值。

8.2.2 R语言数据类型

1. 基本数据类型

R语言中的基本数据类型是指仅包含一个数值的数据类型，主要包括数值型、字符型、逻辑型和空值等。

（1）数值型

如1、3.14等能够进行数学运算的数字为数值型。

（2）字符型

字符型数据即文本数据，须放在英文输入法下的双引号或单引号之间，如"a"、'abc'、"张三"。

（3）逻辑型

逻辑型数据只有两个取值TRUE和FALSE，TRUE和FALSE可以分别简写为T和F，也必须大写，如"x<-TRUE"。

（4）空值

R语言中用NA（大写）来表示。NA与其他数据的运算结果都是NA。R语言提供了一个函数is.na()用来判断是否空值，如下所示。

```
> x<-NA
> is.na(x)
[1] TRUE
```

2. 数据对象

R语言中的数据对象是指包含一组数值的数据类型，主要包括向量、矩阵、数组、列表、数据框。

（1）向量

向量是由相同基本类型数值组成的序列，R语言中向量的使用相当频繁。

1）创建向量。在R语言中使用函数c()来创建一个向量，如：

```
> x<-c(1,2,3,4,5)
> x
```

[1] 1 2 3 4 5   #其中[1]为输出内容的行号

2）向量运算。向量运算主要是对向量元素的加减乘除运算，如：

```
> x<-c(1,2,3,4)
> x+1
[1] 2 3 4 5

> x<-c(1,2,3,4)；  y<-c(1,1,1,1)；  x+y
[1] 2 3 4 5
```

快速生成有序向量（用函数 seq 和 rep），R 语言提供了快速生成的方法，如：

```
> x<-1:10
> x
 [1]  1  2  3  4  5  6  7  8  9 10

> x<-10:1
> x
 [1] 10  9  8  7  6  5  4  3  2  1
```

若要生成任意步长的向量需要使用函数 seq()，它有三个参数（最小值、最大值和步长），如：

```
> x<-seq(1, 20, 2)
> x
 [1]  1  3  5  7  9 11 13 15 17 19
```

函数 rep()可以通过重复一个基本数值或数值对象多次来创建一个较长的向量，它有两个参数（数据和重复次数）。如：

```
x<-rep(1,10)
```

3）向量索引。向量索引即向量中元素的下标，用来引用向量中的单个数值，用方括号[]表示，如：x[1]表示向量 x 中的第一个元素。另外，向量索引除了引用单个值之外，还起过滤的作用，如：x[x>3] 表示输出向量 x 中大于 3 的数值。常用的向量函数见表 8-1。

表 8-1 常见的向量函数

函数名	功能	示例，已知 x<-c(3, 1, 2, 4, 5), y<-c(9, 8)	
		输入	输出
sum	求和	sum(x)	[1] 15
max	最大值	max(x)	[1] 5
min	最小值	min(x)	[1] 1
mean	均值	mean(x)	[1] 3
length	长度	length(x)	[1] 5
var	方差	var(x)	[1] 2.5
sd	标准差	sd(x)	[1] 1.581139
median	中位数	median(x)	[1] 3

函数名	功能	示例，已知 x<-c(3, 1, 2, 4, 5)，y<-c(9, 8)	
		输入	输出
quantile	五个分位数	quantile(x)	0% 25% 50% 75% 100% 1　2　3　4　5
sort	排序	sort(x) sort(x,TRUE)	[1] 1 2 3 4 5 [1] 5 4 3 2 1
rev	倒序	rev(x)	[1] 4 3 5 1 2
append	添加	append(x,8) append(x,y)	[1] 2 1 5 3 4 8 [1] 2 1 5 3 4 8 9
replace	替换	replace(x,1,7) replace(x,c(1,2),7)	[1] 7 1 5 3 4 [1] 7 7 5 3 4

（2）矩阵

1）创建矩阵。R 语言中使用 matrix 函数创建一个矩阵。matrix 函数有三个参数（数值向量、行数和列数），如：

```
> x<-matrix(c(1,2,3,4),2,2)
> x
     [,1] [,2]
[1,]   1    3
[2,]   2    4
```

2）矩阵运算。R 语言中的矩阵运算和数学中的矩阵运算相同，在此不作具体介绍，读者可自行查阅线性代数课本。

3）矩阵下标。矩阵下标包括两个数字，表示相应元素所在的行和列，如：x[1,2]表示矩阵 x 中第一行第二列的元素。

（3）数组

R 语言中，数组是向量和矩阵的推广，向量和矩阵是数组的特殊形式。向量是一维数组，而矩阵是二维数组。利用 array()函数创建数组，其参数为（数据向量，维数向量）。利用输入数据 1,2,3,4，生成两行两列的数组，如下所示。

```
> x<-array(c(1,2,3,4),c(2,2))
> x
     [,1] [,2]
[1,]   1    3
[2,]   2    4
```

这里的 array(c(1,2,3,4),c(2,2))等价于 matrix(c(1,2,3,4),2,2)。利用 array 函数可以生成更高维的数组。

注意：向量、矩阵和数组中也可以包含其他的数据类型，如字符型、逻辑型、空值。

（4）列表

向量、矩阵和数组要求元素必须为同一基本数据类型。如果一组数据需要包含多种类型的数据，则可以使用列表。利用 list 函数可以创建列表，列表的元素可以是其他各种数据对象，比如向量、矩阵、数组或者另一个列表，如：

```
> x<-list(a=1,b=2,c=3)
> x
```

$a
[1] 1

$b
[1] 2

$c
[1] 3

与向量、矩阵和数组相比，列表没有下标号，但是每个数据都有一个名字。数组使用下标来引用元素，而列表用名字来引用元素，如：x$a 表示引用列表 x 中 a 这个元素，上例中 x$a 的值为 1。

（5）数据框

数据框是一种可以有不同基本数据类型元素的数据对象。简单来说，一个数据框包含多个向量，向量的数据类型可以不一样。因此，数据框是介于数组和列表之间的一种数据对象，与矩阵相比它可有不同数据类型，与列表相比它只能包含向量，而且这些向量的长度通常是相等的。

1）创建数据框。R 语言使用 data.frame()来创建数据框，如：

```
> x<-c("张三","李四","王五","赵六");  y<-c("男","女","女","男");  z<-c(89,90,78,67)
> data.frame(x,y,z)
     x  y  z
1 张三 男 89
2 李四 女 90
3 王五 女 78
4 赵六 男 67
```

其中，每行行首的数字是该行名字，可以使用 row.names()来重新为每行名字命名，如：

```
> student<- data.frame(x,y,z)
> row.names(student)<-c("a","b","c","d")
> student
     x  y  z
a 张三 男 89
b 李四 女 90
c 王五 女 78
d 赵六 男 67
```

当然，数据框中每列向量也可以有名字，它们是变量，所以不加引号，如：

```
> data.frame(姓名=x,性别=y,分数=z)
姓名性别 分数
1 张三 男   89
2 李四 女   90
3 王五 女   78
4 赵六 男   67
```

2）数据框中数据的引用。获取数据框中的一行或多行，比如 student[(1:2),]表示获取数据框中的前两行。还可以获取数据框中的一列或多列，比如 student[,(1:2)]表示获取数据框中的前两列。另外，还可以用访问列名的方式访问数据框，比如 student$x 表示获取数据框 student 中的 x 列所有元素。同向量的引用一样，可以过滤数据框中的数据，比如 student[student$y>80,]表示获取数据框中 y 列元素大于 80 的行。

（6）数据导入导出

【例 8-1】 现有 student.txt 文件以及 student.csv 文件，CSV 文件是以 Tab 符号分隔的文本文件，Excel 数据可以另存为 CSV 文件。这两个文件内容相同，如下：

```
姓名 性别 分数
张三   男   89
李四   女   90
王五   女   78
赵六   男   67
```

1）利用函数读取两个文件。

```
#读入文本文件
student1<- read.table("student.txt", header=T, sep=",")
#读入 csv 文件
student2<- read.csv("student.csv", header=T, sep=",")
```

注意：如果数据文件不在当前工作目录中，需要加上正确的相对路径或绝对路径。

2）导出数据

```
#将数据框导出为文本文件
write.table(student1, "student.txt")
#将数据框导出为 csv 文件
write.csv(student2, "student.csv")
```

（7）工作空间数据管理

1）查看、删除、编辑数据。

- ls()：列出工作空间中的全部数据变量名。
- rm(dataname)：删除数据。
- View(dataname)：查看数据（注意大小写）。
- head(dataframe)：查看数据框前 10 行。
- tail(dataframe)：查看数据框尾 10 行。
- edit(dataname)或 fix(dataname)：编辑数据。

删除矩阵或数据框的行（假设有数据 data）。

```
data[-1,]        #删除第一行
data[c(-1,-2),]  #删除第一行和第二行
data[-1:-3,]     #删除第一行到第三行
```

删除矩阵或数据框的列（假设有数据 data）。

```
data[,-1]        #删除第一列
data[,c(-1,-2)]  #删除第一列和第二列
```

```
        data[,-1:-3]        #删除第一列到第三列
```

2）变量处理。

① 为数据框添加一列或合并数据框

```
        data.frame(old_dataframe, new_column)    #为数据框添加一列
        data.frame(dataframe1, dataframe2)        #合并 dataframe1 和 dataframe2
```

② 变量重命名

names()函数可以显示数据框的变量名，也可以通过赋值进行修改，比如"names(dataframe)[1]
<-"new_name""表示将数据框的第一列变量的名字改为 new_name。表 8-2 所示为变量类型判断
与转换。

表 8-2　变量类型判断与转换

类型	判断	转换
数值型	is.numeric	as.numeric
字符型	is.character	as.character
向量	is.vector	as.vector
矩阵	is.matrix	as.matrix
数据框	is.data.frame	as.data.frame
逻辑型	is.logical	as.logical

```
> x<-c("1","2","3","4")
> x
[1] "1" "2" "3" "4"
> as.numeric(x)        ##将字符型转化为数值型
[1] 1 2 3 4
```

（8）语句组、循环和条件语句

1）语句组。

R 语言是一种表达式语言，也就是说其命令类型只有函数或表达式，并由它们返回一个结
果。语句组用花括号"{ }"，此时结果是该组中最后一个能返回值的语句的结果。

2）条件语句。

条件语句的语法结构为"if (condition) expr1 else expr2"，其中，条件表达式 condition 必须
返回一个逻辑值，如果 condition 为真，就执行 expr1，否则执行 expr2。

if/else 结构的向量版本是函数 ifelse，其语法结构为"ifelse (condition,a,b)"，产生函数结果
的规则是：如果 condition[i]为真，对应 a[i]元素；反之对应的是 b[i]元素。根据这个原则，函数
返回一个由 a 和 b 中相应元素组成的向量，向量长度与其最长的参数等长。

【例 8-2】 判断 x 是否为负数。

```
> x <- 0.3
> if(x<0) { print("x 为负数") }    else {print("x 为非负数")}
[1] "x 为非负数"
```

3）循环语句。

for 循环的语法结构为：

```
        for (name in expr1) expr2
```

其中，name 是循环变量，expr1 是一个向量表达式（通常是 1:10 这样的序列），而 expr2 经常是一个表达式语句组，expr2 随着 name 依次取 expr1 结果向量的值而被多次重复运行。

【例 8-3】 用 for 循环实现 1+2+3+4+5 的和。

```
> x=0; for (i in 1:5) {x=x+i}
> x
[1] 15
```

while 循环的语法结构为"while(condition) expr"，表示每次循环时都先判断 condition，若 condition 为真，则继续执行 expr，若条件为假，则停止循环过程。

repeat 循环的语法结构为"repeat{expr}"，表示 repeat 会循环运行代码直到强制终止，即遇到 break 语句终止。

break 语句可以用来中断任何循环，可能是非正常的中断，而且这是中止 repeat 循环的唯一方式。

（9）R 语言脚本

R 语言脚本是将多条 R 指令保存为一个脚本文件，用以实现复杂的功能。在原生的 R 语言中，执行"文件"→"新建程序脚本"菜单命令即可创建脚本。R 语言脚本文件的扩展名为 R。R 语言为脚本提供了完整的程序语言语法，如 if、for、while 等语句，以及函数 function 定义等，读者可以查找相关资料深入学习。

（10）R 语言的包

R 语言的功能是通过包（package）来实现的，因而其功能可以很容易地被拓展。正是 R 语言的这种开放性使得其具有强大的功能和时效性，新的算法被提出之后很快就有相应的拓展包发布。

R 语言中用于管理包的包如下。

- library()：查看全部已安装的包。
- library("packagename")：加载名为 packagename 的包。
- install.packages("packagename")：安装名为 packagename 的包。

8.3 R 语言 data.table 数据包

R 语言中的 data.table 数据包（简称 data.table 包）是 R 语言自带包中数据框的升级版，用于处理数据框格式的数据。它有两个明显的优势。一是代码简洁，执行速度快，只要一行命令就可以完成诸多任务；二是处理快，内部处理的步骤进行了程序上的优化，使用多线程，甚至很多函数是使用 C 语言编写的，大大加快了数据运行速度。因此，在大数据处理上，使用 data.table 具有极高的效率。

8.3.1 data.table 数据包介绍

如前所述，data.table 是 R 语言的一个包，它对数据框进行了扩展，是数据框的扩展类型，因此适用于 data.frame 的函数也同样适用于 data.table。不同的是，data.table 增加了索引设置，它可以通过自定义 keys 来设置索引，实现高效的数据索引查询、快速分组、快速连接、快速赋值等数据操作。data.table 对于大数据的快速聚合也有很好的效果。

8.3.2 创建 data.table 对象

23 创建
data.table 对象

1. 使用 fread()函数

通过 data.table 中的 fread()函数，可以直接从本地或者 Web 上导入数据，从而创建一个 data.table。具体语法如下：

> fread(input, sep="auto" , nrows=-1L, header="auto", quote="\"", na.strings="NA",autostart=1L)

其中：

- input 表示输入的文件或者字符串(至少有一个结束字符"\n")。
- sep 表示列之间的分隔符。当 sep 为默认值 a uto 时，表示默认将","、"\t"、"|"、";"、":"作为列之间的分隔符。
- nrows 表示读取的行数。当 nrows 为默认值 - lL 时表示为全部行，L 是 Line 的缩写，表示行号；当 nrows 为 0 时表示只返回列名。
- header 表示导入数据的第一行是否作为列名。当 header 为默认值 auto 时，表示默认将第一行作为列名。
- quote 默认为"\"",即\"为转义的符号"。如果以双引号开头，fread 会有力地处理里面的引号，如果失败了就会进行其他尝试。如果设置 quote="",则表示引号不可用。
- na.strings 表示缺失值，当 na.strings="NA"时，表示设置"NA"为缺失值。
- autostart 表示自动从哪一行开始读取数据，默认值为 1L，即从第一行开始读取，如果这行是空，就读下一行。

【例 8-4】 flights 数据集（flights_2014.csv）包含了 2014 年 1—10 月纽约所有机场的航班信息数据。请使用 fread 函数读取 flights 数据集，然后使用 dim 函数读取该数据集行和列的信息，最后使用 head 函数查看该数据集的前 6 行数据。

```
> library(data.table)
> flights <-fread("flights_2014.csv")
> dim(flights)    ##取行数和列数
# [1] 253316      17
> head(flights)
```

	year	month	day	dep_time	dep_delay	arr_time	arr_delay	cancelled
1:	2014	1	1	914	14	1238	13	0
2:	2014	1	1	1157	-3	1523	13	0
3:	2014	1	1	1902	2	2224	9	0
4:	2014	1	1	722	-8	1014	-26	0
5:	2014	1	1	1347	2	1706	1	0
6:	2014	1	1	1824	4	2145	0	0

	carrier	tailnum	flight	origin	dest	air_time	distance	hour	min
1:	AA	N338AA	1	JFK	LAX	359	2475	9	14
2:	AA	N335AA	3	JFK	LAX	363	2475	11	57
3:	AA	N327AA	21	JFK	LAX	351	2475	19	2
4:	AA	N3EHAA	29	LGA	PBI	157	1035	7	22
5:	AA	N319AA	117	JFK	LAX	350	2475	13	47
6:	AA	N3DEAA	119	EWR	LAX	339	2454	18	24

在本章接下来的示例中还会使用此数据集，此数据集的字段信息如表 8-3。

表 8-3　2014 年 1—10 月纽约航班信息数据

字　　段	说　　明	字　　段	说　　明
year	年	tailnum	航班号
month	月	flight	飞行次数
day	日	origin	出发地
dep_time	起飞时间	dest	目的地
dep_delay	起飞延迟	air_time	在空中的时间
arr_time	达到时间	distance	距离
arr_delay	达到延迟	hour	小时
cancelled	取消	min	分钟
carrier	航空公司		

2．使用 data.table()函数

使用 data.table()函数也可以创建一个 data.table，或者通过 as.data.table()将已经存在的对象转化成 data.table。

【例 8-5】　创建一个数据框，并将它转换为 data.table。

```
> library(data.table)
> DF<- data.frame (ID = c("b","b","b","a","a","c"), a = 1:6, b = 7:12, c=13:18)
> DF
   ID a  b   c
1  b 1  7   13
2  b 2  8   14
3  b 3  9   15
4  a 4  10  16
5  a 5  11  17
6  c 6  12  18
> DT <- as.data.table(DF)
> DT
   ID a  b   c
1: b 1  7   13
2: b 2  8   14
3: b 3  9   15
4: a 4  10  16
5: a 5  11  17
6: c 6  12  18
> DT <- data.table(ID = c("b","b","b","a","a","c"), a = 1:6, b = 7:12, c=13:18)    #输出结果和上面相同
> class(DT$ID)
# [1] "character"
```

其中：

- data.table 不同于 data.frames，字符型的列，不会被自动转化成因子。
- data.table 的行号后面有个冒号，用于隔开第一列的内容。
- 如果数据的总行数超过了 100 条，那么只会输出数据最开头的 5 行和最末尾的 5 行。

● data.table 不能设置行名。

3. 使用 setDT()函数

setDT()函数可以将任意的 data.frame 转换为 data.table，并设置键。如 "DT <- setDT(DF, key = "ID")" 是将数据框 DF 转换为 data.table，同时将 ID 设置为主键。

8.3.3 data.table 的语法结构

data.table 的语法结构为 "DT[i, j, by]"，可以理解为：对于数据集 DT 这个 data.table，选取子集行 i，通过 by 分组计算 j。其中，i 决定显示的行，可以是整型，可以是字符或者表达式；j 是对指定的列进行求值；by 则是对数据进行指定分组，除了 by 这个参数，也可以添加其他一些参数。例如，DT[, mean(y), by=x]表示对数据集 DT 这个 data.table 对象的 x 列进行分组后，再对各分组的 y 列求平均值。

8.3.4 变量的重命名

在 R 语言中利用 setnames()函数可以对变量进行重命名操作。

【例 8-6】 将 flights 数据集中的列进行重命名。

> setnames(flights, c("dest"), c("Destination"))　##将 dest 列重命名为 Destination

还可以对多个变量进行重命名：

> setnames(flights, c("dest","origin"), c("Destination", "origin.of.flight"))　##将 flights 数据集中的 dest 列和 origin 列分别重命名为 Destination 和 origin.of.flight

8.3.5 创建索引

1. 使用 setkey()函数设置键值

使用 setkey()函数可以设置键值（key），data.table 中任意的列都能用来设置键值。当设置好 key 后，data.table 会将数据按照 key 来排序。如果选择 2 个列作为主键，即 setkey(DT,V1,V2)，那么 data.table 默认先根据 V1 排序，再根据 V2 排序。

【例 8-7】 利用 setkey 函数将 origin 设置为 flights 的索引。

> setkey(flights, origin)　##注意这里不显示返回结果

2. 使用键值来选择行

当设置好索引后，使用键值可以更加有效地选择行，使用索引相比没有使用索引的搜索效率要高。

> data12 = flights[c("JFK", "LGA")]

3. 对多个变量设置索引

> setkey(flights, origin, dest)
> flights[.("JFK", "MIA")]　# 等同于 flights[origin == "JFK" & dest == "MIA"]

8.3.6 数据排序

使用 setorder()函数可以对数据进行排序，系统默认是升序。在列名前加 "-" 符号就可实现

对数据进行降序排列，另外还可以对多个变量同时进行升序或降序排列。

【例8-8】 分别对 flights 数据集中的 origin 列进行升序和降序排列。

```
> flights <-fread("flights_2014.csv")
> flights01 = setorder(flights, origin)
> flights02 = setorder(flights, -origin)
```

【例8-9】 先对 flights 数据集中的 origin 列进行升序排列，然后按 carrier 列进行降序排列。

```
> flights <-fread("flights_2014.csv")
> flights03 = setorder(flights, origin, -carrier)
```

8.3.7 添加／更新／删除列

1. 使用操作符 ":=" 添加列

【例8-10】 给 flights 数据集添加 speed 和 delay 两列。

24 添加_更新_
删除列

```
> flights[, `:=`(speed = distance / (air_time/60),   # 速度(千米/小时)
              delay = arr_delay + dep_delay)]      # 航班延误时间
```
##使用代码 flights[, c("speed", "delay") := list(distance/(air_time/60), arr_delay + dep_delay)]的效果与此相同

```
> head(flights)
```

	year	month	day	dep_time	dep_delay	arr_time	arr_delay	cancelled	carrier	tailnum
1:	2014	1	1	914	14	1238	13	0	AA	N338AA
2:	2014	1	1	1157	-3	1523	13	0	AA	N335AA
3:	2014	1	1	1902	2	2224	9	0	AA	N327AA
4:	2014	1	1	722	-8	1014	-26	0	AA	N3EHAA
5:	2014	1	1	1347	2	1706	1	0	AA	N319AA
6:	2014	1	1	1824	4	2145	0	0	AA	N3DEAA

	Flight	origin	dest	air_time	distance	hour	min	speed	delay
1:	1	JFK	LAX	359	2475	9	14	413.6490	27
2:	3	JFK	LAX	363	2475	11	57	409.0909	10
3:	21	JFK	LAX	351	2475	19	2	423.0769	11
4:	29	LGA	PBI	157	1035	7	22	395.5414	-34
5:	117	JFK	LAX	350	2475	13	47	424.2857	3
6:	119	EWR	LAX	339	2454	18	24	434.3363	4

2. 使用操作符 ":=" 更新列

首先看 flights 数据集中的 hour 列有哪些元素。

```
> flights[, sort(unique(hour))]  #获取 flights 数据 hour 列的数据
[1]  0  1  2  3  4  5  6  7  8  9 10 11 12 13 14 15 16 17 18 19 20 21 22 23 24
```

很明显，hour 列有 25 个数据，现将上述结果的 24 点全部替换成 0 点。

```
> flights[hour == 24L, hour := 0L]
```

注意：操作符 ":=" 没有返回值。如果需要查看运行的结果，在查询语句的最后加一对方括号[]即可。

```
> flights[hour == 24L, hour := 0L][]
```

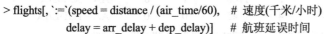
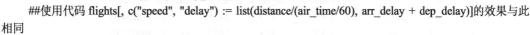

再查看更新之后的 hour 列。

```
> flights[, sort(unique(hour))]
[1]  0  1  2  3  4  5  6  7  8  9 10 11 12 13 14 15 16 17 18 19 20 21 22 23
```

3．使用操作符"：="删除列

【例 8-11】 删除 flights 数据集中的 delay 列。

```
> flights[, c("delay") := NULL]   ##使用代码 flights[, `:=`(delay = NULL)]删除 delay 列，效果与此相
```
同。注意`为反单引号，位于键盘上数字键〈1〉的左边

```
> head(flights)
   year month day dep_time dep_delay arr_time arr_delay cancelled carrier tailnum
1: 2014    1   1      914        14     1238        13         0      AA  N338AA
2: 2014    1   1     1157        -3     1523        13         0      AA  N335AA
3: 2014    1   1     1902         2     2224         9         0      AA  N327AA
4: 2014    1   1      722        -8     1014       -26         0      AA  N3EHAA
5: 2014    1   1     1347         2     1706         1         0      AA  N319AA
6: 2014    1   1     1824         4     2145         0         0      AA  N3DEAA
   flight origin Destination air_time distance hour min    speed
1:      1    JFK         LAX      359     2475    9  14 413.6490
2:      3    JFK         LAX      363     2475   11  57 409.0909
3:     21    JFK         LAX      351     2475   19   2 423.0769
4:     29    LGA         PBI      157     1035    7  22 395.5414
5:    117    JFK         LAX      350     2475   13  47 424.2857
6:    119    EWR         LAX      339     2454   18  24 434.3363
```

如果只需要删除一列，可以去掉 c("")，只指定列名，即"flights[, delay := NULL]"，这和上面的语句是等效的。

8.3.8 GROUP_BY 函数

要在 R 语言中进行分组操作，只需要使用 group_by 函数即可。例如，"group_by(cyl)"表示根据 cyl 进行分组。值得注意的是，group_by 函数可以对某个变量分组，但数据集本身并不会发生什么变化。

【例 8-12】 获取 flights 数据集中的每个机场起飞的航班数。

```
> ans <- flights[, .(.N), by=.(origin)]   ##和 ans <- flights[, .(.N), by="origin"]是等价的
> ans
   origin      N
1:    JFK  81483
2:    LGA  84433
3:    EWR  87400
```

其中：

● .N 表示当前分组中对象的数目。先按照 origin 列分组，再用 .N 获取每组的数目。

● by 接受包含列名的字符向量作为参数。

● 当参数只有一列时，可以省略".()"，上面的代码就变为"ans <- flights[, .N, by=origin]"。

【例 8-13】 获取 flights 数据集中美航（AA）飞机在所有机场的起 / 降的次数。

```
> flights <-fread("flights_2014.csv")
> ans <- flights[carrier == "AA", .N, by=.(origin, dest)]
##和 ans <- flights[carrier == "AA", .N, by=c("origin", "Destination")] 等价
> head(ans)
     origin   dest    N
1:     JFK    LAX   3387
2:     LGA    PBI    245
3:     EWR    LAX     62
4:     JFK    MIA   1876
5:     JFK    SEA    298
6:     EWR    MIA    848
```

8.3.9 数据的聚合

data.table 有一个特殊的语法，即.SD，它是 Subset of Data 的缩写，其自身就是一个 data.table，包含通过 by 分组后的每一组。需要注意的是，.SD 输出的是除了分组依据那一列以外的所有列。.SDcols 常常和.SD 一起使用，它指定.SD 中所包含的列，也就是对.SD 取子集，如：

```
> DT = data.table(ID = c("b","b","b","a","a","c"), a = 1:6, b = 7:12, c=13:18)
> DT
    ID  a   b   c
1:  b   1   7   13
2:  b   2   8   14
3:  b   3   9   15
4:  a   4   10  16
5:  a   5   11  17
6:  c   6   12  18
> DT[, print(.SD), by=ID]   ##按 ID 所在的列进行分组，列相同的元素被分为一组
   a  b   c       ##输出 ID 为 b 的数据
1: 1 7 13
2: 2 8 14
3: 3 9 15
   a  b   c       ##输出 ID 为 a 的数据
1: 4 10 16
2: 5 11 17
   a  b   c       ##输出 ID 为 c 的数据
1: 6 12 18
Empty data.table (0 rows and 1 cols): ID
```

可以进一步使用 lapply()函数，对列进行计算。

【例 8-14】 按 ID 列分组求平均值。

```
> DT[, lapply(.SD, mean), by=ID]
   ID  a     b    c
1:  b   2.0  8.0  14.0
2:  a   4.5  10.5 16.5
3:  c   6.0  12.0 18.0
```

其中：

- .SD 分别包含了 ID 是 a、b、c 的所有行，它们分别对应各自的组，然后应用函数 lapply() 对每列计算平均值。
- 每一组返回包含三个平均数的 list，最后返回 data.table。
- 函数 lapply() 返回 list，此处就不需要在外面加 ".()" 了。

【例 8-15】 返回 flights 数据集中每个月的前两行。

```
> flights <-fread("flights_2014.csv")
> ans <- flights[, head(.SD, 2), by=month]
> head(ans)
```

	month	year	day	dep_time	dep_delay	arr_time	arr_delay	cancelled	carrier	tailnum
1:	1	2014	1	914	14	1238	13	0	AA	N338AA
2:	1	2014	1	1157	-3	1523	13	0	AA	N335AA
3:	2	2014	1	859	-1	1226	1	0	AA	N783AA
4:	2	2014	1	1155	-5	1528	3	0	AA	N784AA
5:	3	2014	1	849	-11	1306	36	0	AA	N784AA
6:	3	2014	1	1157	-3	1529	14	0	AA	N787AA

	flight	origin	Destination	air_time	distance	hour	min	speed
1:	1	JFK	LAX	359	2475	9	14	413.6490
2:	3	JFK	LAX	363	2475	11	57	409.0909
3:	1	JFK	LAX	358	2475	8	59	414.8045
4:	3	JFK	LAX	358	2475	11	55	414.8045
5:	1	JFK	LAX	375	2475	8	49	396.0000
6:	3	JFK	LAX	368	2475	11	57	403.5326

【例 8-16】 对 flights 数据集中的 arr_delay 和 dep_delay 两列求平均值。

```
> flights <-fread("flights_2014.csv")
> flights[, lapply(.SD, mean), .SDcols = c("arr_delay", "dep_delay")]
      arr_delay   dep_delay
1:    8.146702    12.46526
```

8.4 R 语言 dplyr 数据包

8.4.1 dplyr 数据包介绍

在数据处理过程中，经常需要对原始的数据集进行清洗、整理及变换。常用的数据整理与变换工作主要包括：特定分析变量的选取、满足条件的数据记录的筛选、按某一个或几个变量排序、对原始变量进行加工处理并生成新的变量、对数据进行汇总以及分组汇总。这些数据处理与变换工作在任何一种 SQL 语言（如 Oracle、MySQL）中都非常容易处理，但是 R 语言是如何高效地完成上述类似 SQL 语言的数据处理功能的？本节介绍的 R 语言的 dplyr 数据包（简称 dplyr 包）正是这方面工作的有力武器之一。

8.4.2 数据转换对象 tibble

在利用 dplyr 包处理数据之前，需要将数据转换成 dplyr 包的一个特定对象类型：tibble 类型。tibble 是 Rstudio 开发的一种新的数据类型，被认为是未来可以取代 data.frame 的，可以用

tbl_df()函数或 as_tibble()函数将数据框（data.frame）类型的数据转换成 tibble 类型的数据。

【例 8-17】 读取 flights 数据集，并将其转换成 tibble 类型。

```
> install.packages("dplyr")
> library(dplyr)
> flights<-read.table("flights_2014.csv",header = T,sep=",")   ##飞机航班数据
> dim(flights)
[1] 253316      17
##将 data.frame 类型转换成 tibble 类型，与使用代码 tbl_df(flights)的效果相同
>flights<-as_tibble(flights)
> class(flights)
[1] "tbl_df"        "tbl"           "data.frame"
> flights
# A tibble: 253,316 x 17
      year  month   day dep_time dep_delay arr_time arr_delay cancelled carrier
      <int>  <int>  <int>   <int>    <int>   <int>     <int>    <int>     <fct>
   1  2014     1     1      914       14     1238       13        0        AA
   2  2014     1     1     1157       -3     1523       13        0        AA
   3  2014     1     1     1902        2     2224        9        0        AA
   4  2014     1     1      722       -8     1014      -26        0        AA
   5  2014     1     1     1347        2     1706        1        0        AA
   6  2014     1     1     1824        4     2145        0        0        AA
   7  2014     1     1     2133       -2       37      -18        0        AA
   8  2014     1     1     1542       -3     1906      -14        0        AA
   9  2014     1     1     1509       -1     1828      -17        0        AA
  10  2014     1     1     1848       -2     2206      -14        0        AA
# ... with 253,306 more rows, and 8 more variables: tailnum <fct>,
#    flight <int>, origin <fct>, dest <fct>, air_time <int>, distance <int>,
#    hour <int>, min <int>
```

8.4.3 数据筛选对象 filter

filter 对象可以根据条件筛选出符合要求的子数据集，语法结构为 "filter(data, formula)"，其中 formula 为逻辑判断。filter 支持以下几种常见的判断形式。

1）大小关系（包含空值）：<、<= 、>、>=、==、!=、is.na()、!is.na()。

2）逻辑关系：&、|、!、xor()。

3）位置关系：between()、%in%、near()。

4）包含关系：all_vars()、any_vars()。

【例 8-18】 筛选出 flights 数据集中 2014 年 1 月 1 日机场的航班信息数据。

```
> dplyr::filter(flights, year==2014, month ==1, day == 1) ## 其他 R 包中可能也有 filter 函数，此处
dplyr::filter 表示使用 dplyr 包中的 filter 函数
# A tibble: 739 x 17
     year month   day dep_time dep_delay arr_time arr_delay cancelled carrier tailnum flight
     <int>  <int>  <int>   <int>    <int>   <int>     <int>    <int>    <fct>   <fct>   <int>
   1 2014    1     1      914       14     1238       13        0        AA     N338AA    1
   2 2014    1     1     1157       -3     1523       13        0        AA     N335AA    3
```

	year	month	day	dep_time	dep_delay	arr_time	arr_delay	cancelled	carrier	tailnum	flight
3	2014	1	1	1902	2	2224	9	0	AA	N327AA	21
4	2014	1	1	722	-8	1014	-26	0	AA	N3EHAA	29
5	2014	1	1	1347	2	1706	1	0	AA	N319AA	117
6	2014	1	1	1824	4	2145	0	0	AA	N3DEAA	119
7	2014	1	1	2133	-2	37	-18	0	AA	N323AA	185
8	2014	1	1	1542	-3	1906	-14	0	AA	N328AA	133
9	2014	1	1	1509	-1	1828	-17	0	AA	N5FJAA	145
10	2014	1	1	1848	-2	2206	-14	0	AA	N3HYAA	235

... with 729 more rows, and 6 more variables: origin <fct>, dest <fct>, air_time <int>,
distance <int>, hour <int>, min <int>4

8.4.4 数据排序对象 arrange

arrange 对象可以根据某一列或多列进行排序，格式为 ":arrange(data, colnames，...)"，默认为升序排列，使用 desc 可进行降序排列。

【例 8-19】 将 flights 数据集按 month 和 day 分别进行升序和降序排列。

1）升序排列。

```
> dplyr::arrange(flights, month, day)
# A tibble: 253,316 x 17
```

	year	month	day	dep_time	dep_delay	arr_time	arr_delay	cancelled	carrier	tailnum	flight
	<int>	<int>	<int>	<int>	<int>	<int>	<int>	<int>	<fct>	<fct>	<int>
1	2014	1	1	914	14	1238	13	0	AA	N338AA	1
2	2014	1	1	1157	-3	1523	13	0	AA	N335AA	3
3	2014	1	1	1902	2	2224	9	0	AA	N327AA	21
4	2014	1	1	722	-8	1014	-26	0	AA	N3EHAA	29
5	2014	1	1	1347	2	1706	1	0	AA	N319AA	117
6	2014	1	1	1824	4	2145	0	0	AA	N3DEAA	119
7	2014	1	1	2133	-2	37	-18	0	AA	N323AA	185
8	2014	1	1	1542	-3	1906	-14	0	AA	N328AA	133
9	2014	1	1	1509	-1	1828	-17	0	AA	N5FJAA	145
10	2014	1	1	1848	-2	2206	-14	0	AA	N3HYAA	235

... with 253,306 more rows, and 6 more variables: origin <fct>, dest <fct>,
air_time <int>, distance <int>, hour <int>, min <int>

2）降序排列。

```
> dplyr::arrange(flights, desc(month, day))
# A tibble: 253,316 x 17
```

	year	month	day	dep_time	dep_delay	arr_time	arr_delay	cancelled	carrier	tailnum	flight
	<int>	<int>	<int>	<int>	<int>	<int>	<int>	<int>	<fct>	<fct>	<int>
1	2014	10	1	1412	-5	1551	-15	0	EV	N12567	4100
2	2014	10	1	1243	-7	1351	-21	0	EV	N13538	4104
3	2014	10	1	945	-7	1146	-16	0	EV	N16954	4087
4	2014	10	1	1550	0	1755	-3	0	EV	N13124	4091
5	2014	10	1	1733	70	2008	101	0	EV	N10156	4094
6	2014	10	1	753	-5	923	-20	0	EV	N18120	4099
7	2014	10	1	1855	-5	2034	7	0	EV	N16571	4130

8	2014	10	1	828	-2	1037	6	0	EV	N13992	4111
9	2014	10	1	1719	4	1937	10	0	EV	N14902	4113
10	2014	10	1	1246	5	1431	-2	0	EV	N14974	4118

```
# ... with 253,306 more rows, and 6 more variables: origin <fct>, dest <fct>,
#    air_time <int>, distance <int>, hour <int>, min <int>
```

8.4.5 选择对象 select 与重命名对象 rename

使用 select()函数可以选择特定的列，格式为"select(data, colnames, ...)"，也可以使用符号"-"来排除列名，比如"dplyr::select(flights, -year)"。注意 select()函数只是返回子集，并不改变原始的数据集。select()支持的选取方式还有"c(colnames...)""year:day 连续列""ends_with("字符串")""contains("Taxi")"等多种方式。

另外，select()还具有重命名的功能，重命名时是只返回子集，并不改变原始的数据集。而rename()则是重命名特定列并返回所有列，但也不改变原始的数据集。

【例 8-20】 查看 flights 数据集每月（month）及每天（day）的航班次数（flight）。

```
> dplyr::select(flights, month, day, flight)
# A tibble: 253,316 x 3
```

	month	day	flight
	\<int>	\<int>	\<int>
1	1	1	1
2	1	1	3
3	1	1	21
4	1	1	29
5	1	1	117
6	1	1	119
7	1	1	185
8	1	1	133
9	1	1	145
10	1	1	235

```
# ... with 253,306 more rows
```

【例 8-21】 查看 flights 数据集中除去 year 列至 day 列之外的航班信息数据。

```
> dplyr::select(flights,-(year : day))
# A tibble: 253,316 x 14
```

	dep_time	dep_delay	arr_time	arr_delay	cancelled	carrier	tailnum	flight	origin	dest
	\<int>	\<int>	\<int>	\<int>	\<int>	\<fct>	\<fct>	\<int>	\<fct>	\<fct>
1	914	14	1238	13	0	AA	N338AA	1	JFK	LAX
2	1157	-3	1523	13	0	AA	N335AA	3	JFK	LAX
3	1902	2	2224	9	0	AA	N327AA	21	JFK	LAX
4	722	-8	1014	26	0	AA	N3EHAA	29	LGA	PBI
5	1347	2	1706	1	0	AA	N319AA	1 17	JFK	LAX
6	1824	4	2145	0	0	AA	N3DEAA	119	EWR	LAX
7	2133	-2	37	-18	0	AA	N323AA	185	JFK	LAX
8	1542	-3	1906	-14	0	AA	N328AA	133	JFK	LAX
9	1509	-1	1828	-17	0	AA	N5FJAA	145	JFK	MIA
10	1848	-2	2206	-14	0	AA	N3HYAA	235	JFK	SEA

```
# ... with 253,306 more rows, and 4 more variables: air_time <int>, distance <int>,
#    hour <int>, min <int>
```

【例 8-22】 选择 flights 数据集中的 year、month、day 这 3 列作为子集，并将 day 重命名为 DAY。

```
> dplyr::select(flights,year,month,DAY=day)
# A tibble: 253,316 x 3
      year month    DAY
     <int>   <int>  <int>
  1  2014      1      1
  2  2014      1      1
  3  2014      1      1
  4  2014      1      1
  5  2014      1      1
  6  2014      1      1
  7  2014      1      1
  8  2014      1      1
  9  2014      1      1
 10  2014      1      1
# ... with 253,306 more rows
```

【例 8-23】 使用 rename()函数将 flights 数据集中的 day 列重命名为 DAY。

```
> dplyr::rename(flights,DAY=day)
# A tibble: 253,316 x 17
      year month DAY dep_time dep_delay arr_time arr_delay cancelled carrier tailnum flight
     <int>  <int>  <int>    <int>     <int>     <int>     <int>      <int>     <fct>    <fct>    <int>
  1  2014     1     1    914       14      1238       13        0       AA    N338AA     1
  2  2014     1     1   1157       -3      1523       13        0       AA    N335AA     3
  3  2014     1     1   1902        2      2224        9        0       AA    N327AA    21
  4  2014     1     1    722       -8      1014      -26        0       AA    N3EHAA    29
  5  2014     1     1   1347        2      1706        1        0       AA    N319AA   117
  6  2014     1     1   1824        4      2145        0        0       AA    N3DEAA   119
  7  2014     1     1   2133       -2        37      -18        0       AA    N323AA   185
  8  2014     1     1   1542       -3      1906      -14        0       AA    N328AA   133
  9  2014     1     1   1509       -1      1828      -17        0       AA    N5FJAA   145
 10  2014     1     1   1848       -2      2206      -14        0       AA    N3HYAA   235
# ... with 253,306 more rows, and 6 more variables: origin <fct>, dest <fct>,
#    air_time <int>, distance <int>, hour <int>, min <int>
```

8.4.6 添加列对象

使用 mutate()函数可以添加列，它在创建一列时还可以将其作为变量再创建新的列。transmutate()函数也可以用来添加列，但返回的是刚刚建立的列。

【例 8-24】 使用 mutate()函数向 flights 数据集中添加两列。

```
> dplyr::mutate(flights, gain = arr_delay - dep_delay, speed = gain / (air_time / 60))
# A tibble: 253,316 x 19
```

	year	month	day	dep_time	dep_delay	arr_time	arr_delay	cancelled	carrier	tailnum	flight	origin
	<int>	<int>	<int>	<int>	<int>	<int>	<int>	<int>	<fct>	<fct>	<int>	<fct>
1	2014	1	1	914	14	1238	13	0	AA	N338AA	1	JFK
2	2014	1	1	1157	-3	1523	13	0	AA	N335AA	3	JFK
3	2014	1	1	1902	2	2224	9	0	AA	N327AA	21	JFK
4	2014	1	1	722	-8	1014	-26	0	AA	N3EHAA	29	LGA
5	2014	1	1	1347	2	1706	1	0	AA	N319AA	117	JFK
6	2014	1	1	1824	4	2145	0	0	AA	N3DEAA	119	EWR
7	2014	1	1	2133	-2	37	-18	0	AA	N323AA	185	JFK
8	2014	1	1	1542	-3	1906	-14	0	AA	N328AA	133	JFK
9	2014	1	1	1509	-1	1828	-17	0	AA	N5FJAA	145	JFK
10	2014	1	1	1848	-2	2206	-14	0	AA	N3HYAA	235	JFK

```
# ... with 253,306 more rows, and 7 more variables: dest <fct>, air_time <int>, distance
<int>,hour <int>, min <int>, gain <int>, speed <dbl>
```

##说明：gain 和 speed 是新建的两列，speed 列是利用 gain 列创建得到的

```
> dplyr::transmute(flights, gain = arr_delay - dep_delay, speed = gain / (air_time / 60))
# A tibble: 253,316 x 2
```

	gain	speed
	<int>	<dbl>
1	-1	-0.167
2	16	2.64
3	7	1.20
4	-18	-6.88
5	-1	-0.171
6	-4	-0.708
7	-16	-2.84
8	-11	-1.85
9	-16	-5.96
10	-12	-2.06

```
# ... with 253,306 more rows
```

8.4.7 数据抽样对象

sample_n()函数和 sample_frac()函数都用于从数据集中随机抽取指定行，不同之处在于：sample_n()函数表示抽取的行数，而 sample_frac()函数则表示抽取的百分比的行数。

【例 8-25】 随机抽取 flights 数据集的前 5 行数据和前%1 的数据。

```
> dplyr::sample_n(flights, 5)
# A tibble: 5 x 17
```

	year	month	day	dep_time	dep_delay	arr_time	arr_delay	cancelled	carrier	tailnum	flight	origin
	<int>	<int>	<int>	<int>	<int>	<int>	<int>	<int>	<fct>	<fct>	<int>	<fct>
1	2014	3	9	1635	6	1926	-10	0	B6	N760JB	1161	LGA
2	2014	7	22	824	-6	928	-7	0	AA	N3FBAA	84	JFK
3	2014	3	16	1028	-2	1348	-12	0	VX	N635VA	187	EWR
4	2014	10	25	1029	-6	1239	24	0	MQ	N504MQ	3466	LGA
5	2014	3	20	1843	-2	2026	-24	0	DL	N359NB	2331	LGA

```
# ... with 5 more variables: dest <fct>, air_time <int>, distance <int>, hour <int>, min <int>
```

```
> dplyr::sample_frac(flights,0.01)
# A tibble: 2,533 x 17
  year month day dep_time dep_delay arr_time arr_delay cancelled carrier tailnum flight origin
  <int> <int> <int>  <int>   <int>    <int>    <int>    <fct>    <fct>   <int>   <fct>
 1 2014   9   19   1729     39      2005      46        0       DL    N917DE   2042  EWR
 2 2014   4   13   1416     -4      1631     -14        0       FL    N965AT    508  LGA
 3 2014   5   24    750    -10      1049     -18        0       B6    N584JB   1511  EWR
 4 2014   3   18   1024     -1      1216      -8        0       US    N198UW   1789  EWR
 5 2014   7   29    756     -4      1054       2        0       B6    N296JB    163  JFK
 6 2014   1   12   1603      3      1821     -24        0       DL    N942DL    847  LGA
 7 2014   6   21    633     -2       729     -12        0       B6    N337JB    318  JFK
 8 2014   8    7   1918     63      2104      33        0       DL    N906DL   2131  LGA
 9 2014   1   27   1457     -2      1747     -10        0       B6    N535JB    573  EWR
10 2014   3   12   1253     -7      1611       1        0       AA    N3JSAA   1256  LGA
# ... with 2,523 more rows, and 5 more variables: dest <fct>, air_time <int>, distance <int>,
#   hour <int>, min <int>
```

8.4.8 数据汇总对象

group_by()函数表示按照相关的列进行分组。summarize()函数可以实现数据的汇总操作，语法结构为：summarize(分组,聚合)。summarize()函数常常与 group_by()函数配对使用。两者配对使用能将分析单元从整个数据集转到单个的组别，然后自动进行分组计算。分组计算常常要用到聚合函数，常用的聚合函数如表 8-4 所示。

表 8-4　常用的聚合函数

函数	说明	函数	说明
min()	返回最小值	n()	返回观测值个数
sum()	返回总和	last()	返回最后一个观测值
IQR()	返回四分位间距	mean()	返回均值
first()	返回第一个观测值	median()	返回中位数
max()	返回最大值	n_distinct()	返回不同的观测值个数
sd()	返回标准差	nth()	返回第 n 个观测值

【例 8-26】　查看 flights 数据集中每天航班的总次数和平均次数。

```
>group<- group_by(flights, year, month, day)##分组操作
> dplyr::summarize(group, sum= sum(flight), mean = mean(flight))##聚合操作
# A tibble: 304 x 5
# Groups:    year, month [10]
    year month   day    sum   mean
   <int> <int> <int>  <int>  <dbl>
 1  2014     1     1 1212278 1640.
 2  2014     1     2 1092049 1576.
 3  2014     1     3  638792 1581.
 4  2014     1     4 1020379 1675.
 5  2014     1     5 1060555 1624.
```

6	2014	1	6	1125095 1720.
7	2014	1	7	1250372 1861.
8	2014	1	8	1485811 1843.
9	2014	1	9	1695552 1933.
10	2014	1	10	1564103 1853.

... with 294 more rows

8.5 R 语言 tidyr 数据包

8.5.1 tidyr 对象

在数据的预处理过程中，不可避免地会遇到各种数据变形和转换的情况。tidyr 包加强了 R 语言的这些功能，如变量、列的转换等操作，解决了数据变形方面的问题。正如其名，tidyr 包是为了让数据变得更整洁。

8.5.2 数据转换函数

1. gather()函数

在 R 语言的 tidyr 对象中，gather()函数用于将宽数据转换为长数据，语法结构如下：

```
gather(data, key, value, …, na.rm = FALSE, convert = FALSE)
```

其中：

- data 表示需要转换的宽形表。
- key 表示将原数据框中的所有列赋给一个新变量 key。
- value 表示将原数据框中的所有值赋给一个新变量 value。
- …表示可以指定哪些列聚到同一列中。
- na.rm 表示是否删除缺失值。

【例 8-27】 将宽数据转换为长数据。

```
>install.packages("tidyr")
>library(tidyr)
> widedata <- data.frame(person=c('Alex','Bob','Cathy'),grade=c(2,3,4),score=c(78,89,88))
> widedata
  person  grade  score
1  Alex     2     78
2  Bob      3     89
3  Cathy    4     88
> longdata <- gather(widedata, variable, value,-person)
> longdata
      Person variable   value
1   Alex       grade      2
2   Bob        grade      3
3  Cathy       grade      4
4   Alex       score     78
5   Bob        score     89
10  Cathy      score     88
```

2. spread()函数

spread()函数用于将长数据转为宽数据，即将列展开为行，语法结构如下：

> spread(data, key, value, fill = NA, convert = FALSE, drop = TRUE)

其中：

- data 为需要转换的长形表。
- key 表示需要将变量值拓展为字段的变量。
- value 表示需要分散的值。
- 对于缺失值，可将 fill 的值赋值给被转型后的缺失值。

【例 8-28】 将长数据转为宽数据。

```
> spread (longdata, variable, value)
    person  grade   score
1   Alex    2       78
2   Bob     3       89
3   Cathy   4       88
```

8.5.3 数据合并函数

unite()函数用于将数据框中的多列合并为一列，语法结构如下：

> unite(data, col, ..., sep = "_", remove = TRUE)

其中：

- data 为数据框。
- col 表示组合后的新列名称。
- …指定哪些列需要被组合。
- sep 表示组合列之间的连接符，默认为下画线。
- remove 表示是否删除被组合的列。

【例 8-29】 将 widedata 中的 person 列、grade 列和 score 列合并。

```
> wideunite <- unite(widedata, information, person, grade, score, sep= "-")
> wideunite
    information
1   Alex-2-78
2   Bob-3-89
10  Cathy-4-88
```

8.5.4 数据拆分函数

separate()函数的作用正好和 unite() 函数相反，即将数据框中的某列按照分隔符拆分为多列，一般可用于日志数据或日期时间型数据的拆分，语法结构如下：

> separate(data, col, into, sep = "[^[:alnum:]]+", remove = TRUE,convert = FALSE, extra = "warn", fill = "warn", …)

其中：

- data 为数据框。
- col 为需要被拆分的列。
- into 为新建的列名，为字符串向量。
- sep 为被拆分列的分隔符。
- remove 表示是否删除被分割的列。

【例 8-30】 将 widedata 中的 information 列用-符号拆分成 person 列、grade 列和 score 列。

```
> widesep <- separate(wideunite, information,c("person","grade","score"), sep = "-")
> widesep
     person  grade score
1    Alex      2     78
2    Bob       3     89
10   Cathy     4     88
```

8.5.5 数据填充函数

使用 replace_na()可以对缺失值进行填充。语法结构如下：

```
replace_na(data, replace, ...)
```

其中：
- data 为数据框。
- replace 为制定列填充相应的缺失值。

【例 8-31】 将数据框中的缺失值分别进行填充。

```
> x <- c(7,8,NA,22,NA)；y <- c('b',NA,'b',NA,'a')；df <- data.frame(x = x, y = y)
> df
     x     y
1    7     b
2    8    <NA>
3    NA    b
4    22   <NA>
5    NA    a
> replace_na(data = df, replace = list(x = 10, y = "a"))   #x 列为数值型，y 列为字符串类型
     x  y
1    7  b
2    8  a
3    10 b
4    22 a
5    10 a
```

8.6 R 语言 lubridate 数据包

在 R 语言中，lubridate 数据包主要有两类函数，一类用于处理时间点数据（time instants），另一类用于处理时间段数据（time spans）。

1．从字符串生成日期数据

```
>library(lubridate)
```

函数 lubridate::today()返回当前日期。

```
> today()
[1] "2019-08-24"
```

函数 lubridate::now()返回当前日期时间。

```
> now()
[1] "2019-08-24 15:52:22 CST"
```

用 ymd()、mdy()、dmy()将字符型数据转换为日期型数据。

【例 8-32】 将以下字符型向量转换为日期型向量。

```
> ymd(c("1998-3-10", "2017-01-17", "19-6-17"))
[1] "1998-03-10" "2017-01-17" "2019-06-17"
> mdy(c("3-10-1998", "01-17-2017"))
[1] "1998-03-10" "2017-01-17"
> dmy(c("10-3-1998", "17-01-2017"))
[1] "1998-03-10" "2017-01-17"
```

make_date(year, month, day)可以从三个数值构成日期向量。

```
> make_date(2019, 3, 10)
[1] "2019-03-10"
```

as_date()可以将日期时间型数据转换为日期型。

```
> as_date("1998-03-16 13:15:45")
[1] "1998-03-16"
```

as_datetime()可以将日期型数据转换为日期时间型。

```
> as_datetime(as.Date("2019-03-16"))
[1] "2019-03-16 UTC"
```

2．日期显示格式

用 as.character()函数把日期型数据转换为字符型。

【例 8-33】 将日期型数据转换为字符型。

```
> x <- c('1998-03-16', '2015-11-22')
> as.character(x)
[1] "1998-03-16" "2015-11-22"
```

可以用 format 选项指定显示格式。

```
> as.character(x, format='%m/%d/%Y')
[1] "1998-03-16" "2015-11-22"
```

3．访问日期时间的组成值

lubridate 包的如下函数可以取出日期型或日期时间型数据中的组成部分。

- year()可以取出年份数值。
- month()可以取出月份数值。
- mday()可以取出日数值。

- yday()可以取出日期在一年中的序号，1月1日为1。
- wday()可以取出日期在一个星期内的序号，星期日为1，星期一为2，星期六为7。
- hour()可以取出小时数。
- minute()可以取出分钟数。
- second()可以取出秒数。

【例8-34】 输出某一天是星期几。

```
> wday("2019-6-17 13:15:40")
[1] 2
```

4．日期舍入计算

lubridate 包提供了 floor_date()、round_date()、ceiling_date()等函数，对日期可以用 unit 指定一个时间单位进行舍入。时间单位为字符串，如 seconds、5 seconds、minutes、2 minutes、hours、days、weeks、months、years 等。比如，以 10 minutes 为单位，floor_date()将时间向前归一化到 10 分钟的整数倍，ceiling_date()将时间向后归一化到 10 分钟的整数倍，round_date()将时间归一化到最近的 10 分钟的整数倍，时间恰好是 5 分钟倍数时按照类似四舍五入的原则向上取整。

【例8-35】 将 2018-01-11 08:32:44 向前归一化到 10 分钟的整数倍。

```
> x <- ymd_hms("2018-01-11 08:32:44")
> floor_date(x, unit="10 minutes")
[1] "2018-01-11 08:30:00 UTC"
```

5．日期其他计算

在 lubridate 包的支持下，日期可以相减，可以进行加法和除法运算。Lubridate 包提供了如下三种与时间长短有关的数据类型。

- 时间长度（duration），按整秒计算。
- 时间周期（period），如日、周。
- 时间区间（interval），包含一个开始时间和一个结束时间。

（1）时间长度

lubridate 的 dseconds()、dminutes()、dhours()、ddays()、dweeks()、dyears()函数可以直接生成时间长度类型的数据。> dhours(1)

```
[1] "3600s (~1 hours)"
```

lubridate 的时间长度以秒作为单位，可以在时间长度之间相加，也可以对时间长度乘以无量纲数。

```
dhours(1) + dseconds(5)
## [1] "3605s (~1 hours)"
dhours(1)*10
## [1] "36000s (~10 hours)"
```

（2）时间周期

时间长度的固定单位是秒，但是像月、年这样的单位，因为可能有不同的天数，所以日历中的时间单位往往没有固定的时长。

Lubridate 包的 seconds()、minutes()、hours()、days()、weeks()、years()函数可以生成以日历中正常的周期为单位的时间长度，不需要与秒数相联系，可以用于时间的前后推移。这些时间周期的结果可以相加或乘以无量纲整数。

```
> years(2) + 10*days(1)
[1] "2y 0m 10d 0H 0M 0S"
```

（3）时间区间

lubridate 包提供了构造时间区间的%--%运算符。时间区间可以求交集和并集等。

【例 8-36】 利用%--%运算符构造一个时间区间。

```
> d1 <- ymd_hms("2019-01-01 0:0:0")
> d2 <- ymd_hms("2019-01-02 12:0:5")
> din <- (d1 %--% d2); din
[1] 2019-01-01 UTC--2019-01-02 12:00:05 UTC
```

对一个时间区间可以用除法计算其时间长度。

```
> din / ddays(1)
[1] 1.500058
> din / dseconds(1)
[1] 129605
```

生成时间区间，也可以用 lubridate::interval(start, end)函数。

```
> interval(ymd_hms("2019-01-01 0:0:0"), ymd_hms("2019-01-02 12:0:5"))
[1] 2019-01-01 UTC--2019-01-02 12:00:05 UTC
```

8.7 R 语言 stringr 数据包

8.7.1 stringr 包

字符串处理在数据清洗、可视化等过程中经常都会用到，R 语言本身也提供了字符串基础函数，但 R 语言目前在这方面有些落后。stringr 包就是为了解决这个问题，它让字符串处理变得简单易用，并提供友好的字符串操作接口。stringr 包的安装与使用语句如下：

```
>install.packges("stringr")
>library(stringr)
```

8.7.2 stringr 包字符串处理函数

stringr 包提供了一系列的字符串处理函数，其中常用的字符串处理函数以 str_开头来命名，方便更直观地理解函数的功能。

1. 字符串长度

str_length()求字符型向量每个元素的长度，一个汉字长度为 1（此处须注意），一个 ASCII 字符的长度也为 1。例如，str_length('str')的结果为 3，str_length('你好')的结果为 2。

2. 连接字符串

str_c()与 paste()功能类似，用 sep 指定分隔符，用 collapse 指定将多个元素合并时的分隔符。str_(1)默认是没有分隔的，这一点与 paste()不同。字符型缺失值参与连接时，结果变成缺失值；可以用 str_replace_na()函数将待连接的字符型向量中的缺失值转换成字符串"NA"再连接。

例如，str_c('a', 'b')表示把两个字符串拼接为一个大的字符串，输出结果为"ab"；str_c('a', 'b', sep='|')表示用符号"|"将两个字符串进行拼接，输出结果为"a|b"。

3．取子串

str_sub()与substring()功能类似，其增强的地方是允许开始位置与结束位置用负数，这时最后一个字符对应-1，倒数第二个字符对应-2，依此类推。如果要求取的子串没有那么长，就有多少取多少；如果起始位置就已经超过总长度，就返回空字符串。

```
>str_sub("term2017",5,8)
[1]"2017"
```

4．按指定的locale排序

str_sort()用于对字符型向量排序，可以用locale选项指定所依据的locale，不同的locale所对应的次序不同。通常的locale是"en"（英语），中国大陆地区的GB编码对应的locale是"zh"。

5．长行分段

str_wrap()用于将长字符串拆分为基本等长的行。

6．删除首尾空格

str_trim()与trimws()的功能类似，即删除首尾空格，也可以仅删除开头空格（指定side="left"）或者仅删除结尾空格（指定side="right"）。

7．匹配表达式

str_view(string,pattern)用于在RStudio（R语言的集成开发环境）中打开View窗格，并显示pattern给出的正则表达式模式在string中的首个匹配。string是输入的字符型向量。用str_view_all()显示所有匹配。如果要匹配的是固定字符串，则写成str_view(string,fixed(pattern))。

8．查看匹配结果

str_detect(string,pattern)用于返回字符型向量string的每个元素是否匹配pattern中模式的逻辑型结果。str_count()返回每个元素匹配的次数。

```
>str_count(c("str_str_string","streep"),"str")
[1]3 1
```

9．返回匹配的元素

str_subset(string,pattern)返回字符型向量中能匹配pattern的那些元素组成的子集，与grep(pattern,string,value=TRUE)的效果相同，支持正则表达式。

【例8-37】输出字符向量中包含字符str的字符串。

```
> str_subset(c("ssss","str_str"),"str")
[1] "str_str"
```

10．提取匹配内容

str_subset()返回的是有匹配的源字符串，而不是匹配的部分子字符串。用str_extract(string, pattern)从源字符串中取出首次匹配的子串。

```
>str_extract("Afallingball","all")
[1]"all"
```

str_extract_all()取出所有匹配子串，这时可以通过加选项"simplyfy=TRUE"使返回结果变成一个字符型矩阵，每行是原来一个元素中取出的各个子串。

11．提取分组捕获内容

str_match()用于提取匹配内容以及各个捕获分组内容，支持正则表达式。

【例 8-38】 查看字符向量 c("ssss","str_str")中是否包含字符串"str"，如果不包含，则在相应位置输出空格，如果包含，则在相应位置返回该字符串。

```
> str_match(c("ssss","str_str"),"str")
        [,1]
[1,]  NA
[2,]  "str"
```

12．替换

用 str_replace_all()实现与 gsub()类似的功能。

```
>str_replace_all(c("123,456","011"),",","")
[1]"123456" "011"
```

注意 str_replace_all()的参数次序与 gsub()不同。

13．字符串拆分

str_split()与 strsplit()的功能类似，并且可以通过加"simplify=TRUE"选项使原来每个元素拆分出的部分存入结果矩阵的一行。另外，可以用 boundary()函数匹配边界。例如，str_split("This is a sentence.", boudary("word"))表示将"This is a sentence."拆分为"This"、"is"、"a"和"sentence"，字符串末端的句号被删除了。

14．定位匹配位置

str_locate()和 str_locate_all()返回匹配的开始位置和结束位置。注意如果需要取出匹配的元素可以用 str_subset()，要取出匹配的子串可以用 str_extract()，从字符串中提取匹配组可以用 str_match()。

【例 8-39】 从字符串中匹配字符 a，并返回对应的字符。

```
>string<- c("abc", 123, "cba")
>str_match(string, "a")
        [,1]
[1,] "a"
[2,] NA
[3,] "a"
```

8.8 实训 1 应用 data.table 数据包进行数据清洗

该实训练习数据过滤与排序。Euro2012.csv 数据集包含了 2012 年欧洲杯决赛阶段 16 支球队的相关信息，按照以下要求完成 2012 年欧洲杯数据的清洗。

1）导入 R 语言相关的包。

```
> library(data.table)
> library(lubridate)
```

2）导入 Euro2012.csv 数据集，将 data.table 对象命名为 euro12。

```
> path = "Euro2012.csv"
> euro12 = fread(path)
```

3）输出有多少支球队参与了 2012 年欧洲杯。

```
> uniqueN(euro12$Team)
[1] 16
```

4）输出该数据集中一共有多少列。

```
> dim(euro12)[2]
[1] 35
```

5）将数据集中的 Team 列、Yellow Cards 列和 Red Cards 列单独存为一个名叫 discipline 的数据框。

```
> discipline = euro12[,c("Team","Yellow Cards","Red Cards")]
> head(discipline)
          Team   Yellow Cards   Red Cards
1:      Croatia           9           0
2: Czech Republic         7           0
3:      Denmark          4           0
4:      England          5           0
5:       France          6           0
6:      Germany          4           0
```

6）对数据框 discipline 按照先 Red Cards 再 Yellow Cards 的顺序进行排列。

```
> setorder(discipline,-'Red Cards',-'Yellow Cards')
> head(discipline)
            Team   Yellow Cards   Red Cards
1:        Greece           9          1
2:        Poland           7          1
3: Republic of Ireland     6          1
4:         Italy         16          0
5:       Portugal        12          0
6:         Spain         11          0
```

7）计算每个球队拿到的黄牌数（Yellow Cards）的平均值。

```
> round(mean(discipline$"Yellow Cards"))   # round()函数表示四舍五入
[1] 7
```

8）找出进球数 Goals 超过 9 的球队。

```
> euro12[Goals > 9,1]
        Team
1:   Germany
2:     Spain
```

9）找出球队名以字母 G 开头的球队。

```
> euro12[str_sub(Team, start = 1, end = 1)=="G",1]
        Team
```

```
1:    Germany
2:      Greece
```

10）找到英格兰（England）、意大利（Italy）和俄罗斯（Russia）球队的命中率（Shooting Accuracy）。

```
> euro12[Team%in%c('England', 'Italy', 'Russia'), c("Team","Shooting Accuracy")]
        Team Shooting Accuracy
1:   England          50.0%
2:     Italy          43.0%
3:    Russia          22.5%
```

8.9　实训 2　应用 dplyr 数据包进行数据清洗

airquality.csv 数据集中包含了 1973 年 5—9 月纽约每日空气质量的相关测量信息。该数据集的字段信息如表 8-5 所示。

表 8-5　1973 年 5—9 月纽约每日空气质量

字段	Ozone	Solar.R	Wind	Temp	Month	Day
说明	臭氧	太阳辐射	风力	温度	月	日

按要求完成该数据集的清洗。

1）导入 R 语言相关的包。

```
library(dplyr)
```

2）读取数据集为数据框，并命名为 data。

```
data<-read.csv('airquality.csv',sep=',',header=TRUE)
head(data)
  Ozone Solar.R Wind Temp Month Day
1    41     190  7.4   67     5   1
2    36     118  8.0   72     5   2
3    12     149 12.6   74     5   3
4    18     313 11.5   62     5   4
5    NA      NA 14.3   56     5   5
6    28      NA 14.9   66     5   6
```

3）输出温度（华氏度，Temp 列）大于 70 的观测数据。

```
data1<- filter(airquality, Temp > 70)
head(data1)
  Ozone Solar.R Wind Temp Month Day
1    36     118  8.0   72     5   2
2    12     149 12.6   74     5   3
3     7      NA  6.9   74     5  11
4    11     320 16.6   73     5  22
5    45     252 14.9   81     5  29
6   115     223  5.7   79     5  30
```

4）添加一个新列，用摄氏度来表示温度。

```
data2<-mutate(data, T = (Temp - 32) * 5 / 9)
head(data2)
  Ozone Solar.R Wind Temp Month Day        T
1    41     190  7.4   67     5   1 19.44444
2    36     118  8.0   72     5   2 22.22222
3    12     149 12.6   74     5   3 23.33333
4    18     313 11.5   62     5   4 16.66667
5    NA      NA 14.3   56     5   5 13.33333
6    28      NA 14.9   66     5   6 18.88889
```

5）根据月份分组，并用 summarise()函数计算每组的平均温度。

```
summarise(group_by(data, Month), mean(Temp, na.rm = TRUE))
# A tibble: 5 x 2
  Month `mean(Temp, na.rm = TRUE)`
  <dbl>   <dbl>
1     5    65.5
2     6    79.1
3     7    83.9
4     8    84.0
5     9     6.9
```

6）查看每个月分别有多少个观测数据。

```
count(data, Month)
# A tibble: 5 x 2
  Month     n
  <dbl> <int>
1     5    31
2     6    30
3     7    31
4     8    31
5     9    30
```

7）按照月份降序排列，再逐月按照日期升序排列。

```
head(arrange(data, desc(Month), Day))
  Ozone Solar.R Wind Temp Month Day
1    96     167  6.9   91     9   1
2    78     197  5.1   92     9   2
3    73     183  2.8   93     9   3
4    91     189  4.6   93     9   4
5    47      95  7.4   87     9   5
6    32      92 15.5   84     9   6
```

8.10　小结

1）本章介绍了 R 的安装与运行、R 语言的运算符、R 语言的基本数据类型（数值、字符、逻辑、空值）、R 语言的数据对象（向量、矩阵、列表、数据框）、数据的导入导出、工作空间中数据变量的管理，以及 R 语言脚本。

2）data.table 包为高效操作数据框提供了极大便利，它提供了一个非常简洁的通用格式：DT[i,j,by]，可以理解为：对于数据集 DT，选取子集行 i，通过 by 分组来计算 j。

3）dplyr 包利用 select()、filter()、slice()、mutate()、summarise()、arrange()等函数，可以非常灵活、快速地实现数据整合、关联、排序、筛选等各种预处理。tidyr 包解决了数据变形上的问题，包括变量和列的转换。另外还介绍了时间序列数据包 lubridate 和字符串处理数据包 stringr。

习题 8

1．练习 data.table 的用法：Iris 数据集也称鸢尾花卉数据集，它包含 150 个数据样本和 5 个字段，其文件名和字段信息如下。

- 数据文件名：Iris.csv。
- 'Sepal.Length'：表示花萼长度，单位是 cm。
- 'Sepal.Width'：表示花萼宽度，单位是 cm。
- 'Petal.Length'：表示花瓣长度，单位是 cm。
- 'Petal.Width'：表示花瓣宽度，单位是 cm。
- 'Species'：表示鸢尾花卉的种类，其中 Iris Setosa 为山鸢尾，Iris Versicolour 为杂色鸢尾，Iris Virginica 为弗吉尼亚鸢尾。

按照以下要求完成相应的操作。

1）导入 R 语言相关的包。

2）读取数据集为 data.table 对象，并命名为 iris，查看 iris 的对象类型和列名。

3）练习并理解 DT[i, j, by]中 i 的过滤作用。

① 分别查看 iris 的前 5 行和后 3 行数据。

② 选取 Sepal.Length 小于 4.5 的数据。

③ 选取 Sepal.Length 大于 6.5 小于 7 的数据。

④ 选择 Sepal.Length 大于平均值的记录。

⑤ 选择 Sepal.Length 最小、最大的记录。

4）练习并理解 DT[i, j, by]中 j 的作用。

① 查看 iris[,Sepal.Length]和 iris[,"Sepal.Length"]的前 6 行数据和它们的数据类型，并进行比较。

② 查看 Sepal.Length、Sepal.Width 和 Species 这几列数据的前 6 行。

③ 将 Sepal.Length 列和 Sepal.Width 列相加并添加至新列，新列命名为 Sum_Length_Width。

④ 删除 Sum_Length_Width 列。

5）练习并理解 DT[i, j, by]中 by 的分组作用。

① 对 Species 列进行分组，查看 Sepal.Length 列的平均值。

② 对 Species 列进行分组，查看 Sepal.Length 列的平均值，并命名为 Avg_Sepal.Length。

③ 对不同种类（Species）的 Sepal.Length 进行描述性统计。

④ 计算不同 Species 的个数。

⑤ 计算每个种类（Species）中 Sepal_Length 大于 5 的个数。

⑥ 计算每个种类（Species）中的 Sepal_Length 大于 5 并且 Sepal_Width 大于 3 的个数。

2．练习数据的分组：drinks.csv 数据集中为各个洲各个国家关于酒类消费的统计数据，该数据集的字段信息如表 8-6 所示。

表8-6　各个洲各个国家关于酒类消费的统计

字段	country	beer	spirit	wine	total_litres_of_pure_alcohol	continent
说明	国家	啤酒	烈酒	红酒	纯酒精（升数）	洲

按下列要求完成数据集的清洗。

1）导入 R 语言相关的包。

2）读取数据集为数据框，并命名为 drinks。

3）输出哪个洲（continent）平均消费的啤酒（beer）更多。

4）输出每个洲（continent）的葡萄酒（wine）消费的描述性统计值。

5）输出每个洲每种酒类别的消费平均值。

6）输出每个洲每种酒类别的消费中位数。

7）输出每个洲对烈酒 spirit 消耗的平均值、最大值和最小值。

3．练习 Apply 函数：表 8-7 所示为美国 1960—2014 年期间犯罪的数据集的字段信息。

表8-7　美国 1960—2014 年期间犯罪的数据集字段信息

字段	说明	字段	说明
Year	年份	Forcible	强暴
Population	人口	Robbery	抢劫
Total	合计	Aggravated_assault	严重攻击
Violent	暴力	Burglary	盗窃
Property	财产	Larceny_Theft	盗窃罪
Murder	谋杀	Vehicle_Theft	车辆盗窃

按下列要求完成数据集的清洗。

1）导入 R 语言相关的包。

2）导入数据集（US_Crime_Rates_1960_2014.csv）。

3）将数据框命名为 crime。

4）查看每一列的数据类型。

5）将 Year 列设置为数据框的索引。

6）删除 Total 列。

7）按照 Year 列对数据框进行分组并求和。

8）何时是美国历史上生存最危险的年代？

参 考 文 献

[1] 刘鹏. 大数据[M]. 北京：电子工业出版社，2017.

[2] 黄宜华. 深入理解大数据：大数据处理与编程实践. [M]. 北京：机械工业出版社，2014.

[3] 零一，韩要宾，黄园园. Python 3 爬虫、数据清洗与可视化实战[M]. 北京：电子工业出版社，2018.

[5] 杨尊琦. 大数据导论[M]. 北京：机械工业出版社，2017.

[6] 刘鹏，张燕. 数据清洗[M]. 北京：清华大学出版社，2018.

[7] 林子雨. 大数据技术原理与应用：概念、存储、处理、分析与应用[M]. 2 版. 北京：人民邮电出版社，2017.

[8] Megan Squire. 干净的数据：数据清洗入门与实践[M]. 任政委，译. 北京：人民邮电出版社，2016.